高等教育新工科电子信息类系列教材

英特尔嵌入式 SoC 系统应用开发技术

李　康　编著

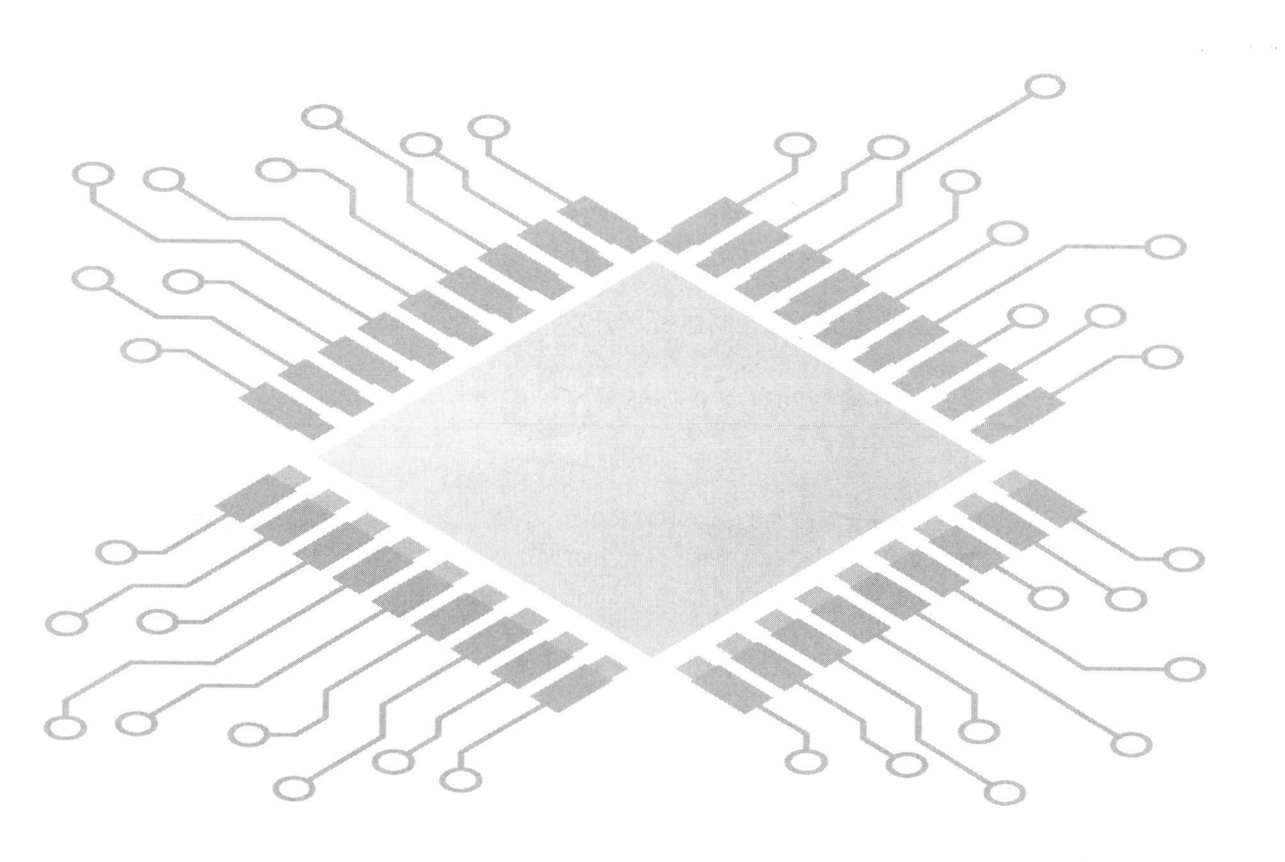

西安电子科技大学出版社

内 容 简 介

本书以基于 IA32 体系架构的英特尔嵌入式系统为例，主要介绍了面向物联网应用的嵌入式系统开发技术并给出了相应的实验操作例程。全书内容总体分为三大部分：第一部分包含第一章至第三章，重点介绍了目前物联网技术及英特尔在嵌入式处理器开发中的进展，较详细地介绍了 Quark SoC 处理器的体系结构与组成以及伽利略嵌入式开发板设计原理；第二部分包含第四章和第五章，着重介绍了伽利略嵌入式平台的基本使用，包括开发板使用基础以及基于 Arduino 平台的应用开发方法；第三部分包含第六章至第八章，重点阐述了伽利略嵌入式系统平台的进阶开发，包括基于 Linux 的嵌入式系统开发原理、英特尔 SDK 工具使用、基于 C/C++ 原生开发方法以及基于第三方库的应用开发方法，为更加复杂的基于 Linux 实时嵌入式系统开发奠定基础。

本书可作为高等学校本科生与研究生的嵌入式系统教材或实验指导，也可作为基于 Linux 的嵌入式系统开发人员的学习参考书。

图书在版编目(CIP)数据

英特尔嵌入式 SoC 系统应用开发技术 / 李康编著. --西安：西安电子科技大学出版社，2024.4
ISBN 978 - 7 - 5606 - 7244 - 1

Ⅰ. ①英…　Ⅱ. ①李…　Ⅲ. ①微控制器-系统开发　Ⅳ. ①TP368.1

中国国家版本馆 CIP 数据核字(2024)第 067865 号

责任编辑　杨　薇　吴祯娥
出版发行　西安电子科技大学出版社（西安市太白南路 2 号）
电　　话　(029)88202421　88201467　　邮　　编　710071
网　　址　www.xduph.com　　电子邮箱　xdupfxb001@163.com
经　　销　新华书店
印刷单位　陕西日报印务有限公司
版　　次　2024 年 4 月第 1 版　　2024 年 4 月第 1 次印刷
开　　本　787 毫米×1092 毫米　1/16　　印张 14
字　　数　329 千字
定　　价　39.00 元
ISBN 978 – 7 – 5606 – 7244 – 1 / TP
XDUP 7546001-1

目　录

第一章　认识英特尔嵌入式开发平台

随着物联网与智慧物联网的蓬勃发展，预计到2025年将会有全部数据的55%是从物联网(Internet of Things，IOT)产生的，到2030年，将会有70%的企业在物联网边缘进行不同级别的数据处理，43%的 AI (人工智能)任务发生在边缘设备上。英特尔公司提出了“IoT Platform”(物联网平台)的概念，强势进入嵌入式联网设备领域。针对物联网平台中的终端设备与边缘计算节点，英特尔在 2013 年推出了基于 Quark(夸克)处理器的伽利略(Galileo)嵌入式系统平台技术，进入软硬件开源电子平台 Arduino 开发技术的角逐。Quark 是 32 位 x86 处理器中第一款对标单片机的高性能、低功耗 SoC 芯片，主要用于创客、IoT、M2M(机器对机器连接)和智能城市等嵌入式应用领域，伽利略和爱迪生(Edison)嵌入式系统是基于这款处理器的主要开发平台。同时，为了进一步提升性能，基于 Atom (凌动)处理器的 UP Square 嵌入式开发平台随后也被推出，该平台重点瞄准与 AI 结合的应用领域。本书将着重介绍 Quark 处理器及其相关系统开发平台在物联网边缘和终端设备中的应用技术，包括处理器内核的体系结构以及软硬件平台开发方法。

1.1　英特尔嵌入式处理器概述

由于 IA32 架构的 x86 处理器良好的向后兼容性，使得英特尔处理器在 PC 和服务器领域具有绝对的优势。随着低功耗与超低功耗工艺与设计技术的不断完善，英特尔也通过 Atom 处理器系列和 Quark 处理器系列进入并逐渐扩大了其在嵌入式系统领域的份额。英特尔的这些处理器已成为英特尔物联网平台方案中边缘和终端设备的核心部件。目前，英特尔处理器已经覆盖了包括从数据中心、服务器到物联网边缘和终端设备的处理器的智能物联网应用全领域。为配合物联网应用生态，英特尔在人工智能数据处理、基于 x86 处理器的开发工具环境与工具链开发、嵌入式操作系统开发等领域已基本形成了瞄准未来工业物联网、智慧城市、智能物联网应用的完整的开发平台。

1.1.1　Atom 处理器系列

Atom 处理器系列是 2008 年推出的超低电压处理器，首先用在平板电脑、移动(智能)

电话和超极本等便携式设备上。Atom 系列的第一个代号是 Silverthorne，采用 45 nm 工艺的单核处理器，功耗约为 2.5 W。随后出现了 Lincroft 系列和 Diamondville 系列，进一步采用 64 位指令集，并根据不同的功能划分为不同的 Atom 处理器系列。

Atom 处理器最初目标定位在移动设备应用领域，后来扩展到了网络边缘高效能服务器应用。其在历史发展中曾经有多个系列编号，目前主要包括 C、N、Z 和 E 四个系列。C 系列是 Atom 处理器的低功耗微服务器级 SoC 处理器，用于低功耗网络边缘和存储服务器应用；N 系列是用于上网本的 SoC 处理器；Z 系列是用于移动互联网终端(MID)的高性能 SoC 处理器，包括网络路由器、交换机、存储器、安全设备、动态 Web 服务等；E 系列则主要用于物联网相关的嵌入式 SoC 应用。在这四个系列中，进一步采用三位或者四位数字来表示其在某方面被增强的特性。从 2015 年开始，Atom 处理器在 28 nm 工艺节点采用 Silvermont 微架构，面向智能手机应用推出了片上集成 2G/3G/4G LTE 模块的新一代 x3 系列；在 2016 年又连续推出了面向智能平板设备与物联网嵌入式设备应用的 x5 和 x7 高性能系列；2020 年推出的 P5900 系列高性能、低延迟嵌入式 Atom 处理器采用 10 nm 工艺制造，重点面向 5G 边缘计算和安全应用。

1.1.2 Quark 处理器系列

除了利用 Atom 处理器系列布局网络边缘处理的核心，英特尔进一步通过 Quark 处理器进入了物联网终端节点核心处理器市场，将超低功耗技术与高密度片上集成技术相结合，给智能物联网神经末梢(即各类终端传感器节点设备)提供所必需的核心处理能力。

Quark 微控制器(MCU)系列具有 32 位 x86 指令集，专门用于小尺寸和超低功耗需求(如可穿戴式设备等)的应用。Quark X1000 是在 2013 年推出的第一款 SoC，相较于 Atom 处理器，它拥有更小的体积和更低的功耗，可运行嵌入式操作系统。Quark X1000 是一款单核单线程 SoC 处理器，采用 32 nm 工艺的 Clanton 微架构，主频高达 400 MHz。它兼容了奔腾(i586)的核心指令集，但不支持单指令多数据(SIMD)指令集(如 MMX 和 SSE)。Quark X1000 包含主流外设接口和片上 DDR3 存储器控制器，同时保持 2.2 W 的典型功耗。针对这一芯片还同步推出了伽利略和爱迪生嵌入式开发平台，这也是 x86 处理器系列支持 Arduino 协议的第一款嵌入式系统。

D2000 系列是 2015 年推出的一款 Quark 处理器，采用了与 X1000 相同的指令集架构(ISA)，但运行主频为 32 MHz，是一款超低功耗工作的深度嵌入式 SoC 芯片。D2000 处理器在 3.3 V 供电电压条件下的工作电流只有 8 mA，仅相当于 8 位微控制器的功耗。它在处理器停止状态下的工作电流低至 697 nA，特别适合应用在小型传感器节点等需要长待机时间的终端设备中。2016 年，Arduino 社区也发布了支持 Quark D2000 处理器的 Arduino 101 开发板。

Quark C1000 系列 MCU 是与 D2000 系列同时发布的另一款 Quark 处理器，面向新型智能传感器节点的应用开发。C1000 与前两个系列的不同之处在于前者提供了一个新的传感器子系统和模式匹配加速器。C1000 集成的新型传感器子系统针对低功耗应用的智能数据采集，使用了独立的 ARC EM DSP 内核，具备了一阶数字信号处理能力；新型模式匹配识别引擎具有 128 个神经元结构，由并行算术单元网络组成，允许 Quark 微控制器通过对传感器数据执行简单的模式检测来执行一些重要的边缘处理。传感器子系统可以将振动、温度、电流和音频数据集传递到模式匹配引擎，与存储的模式数据进行匹配。如果采集的数据集信息与存储模式数据相同，则会触发事件处理，并由处理器内核作出决定，例如打开或关闭开关，或者将匹配的警报发送到主传感器集线器。

从上述英特尔嵌入式处理器发展历程可以看出，未来物联网及智能设备的应用已经成为一个重要趋势，智能嵌入式终端设备作为基本单元已经成为 IoT 的关键构成部件，所涉及的嵌入式处理器技术、片上系统集成技术、嵌入式系统应用开发与基于 Linux OS 的嵌入式软件平台技术已经成为未来嵌入式系统核心技术的重要组成部分。无论在工业界还是在高校的专业教育课程设置中，基于 x86 的嵌入式系统设计与应用已经成为越来越受重视和关注的一块阵地。下面将介绍目前典型的基于上述处理器的嵌入式开发板系统以及操作系统的应用情况。

1.2 英特尔 IoT 嵌入式开发系统

为了能够在各种嵌入式物联网系统中快速应用和部署嵌入式 SoC 处理器，英特尔针对不同应用场景提供了多种嵌入式系统开发板，包括伽利略、爱迪生、Arduino 101 等系统开发板以及后续演进的各种物联网终端设备，提供一些典型应用帮助用户快速地部署系统。本节介绍基于 Quark 处理器的 IoT 系统开发板的基本情况。

1.2.1 伽利略嵌入式系统概述

伽利略嵌入式开发板是 Quark 处理器第一款嵌入式开发系统，也是桌面与服务器芯片巨头进入可穿戴等小型设备的开端工作。该开发板基于 Quark X1000 处理器，最高主频为 400 MHz，比之前诸多 AVR 和 ARM 的 Arduino 开发板只有几兆赫或者十几兆赫的主频要高一个数量级。同时，伽利略开发板是 Arduino 系列中的第一款基于英特尔 x86 架构的认证开发板，并且所有开发板的文档、电路图等都是以 CC-by-sa 开源协议发布的。

伽利略开发板不仅提供兼容 Arduino 的 I/O 引脚，还继承了工业 x86 处理器常用的 Mini PCI Express 插槽、10/100 Mb/s 以太网 RJ45 端口、USB 2.0 主机和客户端接口。因此，其功能不仅能够支持 Arduino 开发和应用，还能够提供原生开发方式，支持工业级应用开发。伽利略开发板可在自定义嵌入式 Linux 操作系统上运行，其固件、引导加载程序以及内核源代码均可从英特尔开发者网站上下载。

伽利略开发板提供 1 代和 2 代版本，其硬件配置如表 1-1 所示。

表 1-1 伽利略开发板的硬件配置

配置选项	配 置 性 能
处理器特性	• 单核 32 位英特尔 Quark SoC X1000 • 400 MHz 主频 • 16 KB L1 Cache • 512 KB SRAM • 集成的实时时钟(RTC)
存储性能	• 8 MB NOR 闪存 • 用于固件和引导程序 • 256 MB DDR3 • 32 GB SD 卡 • 8 KB EEPROM
功耗	• 7～15 V • 通过 PoE 模块可支持以太网供电
端口和连接器	• USB 2.0 • RJ45 以太网 • 10 针 JTAG，用于调试 • 6 个 UART 引脚 • 6 个 ICSP 引脚 • 1 个 Mini PCI Express 插槽 • 1 个 SD 卡接口
Arduino 兼容接口	• 20 个数字 I/O 引脚 • 6 个模拟输入 • 6 个具有 12 位分辨率的 PWM • 1 个 SPI 主控 • 2 个 UART • 1 个 I^2C 主控

1.2.2 爱迪生嵌入式系统概述

爱迪生嵌入式开发板系统针对智能硬件、可穿戴设备、物联网市场应用，体积更小(只有 SD 卡大小)，但性能更为强大。它包含了两个 500 MHz 主频的 Atom 内核和一个 100 MHz 的 Quark 内核，SoC 封装内集成了 1 GB 内存，开发板上还包括 4 GB 容量的 eMMC 闪存、WiFi、蓝牙 4.0 和 USB 等控制器。爱迪生开发板上的接口包含了符合 HiroseDF40 标准的 70 针连接器以及 USB 接口、大容量 Flash 存储器、UART 串口和 GPIO 接口等部件，其硬件基本配置如表 1-2 所示。

爱迪生开发板支持运行 Yocto Linux 操作系统，并支持 Arduino IDE、Eclipse(C/C ++，Python)和英特尔 XDK 的开发。开发板系统预装 Yocto Linux，支持 Arduino、Python 以及 Wolfram 编程环境。在典型工作模式下，爱迪生开发板的最高功耗约为 1 W，而在低功耗

模式下只有 250 mW，甚至更低。

表 1-2　爱迪生开发板硬件配置

硬件配置选项	硬 件 性 能 指 标
GPIO 接口	• 40 个通用 I/O 引脚端口
I/O 接口复用	• 1 个 SD 卡接口 • 2 个 UART 控制器接口 • 2 个 I^2C 控制器接口 • 1 个 SPI 控制器接口 • 1 个 I^2S 控制器接口 • 1 个 USB2.0 OTG 控制器接口 • 4 个 PWM 输出
时钟输出	• 32 kHz，19.2 MHz
SoC 内核	• 22 nm 片上系统内核，包括主频 500 MHz 的双核双线程凌动(Atom) CPU 和一个主频 100 MHz 的 Quark 微控制器
内存系统	• 1 GB LPDDR3 的 POP 内存(2 通道 32 位@800MT/s)
WiFi	• Broadcom 43340 802.11a/b/g/n • 双带(2.4 GHz 和 5 GHz)
Bluetooth	• 蓝牙 4.0
输入	• 3.3～4.5 V
输出	• 100 mA @3.3 V 和 100 mA@1.8 V
功耗	• 待机(无射频工作)13 mW • 待机(蓝牙 4.0)21.5 mW • 待机(WiFi)35 mW

1.2.3　其他基于 Quark 处理器的嵌入式系统

1. 基于 D2000 SoC 微控制器的 IoT 嵌入式开发板

Quark D2000 开发套件是一款采用 Quark D2000 微控制器的开发板及软件开发工具，可用于微型设备、可穿戴设备、智能家居产品和工业设备等物联网设备的开发。开发板采用了 32 MHz 的 Quark D2000 微控制器芯片，集成 6 轴加速计、温度传感器磁感计、USB 2.0 接口、5 V 电源输入接口及纽扣式电池槽。该单板机与 Arduino UNO 兼容，可安装 Intel System Studio 软件开发工具。开发平台的软件工具链由英特尔 System Studio 针对微控制器提供，是用于开发、优化和调试应用程序的基于 Eclipse 的集成开发环境。软件还提供示例应用程序，开发平台通过 USB 连接来实现应用编程和调试。

2. 基于 SE C1000 的传感器节点嵌入式开发板

面向可穿戴应用的超小型居里(Curie)模块采用 Quark SE C1000 内核，具有 80 KB SRAM 和 384 KB 闪存容量。在一个按钮大小的面积中，居里模块集成了 6 轴加速度计、

DSP 传感器子系统、蓝牙 LE 单元和电池充电控制器等功能，可实现运动跟踪和手势识别，并且还具有带模式匹配加速器和电池充电电路的数字传感器集线器。居里模块使用低功耗蓝牙进行通信，大大简化了可穿戴智能产品的应用开发过程。

1.3 基于 Quark 处理器的嵌入式系统软件

物联网的边缘设备和终端设备要面向不同领域，其所使用的嵌入式处理器生态系统需要覆盖广泛的性能需求，因此，IoT 设备开发碎片化和终端及边缘设备的智能化成为物联网平台研发中的突出问题之一。在当前的 IoT 应用领域，包括英特尔、恩智浦、新思等主要的物联网芯片提供者采用基于开源的方式，通过广泛的合作与共享建立起面向 IoT 的软件操作系统，通过统一的嵌入式操作系统和嵌入式开发工具链解决易用性、安全性和碎片化问题。目前最受关注的两个开源项目是 Yocto Linux 操作系统和 Zephyr 操作系统。另一方面，面向物联网应用的统一开发环境也被进一步用来解决碎片化等问题，在本节分别予以介绍。

1.3.1 Yocto 项目简介

Yocto 项目是由 Linux 基金会管理的一个协作型开源项目，主要面向嵌入式 Linux 系统的开发人员。在 Yocto 项目产生之前，开源的嵌入式 Linux 系统一直为消费电子、网络设备、零售销售点和工业应用等领域的设备提供支持，但是业务需求的多样性迫使开发人员不得不针对特定需求来构建定制 Linux 发行版，从而导致嵌入式 Linux 操作系统开发和部署的高度分散化、碎片化。不同的开发人员都要从底层开始进行一个嵌入式系统的开发，重用性很差。为了解决这一长期困扰嵌入式系统开发过程的问题，Yocto 项目提供了一个包括模板、工具和方法的核心流程，简化了 Linux 系统的定制过程，有效缓解了嵌入式 Linux 应用碎片化的现状。其过程如图 1-1 所示。

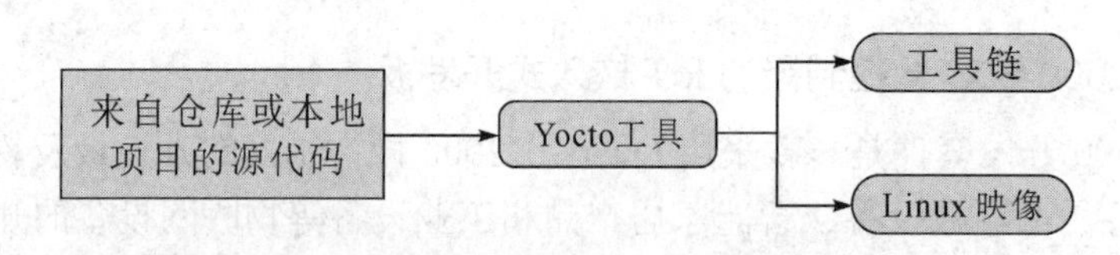

图 1-1　Yocto 项目的工具链和操作系统内核的生成

在图 1-1 中，Yocto 项目提供了一套通用的内核编译和工具链(Toolchains)产生标准流程。开发人员只需要对来自仓库或本地项目的源代码进行配置修改，通过 Yocto 工具就能获得专用的操作系统内核与开发工具链。Linux 内核编译与传统流程相同，都进行了标准化脚本设置，不需要从头进行配置修改。其中工具链包括编译器、汇编程序、链接器以及为给定架构创建二进制可执行程序所需的其他实用程序。整个项目提供了一套完整的模板、工具和方法来支持面向嵌入式系统的自定义 Linux 系统，可为 ARM、MIPS、PowerPC、RISC-V、x86、x86-64 等硬件架构构建完整的 Linux 映像，同时也为嵌入式开发人员提供了各种辅助工具。

伽利略系统预装了一套 Yocto Linux 操作系统，包含 Linux 系统的伽利略软件结构如图 1-2 所示。可以看到，整个软件体系充分利用了已有的 Linux 系统的外设驱动支持，针对片上系统外设组件和 x86 兼容外设等均采用 Linux 现有的驱动软件来实现嵌入式系统功能，同时通过扩展 Linux 设备驱动为主机桥硬件创建全新的驱动程序，所有驱动程序都被集成在了 Yocto Linux 操作系统内核中。

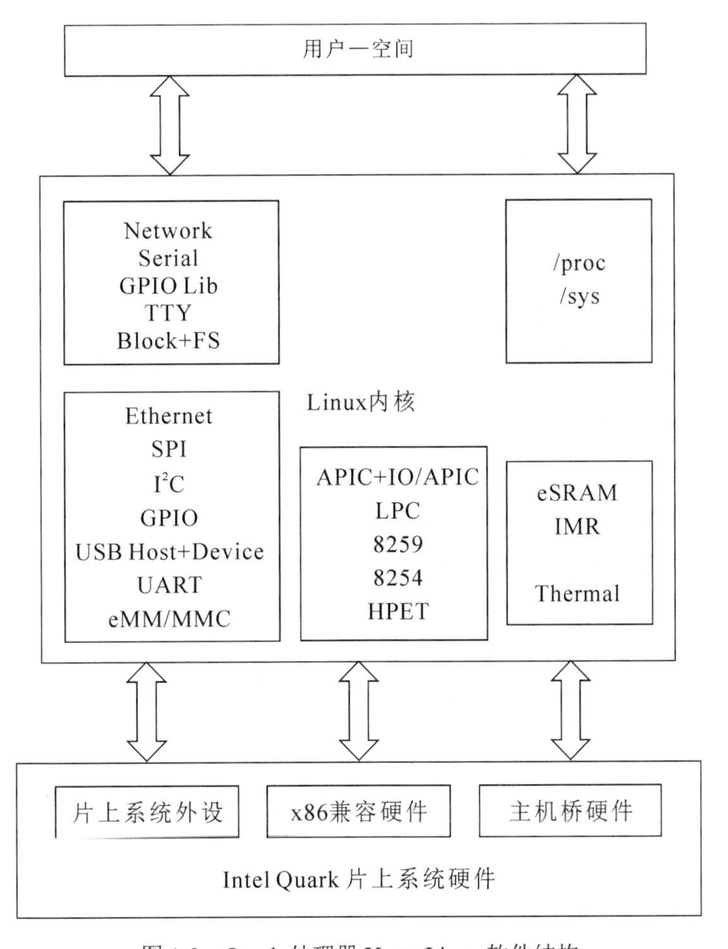

图 1-2　Quark 处理器 Yocto Linux 软件结构

1.3.2　Zephyr 项目简介

据华为 GIV2025 预测，到 2025 年 IoT 终端设备接入将会超过 400 亿，世界将越来越受到智能设备的影响。这些巨量设备中很大部分都是微型设备，如各种传感器节点、可穿戴设备、调制解调器和小型无线网关等，其共性特点就是 CPU 算力(重点是 MCU)和内存资源有严格的限制，典型配置内存和存储在几十到几百千字节的范围。在如此严格的资源约束下却要提供完整的系统控制功能和实时性能力，即使 Yocto Linux 系统也无法满足 200 KB 内存以下的更小资源的实时性操作需求。因此，英特尔、NXP 半导体、新思、德州仪器等企业联合推出了 Zephyr 开源项目。

Zephyr 操作系统适用于资源受限的 IoT 设备，是一个开源协作的小型实时操作系统(RTOS)，能提供实时操作并兼顾多结构、可裁剪、安全可靠和经济性等应用需求。Zephyr 系统基于风河系统公司(Wind River Systems)的 Rocket 内核开发，包含内核和开发完整应用程序所需的所有组件和库，如设备驱动程序、协议栈、文件系统和固件更新等，非常适合高可靠性的数据采集系统和工业设备。Zephyr 是模块化操作系统，能够对多种架构提供支持，可帮助开发人员建立满足不同应用需求的解决方案。Zephyr OS 的组件结构如图 1-3 所示。

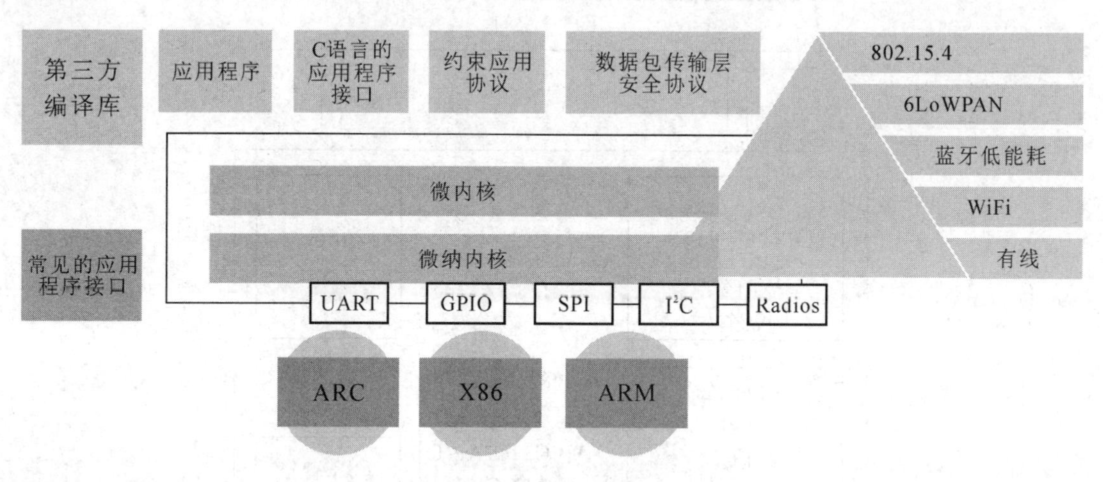

图 1-3 Zephyr 组件结构

在图 1-3 中，Zephyr 的微内核或微纳内核在硬件层次上支持多种架构，包括英特尔 x86、ARM Cortex-M、ARC 和 RISC-V 等，能适应目前绝大多数的 IoT 终端设备。Zephyr 也为多种硬件提供全面的驱动层支持，包括对安全硬件的有效支持，因此能够建立一个统一的系统层并对多种结构的终端设备提供驱动。

IoT 终端设备执行特定任务通常会有实时性要求。Zephyr 在内核调度中支持基于优先级、抢占和非抢占式的线程划分策略，可提供实时操作系统支持以便在可预测时间内执行任务。微内核或微纳内核还支持对称多处理和非对称多处理结构的多线程协作，通过提供多种线程间同步和数据传送机制以简化并行程序设计。由于终端设备的功耗敏感性，Zephyr 还支持内核级功率管理以控制空闲线程的运行。

在操作系统服务层次，Zephyr 提供了高度灵活性、可配置的模块。Zephyr 的内存保护支持和安全组件也使其成为一个 IoT 安全操作系统。另外，目前 Zephyr 支持传统蓝牙、低功耗蓝牙、以太网、802.15.4、WiFi、IPv4/IPv6、6LoWPAN、Thread 和 NFC 等网络通信协议。与 Linux 操作系统一样，开发人员可以更改 Zephyr 以满足他们的需求。

1.3.3 英特尔嵌入式软件开发工具链

英特尔伽利略开发板提供了三种基本开发方式用于物联网应用的开发，具体如下：

第一种开发方式是伽利略开发板提供的基于 Arduino 平台的嵌入式快速原型开发环境。Arduino 应用的开发采用面向对象方法抽象封装的 Sketch 语言风格，优点是使物联网应用开发相当快捷便利，因此成为 IoT 嵌入式开发初级用户快速上手的平台，缺点就是缺乏面

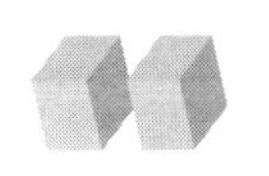

向产品级开发的能力。

第二种开发方式是英特尔跨平台开发工具包 XDK(XML Development Kit)，XDK 是基于 Javascript 语言的开发环境，这使得熟悉网页开发工具的设计人员也可以很方便地进入嵌入式 IoT 设计，因为 XDK 和网页开发工具都使用 Javascript 语言，可以加速 IoT 联网和云应用的开发。

第三种开发方式是基于最常用的 C/C++ 的软件开发工具 SDK(Software Development Kit)，面向有经验的嵌入式软件开发技术人员，可以直接面向产品应用的底层进行开发，加速产品上市时间。

在后面的章节中将重点针对 Arduino 平台开发以及 C/C++ 的 SDK 这两种最为常用的开发方式进行介绍。

第二章 Quark 处理器组成架构与接口技术

Quark 处理器采用了 32 位 IA 体系结构，并且兼容奔腾处理器的大部分指令集，这使得它具有从 x86 体系继承下来的易用性和完整的开发生态。为能够更好地理解 Quark 处理器嵌入式系统工作原理，有必要先了解一下 SoC 处理器的体系结构与组成。本章首先介绍 Quark XC1000 这一典型的 Quark 处理器外部功能结构与接口技术，然后对其内部功能结构(包括指令集、存储子系统和 I/O 接口)进行讲解。

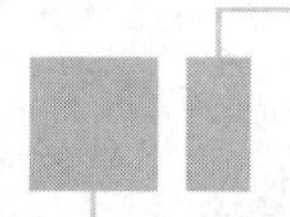

2.1 Quark SoC 的外部功能结构简述

Quark XC1000 处理器是一款片上系统(SoC)处理器，它提供了高带宽接口和多种 I/O 功能，可以通过丰富的扩展接口方便地连接多种传感器和存储器。同时又支持多种工业标准软件，利用开源的 bootloader 和统一可扩展固件接口(UEFI)提供终端数据安全和操作安全保证。Quark XC1000 处理器的系统结构如图 2-1 所示。

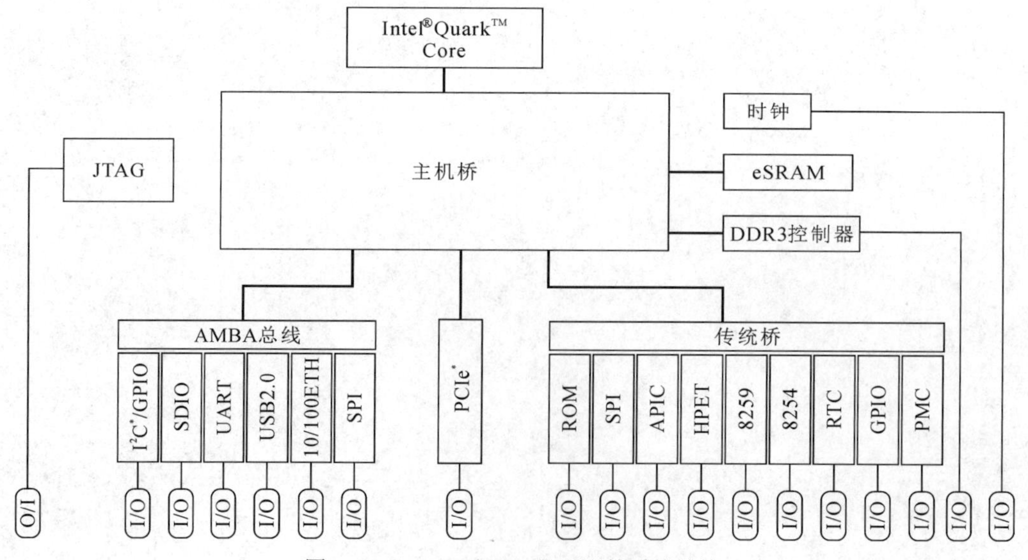

图 2-1 Quark XC1000 处理器的系统结构

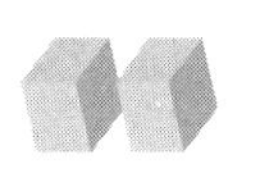

图 2-1 中低功耗的 Quark 内核通过主机桥(Host Bridge)与外设、存储控制器和片上存储器等部件相连接，构成了片上系统的完整结构。片上集成的 DDR3 控制器对存储器子系统进行访存操作，并提供 ECC 保护。为提高数据存取性能，片上还集成了 512 KB 的嵌入式 SRAM(eSRAM)，可提供对系统内存关键部分的低延迟访问。eSRAM 访问地址与 DRAM 区域的地址重叠，采用内存映射的方式进行访问。主机桥一方面需要提供处理器与 x86 体系原有的 I/O 外设接口的总线传输，如 8254 定时器、8259 中断控制器以及 GPIO 等外设，另一方面还能实现对 AMBA 总线接口的访问，如新增的 I^2C、SPI、以太网和 USB2.0 等外设。

主机桥的功能结构如图 2-2 所示，它是由处理器总线与系统总线一起构成的片内多层总线结构，满足不同访问速度的部件与 CPU 核的高效交互，同时也能够提供多种总线仲裁和控制能力。内存控制器、DMA 控制器以及局域网模块均连接在高速的内存总线，低速串行通信外设通过总线转换桥连接到慢速 I/O 总线上。I/O 总线支持 ISA、EISA 和 PCI 的 x86 体系传统总线协议，同时也能够支持硬盘接口 SCSI（Small Computer System Interface）以及处理器间中断 IPI（Inter-Processor Interrupt）协议和增强型串行数据接口 ESDI（Enhanced Serial Data Interface）等传统的工业接口。

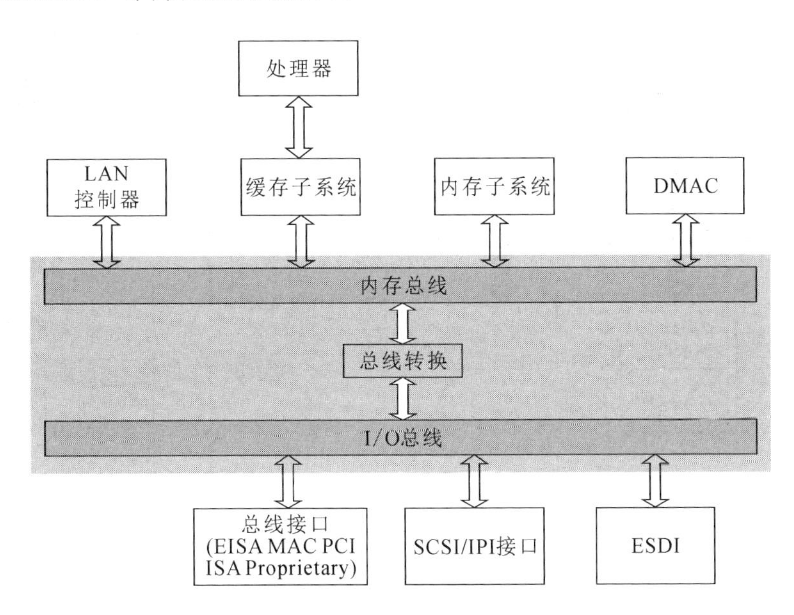

图 2-2　主机桥功能结构示意图

可以看出，通过高性能分层主机桥，Quark SoC 处理器在片上有效地集成了 IoT 应用中的各种外设接口，显著了降低板级设计的复杂度，同时简化了 IoT 终端设备的设计，因此能够提供在高性能前提下的小体积、低功耗端侧开发系统。

2.2　Quark 处理器内部功能结构

Quark 处理器的内部功能结构如图 2-3 所示。其 CPU 核心内部结构仍然分成执行单元

(EU)和总线接口单元(BIU)两部分。EU 采用 5 级指令流水架构，由 32 位整数处理单元、片上 Cache 和内存管理单元构成，整数处理单元包含了图中的桶形移位器、寄存器堆和算术逻辑单元 ALU 这 3 个组件。内核可灵活使用 8 位、16 位和 32 位数据类型进行算术和逻辑运算，8 个通用寄存器根据不同数据类型宽度进行操作。同时，CPU 内部提供了片上浮点单元(FPU)，可支持 32 位、64 位和 IEEE 标准 754 中指定的 80 位浮点格式。内部集成的 16 KB 片上指令 Cache 和数据 Cache，使 CPU 能提供 1.25 DMIPs/MHz 的处理性能。BIU 主要完成 CPU 与存储器、I/O 设备之间的数据通信，主要包含物理地址产生单元、片上 Cache、指令预取、地址寄存器、段寄存器和总线控制单元等逻辑部件。

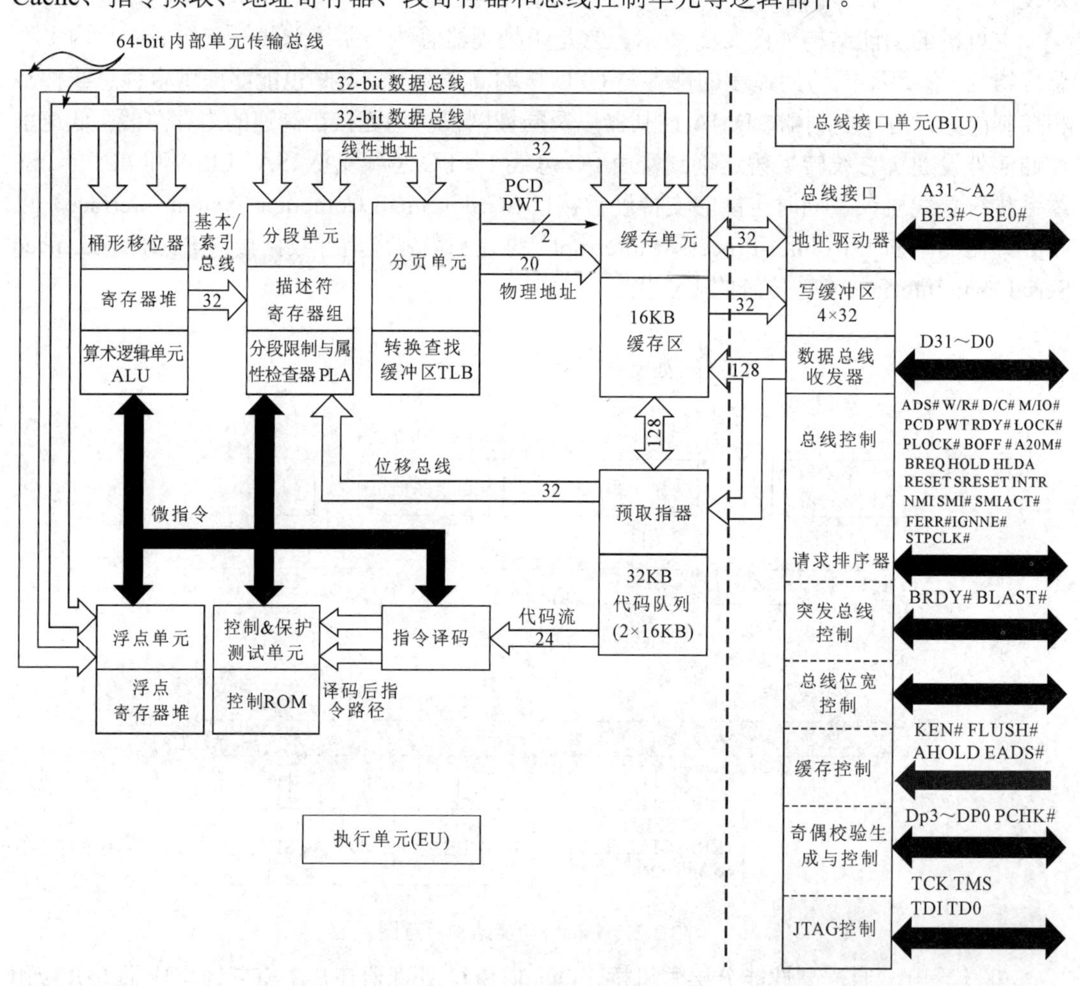

图 2-3　Quark 处理器内部功能结构

2.2.1　执行单元功能结构

EU 主要完成指令执行，其核心为 5 级流水线结构，即指令预取、译码 1、译码 2、执行和寄存器回写，并通过 5 个时钟周期完成，如图 2-4 所示。EU 中的指令译码用两个流水级完成，译码 1 级启动对存储器的访问，数据在译码 2 级就可以在下一条指令中使用，从而有效提升 Cache 的使用效率。

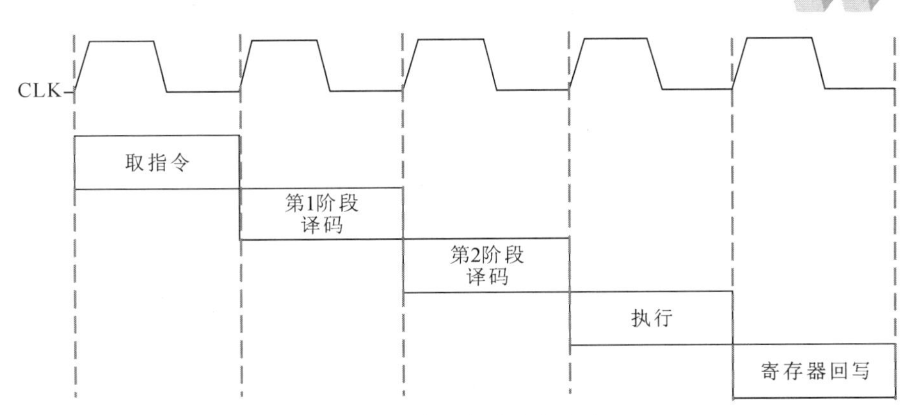

图 2-4　EU 的 5 级指令级流水

首先，指令通过 BIU 先被读入指令预取器中。在指令预取级，继续开始从内存读取 16 字节(128 位)的指令块，这些预取数据被同时读取到预取单元和 Cache 中。预取单元用 32 字节指令队列保存指令，当从预取单元的队列中取出一条指令时，操作码被发送到指令译码单元进行译码；同时(取决于指令)操作数部分将被发送到分段单元进行地址计算。对于循环程序操作，预取单元将从 Cache 中获取执行指令。

其次，指令译码单元接收到指令后，通过两个译码流水级将指令转换为底层控制信号和微码入口点。大部分指令在一个周期内就可以完成译码，但内存访问指令在译码 1 级开始，会在两个译码流水级的两个时钟内读写数据。指令译码单元可以同时处理 32 位指令的指令前缀字节、操作码以及操作数部分，译码单元的输出则包括分段地址、整数和浮点单元的微指令。

控制单元从译码单元微指令获得输出控制信号，对整数和浮点处理单元的执行进行控制，并且按照指令中规定方式控制分段地址选择。控制单元在平均一个时钟周期内执行完成。

整数处理单元将数据保存在通用寄存器中，并执行指令集中所有算术和逻辑操作以及一些新指令。它有 8 个 32 位通用寄存器、专用地址寄存器、一个 ALU 和一个桶形移位器，可以完成单周期的读写、加减法、逻辑和移位指令。两条 32 位双向总线连接整数和浮点单元，可同时完成 64 位操作数的传输。这个数据传输总线也将处理单元与 Cache 单元连接起来。

整数处理单元中的通用寄存器堆也通过一个 32 位总线将逻辑地址数据发送到分段单元，形成有效地址。分段与分页模块共同构成存储器管理单元(MMU)，进行逻辑地址到线性地址或者物理地址的转换，并支持对虚拟存储的访问。

除了具有片上内存管理和 Cache 单元，CPU 内核还提供一个与 ALU 并行工作的浮点单元(FPU)。FPU 执行与 80387 浮点运算协处理器相同的指令集，它通过浮点寄存器组和专用硬件来译码 IEEE 754 标准中指定的 32 位、64 位或 80 位格式，同时为各种浮点数据类型提供算术指令，并执行内置超越函数(如切线、正弦、余弦和对数函数)。Quark CPU 的 FPU 能够支持 ANSI/IEEE 754-1985 标准中关于浮点运算的要求。

2.2.2　总线接口单元结构

BIU 完成处理器内部单元和外部系统之间的数据传输、指令预取和控制功能的优先级排序和协调。对内而言，BIU通过两个32位总线和一个128位总线与高速缓存和指令预取单元通信；对外而言，BIU 提供处理器总线控制信号，所有外部总线周期都遵守相同的总线时序。BIU中功能模块与对应的信号关系如表2-1所示。

表2-1 BIU功能说明

功能名称	功能引脚使用	功 能 描 述
地址驱动器	地址信号A31: A2，字节使能信号E3#～BE0#	处理器总线上的地址信号A31: A2与4位字节使能信号一起确定该地址和地址类型，这30位地址信号的高28位是双向地址信号，允许外部电路将缓冲无效的地址发回到处理器
数据总线收发器	D31～D0	32位数据信号线用来进行数据的收发。128位的数据块读取需要4次读取完成
总线位宽控制	BS16#和BS8#	这2个外部控制信号可以将总线配置成32位，16位和8 位三种类型的外部数据总线，总线宽度变化仅占用一个时钟周期
总线写缓冲	—	最多缓冲四个32位写请求，允许多个内部操作连续执行而不必等待总线上的写操作完成
总线控制	ADS#，W/R#，D/C#，M/IO#，PCD，PWT RDY#，LOCK#，LOCK#，BOFF#，A20M#，BREQ，HOLD，HLDA，RESET，SRESET，INTR，NMI，SMI#，SMIACT#，FERR#，IGNNE#，STPLCK#	Quark的BIU支持多种总线周期和控制功能，包括突发传输、非突发传输（单周期和多周期）、总线仲裁（总线请求、总线保持、总线保持确认、总线锁定、总线伪锁定和总线退避）、浮点错误信号、中断和复位 两个软件控制的输出能够在单周期内启动页缓存功能，同时也提供输入和输出控制信号用于启动突发读传输操作
奇偶校验产生与控制	DP3～DP0，PCHK#	奇校验在写周期时产生并写入到处理器，在读周期是进行检验，并提供一个错误信号来指示读校验错误
Cache控制	KEN#，FLUSH#，AHOLD，EADS#	提供对Cache的控制和一致性操作支持，有三个输入信号允许外部系统来控制内部Cache单元中的数据一致性，提供两个专用的总线周期让处理器能够控制外部Cache的一致性

如上所述，BIU的主要任务是完成CPU与外部系统设备之间的数据传输，但由于Cache单元的存在增加了总线传输控制的复杂性。Cache单元位于BIU和EU之间，在数据传输

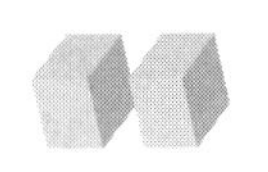

时要考虑到 Cache 的数据写入、读取和更新操作。内存操作指令从系统总线读取一个 16 字节(Cache 行)的操作数、指令或其他数据后，将其保存到 Cache 中，在随后的 EU 数据读取时就从 Cache 直接读取。当 Cache 的内容需要根据内部寄存器数据进行更新时，BIU 则需要把 Cache 更新后的信息写入内存或者其他外部设备中。另外，在指令预取期间，BIU 还负责将读入的指令同时传递给指令预取器和 Cache，并且指令预取器也可以直接从指令 Cache 获得预取的指令。

为了提高 Cache 单元参与读写过程时处理器执行的效率，BIU 提供了写缓冲和读请求重排序功能。BIU 有一个 4 × 32 位的写缓冲模块，用来缓冲 4 个将写入存储器的地址、数据或控制等信息。写缓冲模块能够在一个时钟内完成内存写入。如果写内存请求被缓冲到写缓冲模块，那么生成这一请求的内部单元就可以继续处理后续的任务，不必等待内存操作的完成。

BIU 在缓冲写操作之前能够对待处理的读操作进行重排序，这是因为虽然缓冲数据的写入不会对处理速度产生不利影响，但是待处理的读操作仍然会阻碍内部单元的连续执行。为了防止读取无效数据，只有在所有缓冲写入都是缓存命中时，才会在缓冲写入之前对读操作进行重新排序。因为外部读取操作仅针对缓存未命中而产生的，并且仅当所有这些被缓冲的写操作都是 Cache 命中时才会在缓冲写入之前对读操作重新排序，因此在具有此保护机制的外部总线上生成的任何读操作都不会读入即将由缓冲写入使用的内存位置。对于给定的缓冲写入集合，这种重新排序只能发生一次，因为读取周期返回的数据可能会替换即将从写入缓冲区写入的数据。

通过 Cache 单元能提高处理器执行读写操作的效率，但也增加了电路逻辑复杂度。禁用 Cache 单元也会禁用写缓冲区，这样就会增加关闭重新排序总线周期的可能性。

在总线控制模式中，处理器可以产生锁定(LOCK#)信号去锁定多个连续总线周期，这样其他总线主设备就无法干扰总线的执行。锁定操作的一个例子就是对信号量的“读—修改—写”更新操作，即对资源控制寄存器的更新，直到整个被锁定的信号量更新完成才允许总线进行其他操作。

2.3　Quark CPU 内核的组成与工作模式

Quark CPU 继承了 32 位 Pentium 处理器的主要功能结构特点，包括提供对虚拟内存的访问、多种工作模式的安全性保证、相同的中断控制方式等，并且由于外部设备接口的扩展，系统总线的功能也有所扩展。本节首先介绍 Quark CPU 的寄存器组织、指令集结构以及寻址模式，然后介绍 Quark CPU 的工作模式与保护运行机制。

2.3.1　Quark CPU 的寄存器组织

Quark 内核的执行单元包括整型数据计算 ALU 和浮点单元，用于完成各种整型计算与浮点计算。处理器提供的寄存器组织除了基本通用寄存器组、段寄存器、指令指针寄存器和标志位寄存器之外，还包括用于系统级控制的控制寄存器、系统地址寄存器和调试测试

寄存器。为了有效地使用浮点功能单元，处理器还配置了浮点寄存器组用于提升浮点计算性能。

1. 通用目的寄存器

32 位的通用目的寄存器包括数据寄存器和地址指针/变址寄存器，如图 2-5 所示。

31 24 23 16	15 8 7 0	
	AH AX AL	EAX
	BH BX BL	EBX
	CH CX CL	ECX
	DH DX DL	EDX
		ESI
		EDI
		EBP
		ESP

图 2-5 通用目的寄存器结构

32 位数据寄存器包括 EAX、EBX、ECX 和 EDX，支持 8 位、16 位和 32 位操作数。EAX 为 32 位累加器，大部分的操作都可以在累加器中完成；EBX 为基址寄存器，虽然可以作为数据寄存器，但也常常作为地址寄存器来使用；ECX 为 32 位计数寄存器，经常用作循环计数寄存器，循环语句中默认 ECX 为循环次数；EDX 为数据寄存器，用于寄存数据，但在 I/O 指令中，EDX 用于表示端口地址。ESI、EDI、EBP 和 ESP 寄存器也可以分别以 16 位地址或者 32 位地址操作数进行访问。通用目的寄存器的低 16 位可以用 16 位寄存器名称 AX、BX、CX、DX、SI、DI、BP 和 SP 进行访问，不会影响高 16 位的内容。数据寄存器也可以 8 位字节操作数来访问，每个数据寄存器的[7: 0]位用 AL、BL、CL 和 DL 进行访问，[15: 8]位可以用 AH、BH、CH、DH 寄存器进行访问。这种寄存器使用方式能够保证操作数处理的灵活性和兼容性。

2. 指令指针(Instruction Pointer)

指令指针 EIP 寄存器是一个 32 位的寄存器，保存将要被执行的下一条指令的段内偏移地址，即该地址是相对于代码段 CS 的偏移量。EIP 的低 16 位可以用寄存器 IP 进行访问，也可以用于对 16 位地址的寻址。指令指针寄存器的结构如图 2-6 所示。

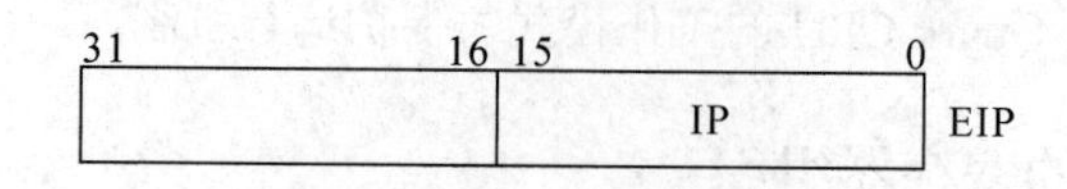

图 2-6 指令指针寄存器结构

3. 标志寄存器(Flags Register)

32 位标志寄存器被命名为 EFLAGS，低 16 位标志位寄存器命名为 FLAGS。标志寄

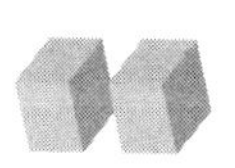

存器用于指示 Quark 处理器的工作状态，共有 17 个状态位。各个状态的含义如图 2-7 所示。

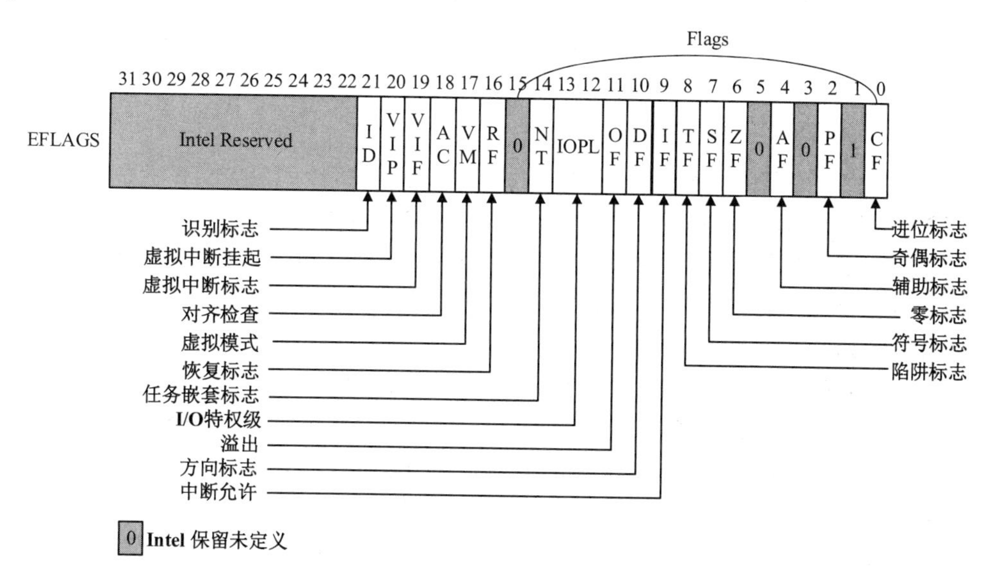

图 2-7 标志寄存器结构

低 16 位 FLAGS 寄存器提供了对早期处理器状态标志位的兼容性支持，即对 16 位 x86 处理器的状态位支持。

4. 段寄存器

6 个 16 位段寄存器保存段选择器值，用于标识当前可寻址的存储器段。在保护模式下，每个段范围可以从一个字节到整个 4 GB(2^{32} 字节)线性和物理地址空间。在实模式下，最大段固定为 64 KB(2^{16} 字节)。6 个可寻址段由段寄存器 CS、SS、DS、ES、FS 和 GS 定义。CS 段中的段地址表示当前代码段，SS 中的段地址表示当前堆栈段，DS、ES、FS 和 GS 中的段地址指示当前的数据段。段寄存器的结构如图 2-8 所示。

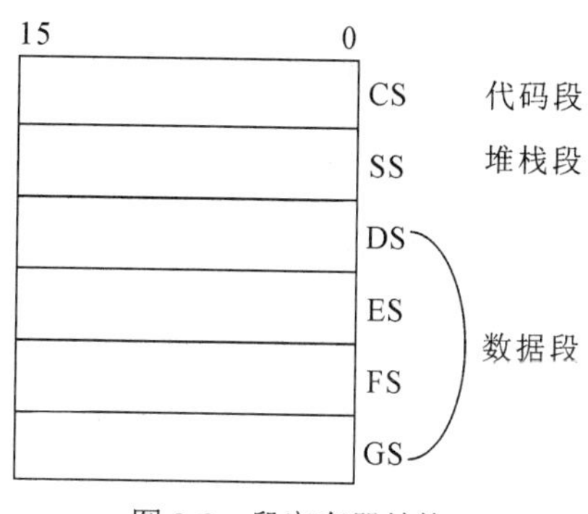

图 2-8 段寄存器结构

5. 系统级寄存器

系统级寄存器主要执行对 Cache、浮点单元、分段和分页机制的控制操作。它包含了 CR0、CR1、CR2 和 CR3 共 4 个控制寄存器和 4 个分段操作的基寄存器。

在 4 个控制寄存器中，CR1 被保留使用，CR0 寄存器保存了系统级控制和状态信号，对处理器的工作模式进行配置和选择。系统级控制信号提供多种控制功能，一方面可以配置 CPU 内核实模式、保护模式和分页保护三种工作模式，另一方面对片上 Cache 工作模式进行设定，还可以决定浮点单元工作模式和对齐检查控制的方式。CR2 寄存器中主要保存引起页错误的线性地址。CR3 寄存器保存页目录结构的基地址，这是一个物理地址。页面目录可以在其关联的任务挂起时被调出，但操作系统必须确保页面目录在任务被分派之前驻留在物理内存中。

系统地址寄存器提供 4 个段基址寄存器来支持处理器工作在保护模式，其中寄存器 GDTR 用来保存全局描述字表，寄存器 IDTR 用来保存中断描述字表，寄存器 LDTR 保存局部描述字表，寄存器 TR 用来保存任务状态段。系统级寄存器只能由最高权限级别的程序进行访问。

6. 浮点单元(FPU)寄存器

浮点运算使用专门的浮点数据寄存器。片上 FPU 提供的 8 个 80 位的浮点数据寄存器，能提供 20 个 32 位寄存器的等效容量。每一个数据寄存器都可以根据浮点扩展精度数据类型进行字段划分。浮点数据寄存器组可以通过寄存器寻址方式由程序员直接使用。

16 位浮点标签字寄存器为每个浮点数据寄存器提供 2 位标签，通过区分空和非空寄存器位置来优化 FPU 的性能。

浮点状态字寄存器也是 16 位的，用来指示 FPU 的整体状态。异常标志位[5:0]能够指示浮点运算中的精度错误、零除、上溢、下溢、无效操作和不规范操作数等异常事件；位[6]是堆栈的空满标志；位[7]是一个错误汇总标志，如果有任何异常位被置位，则该位置位；[14，10:8]这四位是 FPU 的条件码标志，它的功能类似于 ALU 的条件码，根据算术运算指令得到的结果来更新这四个标志位；[13:11]位指示当前栈顶所在的寄存器位置；最高位[15]位则保留了一个忙指示标志，以便保持与 8087 协处理器的兼容。

16 位的浮点控制字寄存器为 FPU 提供若干处理选项。[5:0]位提供了 FPU 错误和异常的掩码控制，能够独立地对 6 个异常状态标志进行控制；[9:8]位是精度控制(PC)位，可以设置 FPU 内部操作的精度，可以在 24 位单精度、53 位双精度和 64 位扩展精度中进行选择；[11:10]位为四舍五入控制(RC)位，提供舍入到最近或偶数、向上舍入、向下舍入和直接舍去四种方式。舍入控制仅影响那些在操作结束时执行舍入的指令。

上述寄存器为 FPU 的运算控制提供支持，与整数运算单元并行工作，且独立运行。

2.3.2 Quark CPU 指令集与寻址模式

Quark CPU 是基于 IA-32 指令集，但去掉了其 MMX 指令集部分，以构成低功耗的嵌入式处理器核心。因此，Quark 内核仍采用变长指令格式，具有 0～3 个操作数，每一个操作数都可以存放于指令内、寄存器或者内存。大部分零操作数指令只占据 1 个字节，单操作数指令通常占据 2 个字节，平均指令长度为 3.2 个字节。因为 Quark 处理器有一个 32 字节的指令队列，它平均可以预取 10 条指令。双操作数指令允许数据在寄存器和存储器之间进行传输，并允许立即数向存储器和寄存器传输。这些操作数可以是 8 位、16 位或者 32 位的长度。除了上述通用指令，Quark 处理器还有浮点指令和浮点控制指令，其指令助记符都用“F”开始。

Quark 内核仍采用 x86 体系复杂指令集计算机(CISC)结构，因此具有非常全面的指令集，包括数据传输、运算、移位/旋转、字符串操作、位操作、控制传输、高级语言支持、操作系统支持和处理器控制等各个方面的功能。同时为了高效地执行高级语言(如 C 语言和 Fortran)，处理器提供了多达 11 种寻址模式，包括立即数寻址、寄存器寻址和 9 种内存寻址模式。这些寻址模式专门进行了优化设计，并且覆盖了高级语言需用到的绝大多数数据结构。下面就简要介绍一下这些主要寻址模式。

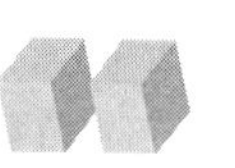

1. 立即数与寄存器寻址

在立即数寻址中，立即数作为指令操作码的一部分已经包括在指令中；在寄存器寻址中，被寻址的操作数位于通用寄存器内，且可以为 8 位、16 位或者 32 位。

2. 32 位内存的寻址模式

内存寻址主要为适应高级语言中的寻址灵活性而进行了优化设计，目的是从逻辑地址得到存储器系统访问的线性地址。线性地址由段基地址和有效地址部分组成。内存寻址模式提供 9 种寻址模式来计算操作数有效地址(Effective Address，EA)，计算公式所示：

$$EA = Base\ Reg + (Index\ Reg * Scaling) + Displacement \tag{1}$$

其中，偏移量 Displacement 是指令中的 8 位或者 32 位立即数；Base Reg 表示通用目的寄存器中的基地址内容；Index Reg 表示索引寄存器中的地址索引值，可以是除 ESP 寄存器之外的通用寄存器中的内容，用来访问数组元素或者字符串；Scaling 是缩放系数(又称伸缩因子)，可以为 1、2、4 或者 8。

通过公式(1)的有效地址计算部件与段寄存器和描述字寄存器相配合，完成 9 种内存寻址模式，如图 2-9 所示。寻址计算包括段寄存器、描述字寄存器、基寄存器和索引寄存器，共同计算得到有效地址(EA)以及最终的线性地址。

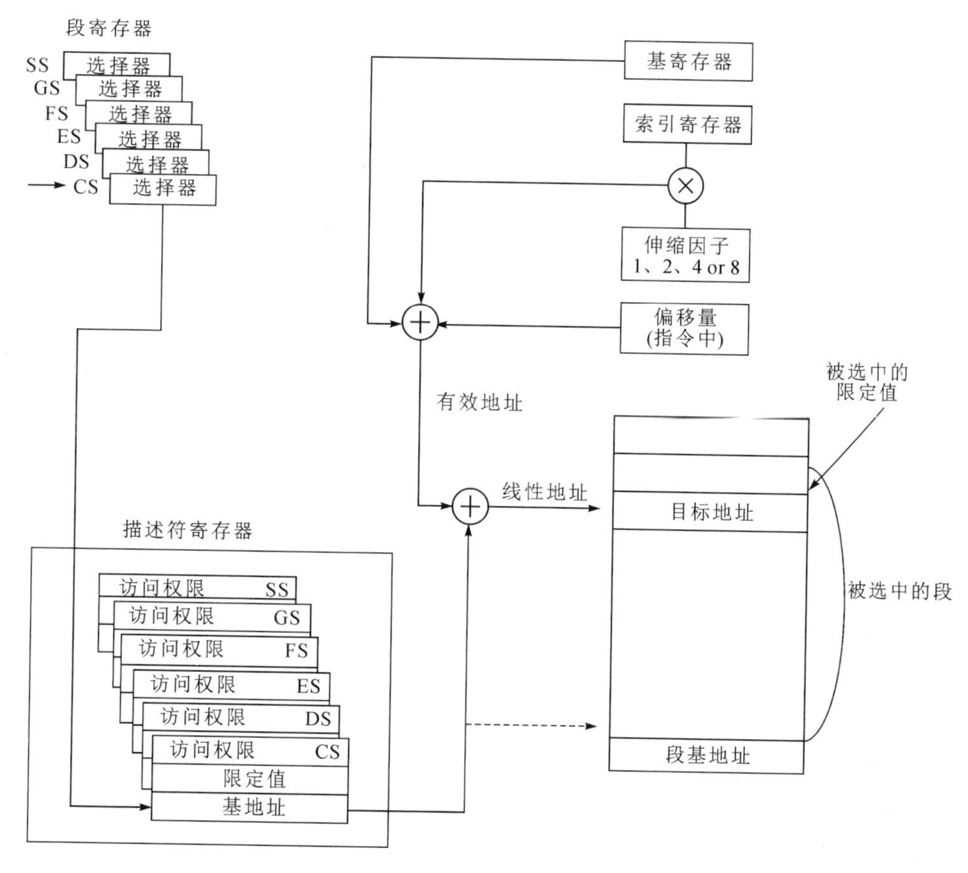

图 2-9　寻址模式的计算

(1) 直接寻址模式：操作数的偏移量作为指令的一部分，包含 8、16 或 32 位偏移量，直接在图中的基地址寄存器所指定的段中进行偏移，得到最终的内存数据。

(2) 寄存器间接寻址模式：图 2-9 中的基寄存器包含操作数的地址，它被取出后在基地址指定的段中进行偏移得到内存数据。

(3) 基址寻址模式：将基寄存器的内容与偏移量相加来形成操作数的偏移量，然后再指定的段中偏移取出需要的操作数。

(4) 索引寻址模式：将索引寄存器的内容与偏移量相加后来形成操作数的偏移量，再到指定段中取出内存操作数。

(5) 可扩展索引寻址模式：在索引寻址模式的基础上，索引寄存器的值先乘以一个缩放因子，然后再与偏移量形成操作数的偏移量，形成有效地址。

(6) 基址索引寻址模式：基寄存器与索引寄存器的内容相加得到操作数的有效地址。

(7) 基址索引可扩展寻址模式：索引寄存器中的值乘以一个可伸缩因子后再与基寄存器相加形成操作数的有效地址。

(8) 基址索引加偏移量寻址模式：将索引寄存器、基寄存器中的内容以及指令中的地址偏移量二者相加在一起形成操作数的有效地址偏移量。

(9) 基址可扩展索引加偏移量寻址模式：在基址索引加偏移量寻址模式的基础上，将索引寄存器的值先乘以一个缩放因子后再进行三者相加，以形成操作数的有效地址偏移量。

2.3.3 Quark CPU 的工作模式

Quark CPU 核心可提供四种工作模式，即实(Real)模式、虚拟 8086 模式、保护模式和系统管理模式(SMM)。在实际运行中，实模式主要用来启用保护模式操作。保护模式是操作系统和应用程序的主要工作模式，在保护模式下 Quark 内核的操作不被限制，线性地址空间可达 4 GB(2^{32}B)，并允许处理器执行虚拟内存程序，这时对内存的使用几乎无限制(2^{64}B)。虚拟 8086 模式实际是保护模式下的一种兼容 8086 的工作方式，工作在虚拟 8086 模式下时，处理器类似于 8086，其可寻址地址空间为 1 MB，段寄存器内容保存了段地址值；20 位存储单元地址(1 MB)由段值乘以 16 加段内偏移构成，这也是兼容早期 DOS 版本软件运行的一种模式。SMM 工作模式使处理器工作在“伪实模式”环境下，主要用来处理各种系统功能，如电源管理、系统硬件驱动控制等。SMM 模式一般用于提供一个明显的和易隔离的处理器环境来保证对系统固件的安全操作，而对操作系统或应用程序而言是透明的。

1. 实模式

当 Quark 内核上电启动后，即被初始化为实模式工作方式，默认为 16 位操作数，最大可访问内存被限制到 1 MB，且不支持分页方式。实模式下有两个固定的内存位置被保留未使用，即系统初始化区域和中断向量表。内存位置 00000H～003FFH 为 1 KB 的中断向量表，保留了 256 个 4 字节的中断向量；内存位置 FFFFFFF0H～FFFFFFFFH 为系统初始化保留使用。可以看出，在实模式下，系统将工作在典型的 16 位 8086 模式下。

当工作在实模式时，一些可屏蔽中断和部分异常处理功能不能使用，但不可屏蔽中断仍可正常使用，Shutdown(关机)、Halt(停止)和 RESET(复位)指令也都可以正常使用。

2. 保护模式

保护模式下，处理器可进行虚拟内存管理，这时对内存的使用几乎无限制(2^{64} 字节)。实模式与保护模式的区别在于计算基地址。在保护模式下，选择器用于指定由操作系统定义的表索引，如图 2-10 所示。该表包含给定段的 32 位基地址。物理地址是通过将表中获得的基地址与偏移量相加而形成的。

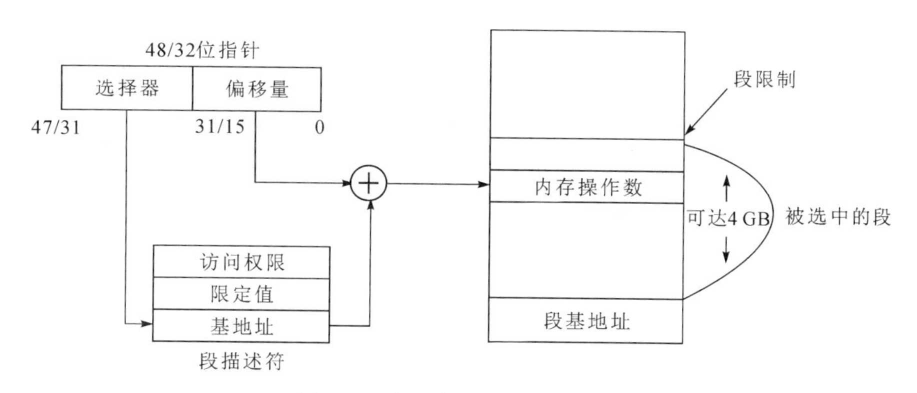

图 2-10　保护模式基本寻址方式

图 2-10 表示保护模式的基本分段寻址机制。16 位段选择器确定了操作系统中段描述符中的基地址，然后与低 32 位的偏移量相加形成 32 位内存物理地址。线性地址可直接作为物理地址使用，但是如果启动了分页模式，则分页机制会将线性地址映射到 32 位物理地址。

保护机制的分页加分段寻址机制如图 2-11 所示，它提供了管理处理器内核超大内存地址段的方法，且只能在保护模式下使用。页操作层次低于分段操作，仅仅是由于系统管理的需要，是对用户透明的。它可以把来自段单元的线性地址翻译成在不同页帧上的物理地址，每一个页的大小为 4 KB。分页寻址能实现内存离散分配方式以消减内存的碎片，提高内存的利用率。

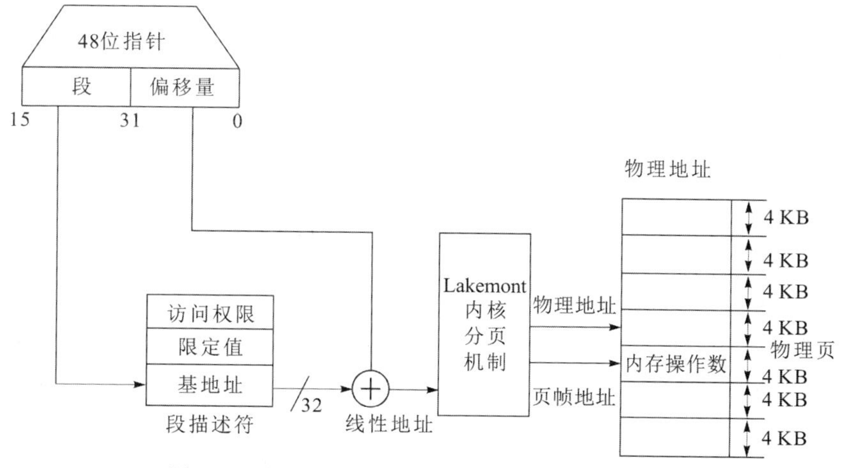

图 2-11　保护模式下带有分页机制的地址形成

Quark 内核提供了 4 个级别的保护工作模式，如图 2-12 所示。保护工作机制通过隔离和保护用户程序和操作系统来支持多任务，并且分级保护功能被集成到内存管理单元，不同的权限级别分别控制特权指令、I/O 指令以及对段和段描述符的访问。

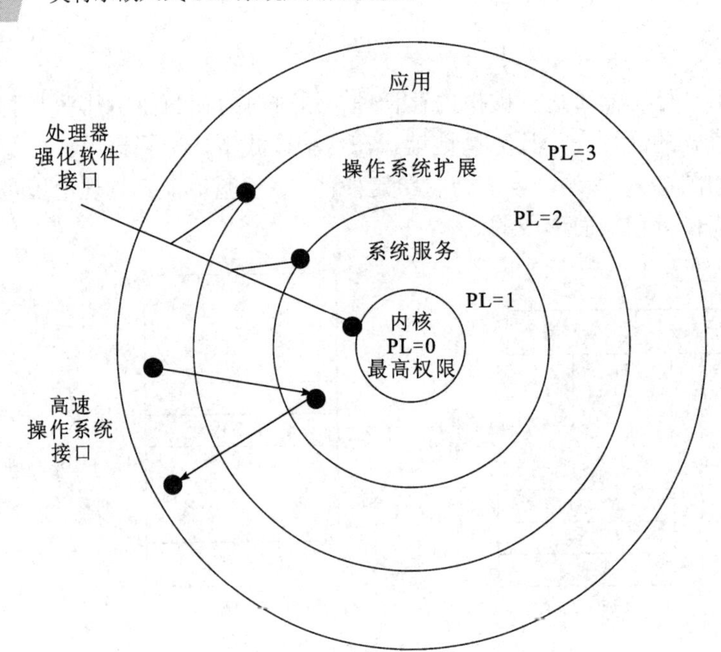

图 2-12 四级分层保护机制

图 2-12 中的 4 级保护模式分别为内核级(PL = 0)、系统服务级(PL = 1)、操作系统扩展级(PL = 2)和应用级(PL = 3)。权限级别从 0 级到 3 级，0 级是最高特权和信任级别。处理器控制访问不同级别任务的数据和程序时，要遵循一定的规则进行访问，例如，存储在具有某一权限级别的段内数据只能通过相同权限级别的代码进行访问，至少与所提供的权限一样；某一权限级别的代码段或过程只能由在相同或较低权限级别执行的任务进行调用。

运行在处理器的一个任务总是处于 4 个权限级别的其中之一，并且不同权限级别的任务可以相互调用。例如，一个运行在 PL = 3 的权限的应用程序可以调用 PL = 1 的系统程序，这时该任务的当前权限就被设置成 PL = 1，直到调用完成后才有返回到 PL = 3 的当前权限。

3. 虚拟 8086 模式

Quark 内核也允许应用程序在实模式和虚拟 8086 模式下进行。在这两种模式之中，后者给系统设计者提供了更多的灵活性。虚拟 8086 模式允许执行 8086 的应用程序的同时，仍然允许系统设计人员充分利用内核保护机制。

虚拟 8086 模式和保护模式之间的主要区别之一是如何解释段选择器。当处理器内核在虚拟 8086 模式下执行时，段寄存器的使用方式与实模式相同。段寄存器的内容向左移动 4 个二进制位，形成段的基地址。

处理器允许操作系统指定程序使用实模式或者保护模式寻址。通过分页操作，虚拟 8086 模式下的 1 MB 地址空间可以映射到 4 GB 线性地址空间中的任何位置。与实模式类似，虚拟 8086 模式的有效地址(即段内偏移量)超过 64 KB 会导致编号 13 的异常产生。但由于在虚拟 8086 模式下运行的大多数任务都是基于 8086 处理器的早期应用程序，这一限制一般不会引起应用问题。

4. 系统管理模式(SMM)

SMM 模式用于处理器专用硬件的控制，如系统管理中断(SMI#)、专用安全内存空间

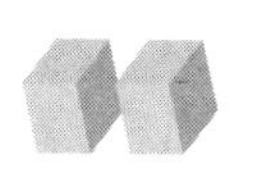

(SMRAM)、处理器状态数据和恢复指令(RSM)还有其他特殊功能控制包括 I/O 重启、自动停止重启等硬件控制。

这里用处理器对外部中断的响应过程作为一个 SMM 工作模式进行举例。当外部中断信号 SMI#到达时，系统会从正常程序中转入中断处理过程，并进入系统管理模式来完成中断服务子程序的处理。进入 SMM 模式时，需要处理器首先发送 SMIACT# 信号去启用系统管理存储器(SMRAM)。SMRAM 是从默认地址位置 3FFFFH 开始的一个专门地址空间段，用来保存需要在 SMM 模式运行的程序代码。处理器将上下文状态保存在 SMRAM 中，并切换到 SMM 模式，即跳转到缺省的 SMRAM 中的绝对地址 38000H 处执行 SMI#处理程序，转入中断服务程序的执行。当程序执行完成以后，需要退出 SMM 模式。这时处于 SMM 模式下的处理器会执行 RSM 指令从 SMRAM 中恢复处理器的上下文环境，清除 SMIACT#有效的信号，并将控制返回给中断调用主程序。SMM 模式的操作类似于实模式，但没有权限级别或地址映射。SMM 程序可以执行所有 I/O 和其他系统指令，并且可以处理最多 4 GB 内存。

4 种工作模式的转换方式如图 2-13 所示。在实模式和保护模式下，外部的系统管理中断(信号引脚 SMI#为不可屏蔽中断)会将处理器切换到 SMM 模式，在 SMM 模式下的操作对应用程序和操作系统是透明的。处理器从 SMM 模式退出后可以到其他三种模式的任何一种。当系统被复位后再启动时，首先进入实模式工作，然后再引导处理器进入保护模式进行操作。当需要运行 DOS 系统兼容的程序时，会进入虚拟 8086 模式运行。

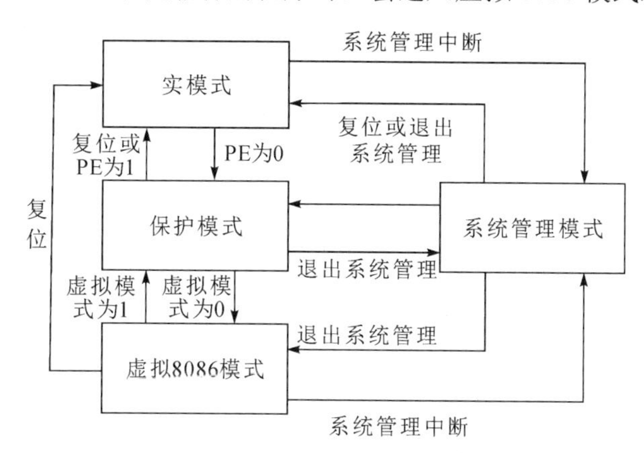

图 2-13　处理器内核工作模式的转换方式

2.4　Quark 内核的系统总线

Quark 内核使用地址线与数据线独立的系统总线结构以提升并发处理能力。总线功能分组如图 2-14 所示，带#符号的信号为低电压有效。数据总线为双向 32 位总线，同时 32 位地址总线由 30 位地址线(A[31:2])和 4 位(BE[3:0]#)字节使能位组成，字节使能位允许数据可以单字节为单位进行访问。由于需要支持 Cache 单元，双向地址线可支持 Cache 行失效的更新。

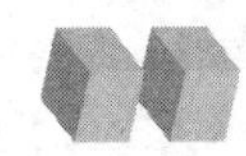

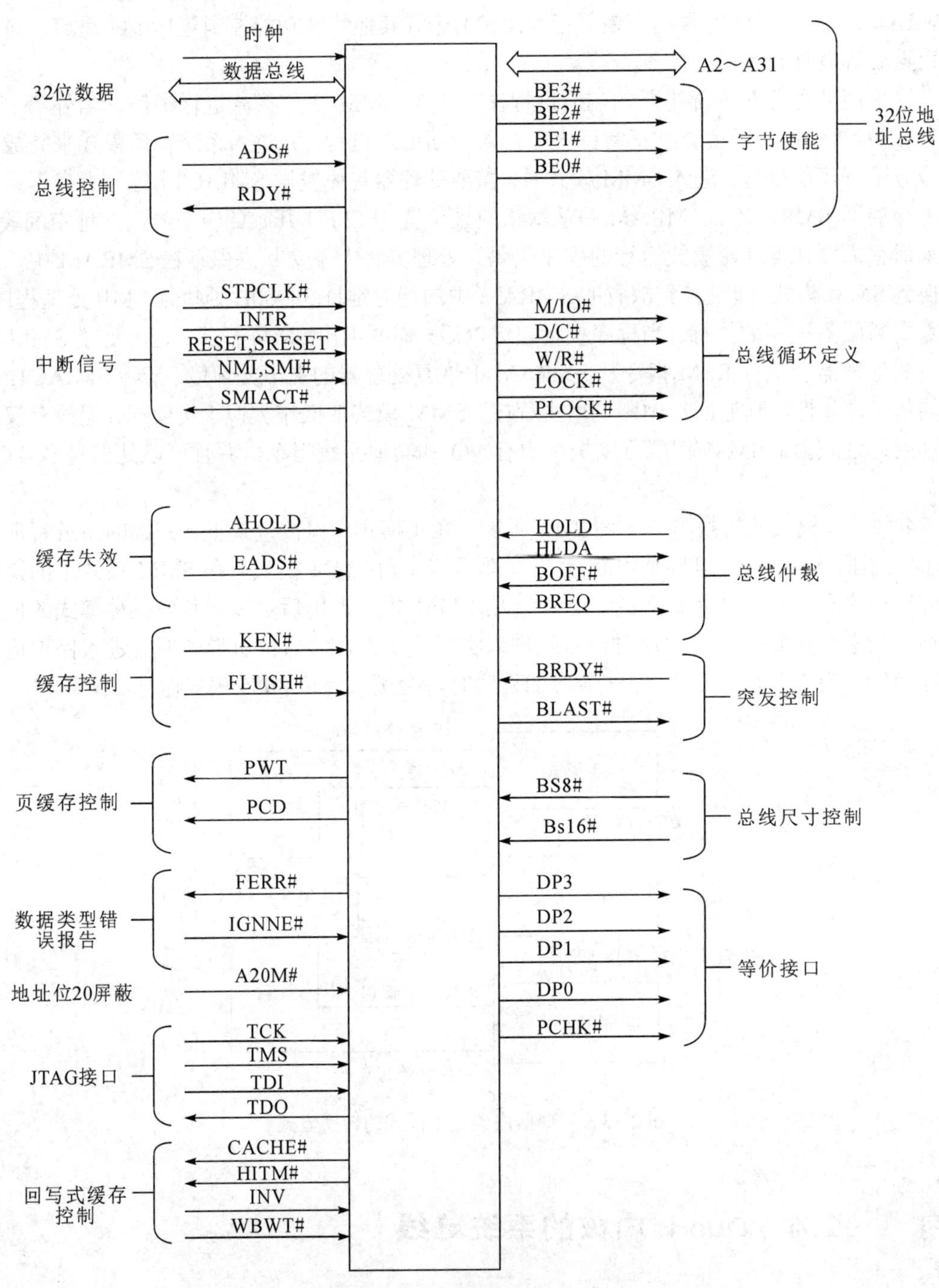

图 2-14　处理器的功能信号分组

图 2-14 中所示的系统总线包括基本总线读写功能、总线中断控制功能、Cache 缓存功能以及总线模式控制与监控测试功能。除了基本总线读写功能外，系统总线还要能提供突发总线传输机制来支持 Cache 读写，这一传输机制可以完成从内存向 Cache 行的高速填充，以及其他需要多个数据周期的读总线周期传输。数据可通过突发周期以单时钟的速率快速

存入处理器，而非突发周期的最大速率为每两个时钟保存一项数据。内核系统总线提供了多种总线控制功能，下面分别进行介绍。

2.4.1　基本总线读写周期

总线控制信号允许处理器内核开始或终止一个总线周期，主要包括 ADS# 信号和 RDY# 信号。基本总线周期时序的定义包含 2 个时钟周期 T1 和 T2，如图 2-15 所示。一个总线周期从 T1 时钟 ADS# 信号有效开始，到 T2 时钟内 RDY# 信号有效结束，并可以提供一个或多个数据周期进行数据读写。

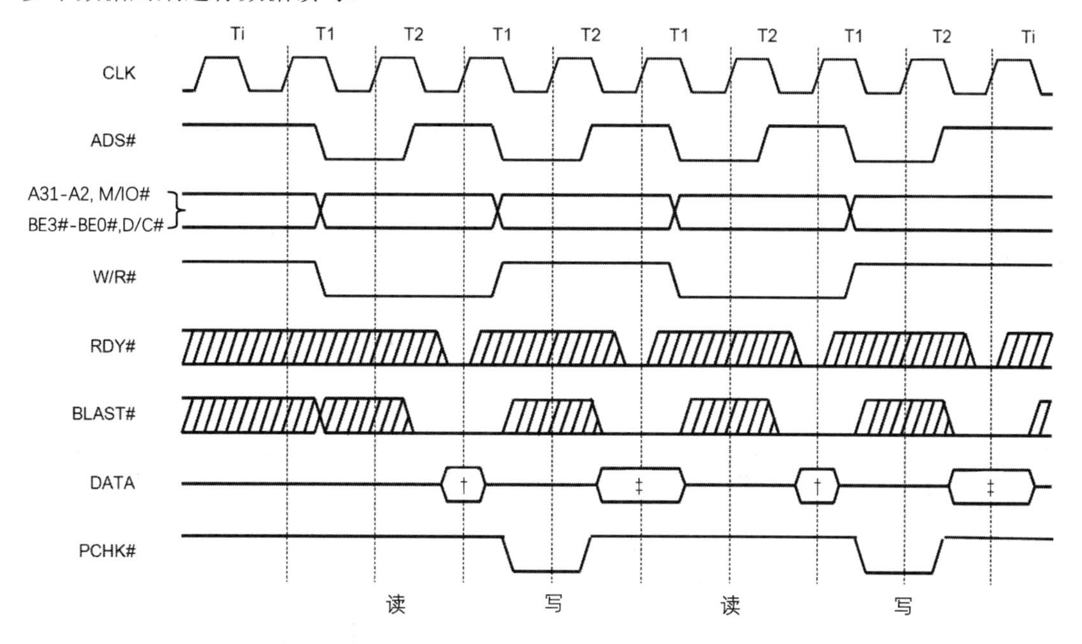

图 2-15　Quark 处理器基本总线周期

ADS# 信号低电平有效代表地址和总线周期的开始，该信号在总线周期的 T1 内处于活动状态，在 T2 和后续时钟中为非活动状态的高电平。外部总线电路也将 ADS# 看作是总线周期开始的标志，必须在 ADS#为低电平有效后再开始采样总线周期的下一个时钟上升沿。

RDY# 信号有效表明当前总线周期已完成。在响应读操作时，它表示外设已经在数据引脚上载入了有效数据；在响应写请求时，则表示外设已经接收总线数据。BRDY# 信号与 RDY# 信号的功能很类似，但只在突发周期中执行与 RDY# 相同的功能。

总线周期还定义了一些功能控制信号。例如，M/IO# 定义了内存或 I/O 读写周期；D/C# 定义了数据或控制周期；W/R# 则定义总线写或读周期。当 ADS#信号有效时上述信号才能进行有效驱动。

另外，BLAST# 信号在 T2 周期有效代表突发传输结束，同时也说明每次基本数据传输会在一个周期后完成。奇偶校验输出信号 PCHK# 会在 RDY# 信号终止一次读周期之后的时钟出现，它表示在上一个时钟结束时采样数据的奇偶校验状态。外设在内核读取数据后检查这一信号来确定读取数据的正确性，但内核对 PCHK# 输出不作处理。

2.4.2 突发总线传输周期

在很多应用场景下都需要多总线周期传输方式。例如，对 128 位预取、未对齐数据的读写、Cache 行填充以及 64 位浮点数据获取等内部请求的数据需要多总线周期传输支持，另外，当外设只能提供每次 8 位或 16 位传输时，也需要多周期传输。利用突发总线传输方式能提高系统总线多周期传输的效率，特别是在 Cache 行填充时就更加关键，因为行填充的使用频度最高。

突发总线周期开始后，总线周期能够提供多个数据周期，新数据项在总线周期的连续时钟下被读入处理器，这时只有首个数据项使用两个时钟周期，随后每 1 个时钟周期都返回一个数据。

1. 突发周期传输方式

基木突发周期的读写与基本总线读写类似，也是从 ADS# 信号有效开始的。但与非突发传输的区别在于要保持一个突发持续信号 BLAST# 来执行突发总线周期。同时外部系统用突发就绪信号 BRDY# 来确认每次的数据传输，而不是使用 RDY# 信号。这时数据会在连续的时钟周期进行读写。基本突发周期传输的时序如图 2-16 所示。

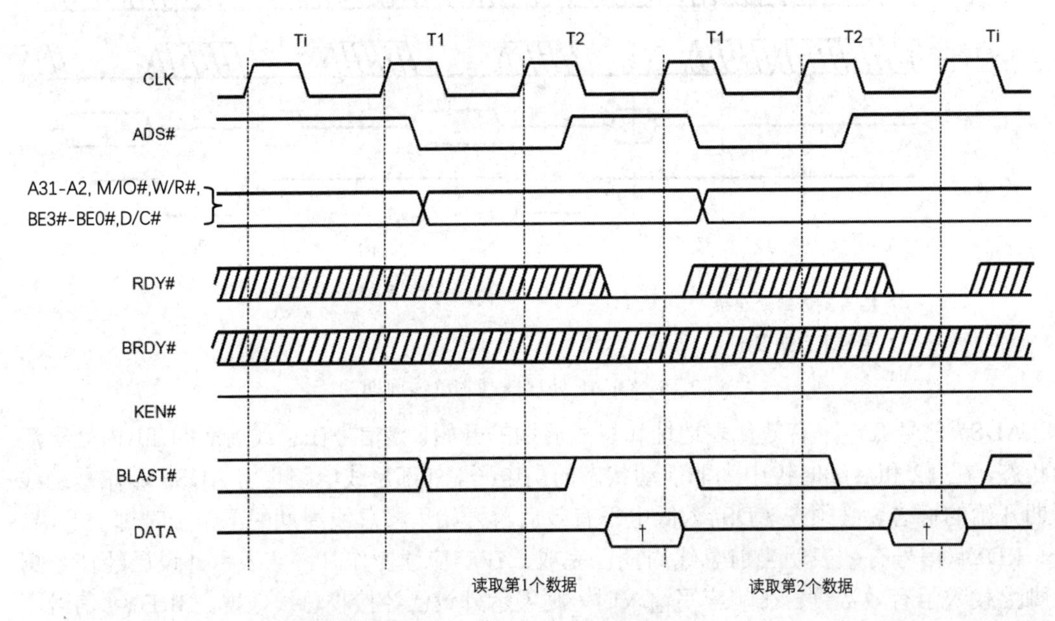

图 2-16 基本突发周期传输时序

突发周期传输数据的地址都位于 16 字节对齐区域内，即从位置 XXXXXXX0 开始，到位置 XXXXXXXF 结束，这种位置对应于 Cache 的每一行。因此，在突发周期执行中只有 BE[3:0]#、A2 和 A3 可能发生变化，A[31:4]、M/IO#、D/C# 和 W/R# 在整个突发传输过程中保持不变。给定突发传输的第一个地址，则外部硬件可预先计算后续传输地址。

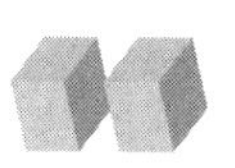

外部系统在总线的 T1 周期内声明 BRDY#，就能够将多个总线周期请求转换为一个突发总线周期，如图 2-16 中第 2 个 T1 周期所示。在突发周期传输中，处理器仅在最后一个时钟周期时声明 BLAST# 信号来表明传输完成，如图 2-16 中第 2 个 T2 周期所示。处理器在 T1 周期解除 BLAST# 信号以通知外部系统本次传输可能需要额外的时钟周期；在传输的最后一个时钟周期声明 BLAST# 为低电平，即说明下一个 BRDY# 代表本次传输完成。BLAST# 在总线周期的 T1 周期是无效的，只有当 RDY# 或 BRDY# 有效后才在 T2 及以后周期中采样。

2. Cache 行填充操作的突发总线周期

任何内存读取都可以成为 Cache 行填充操作。如果要通过读操作来填充 Cache 行，需要在总线传输的最后一个周期内使 KEN# 信号有效，即可将数据写入 Cache，如图 2-17 所示。处理器只将内存读周期或预取周期转换为 Cache 缓存填充，这两种情况下才会检查 KEN# 信号是否有效。

对于这一类的突发总线传输，外设将在传输数据的第 1 个 T2 周期结束时声明 BRDY# 信号，通知处理器将突发传输一个 Cache 行数据。突发可缓存总线周期的传输时序如图 2-17 所示。

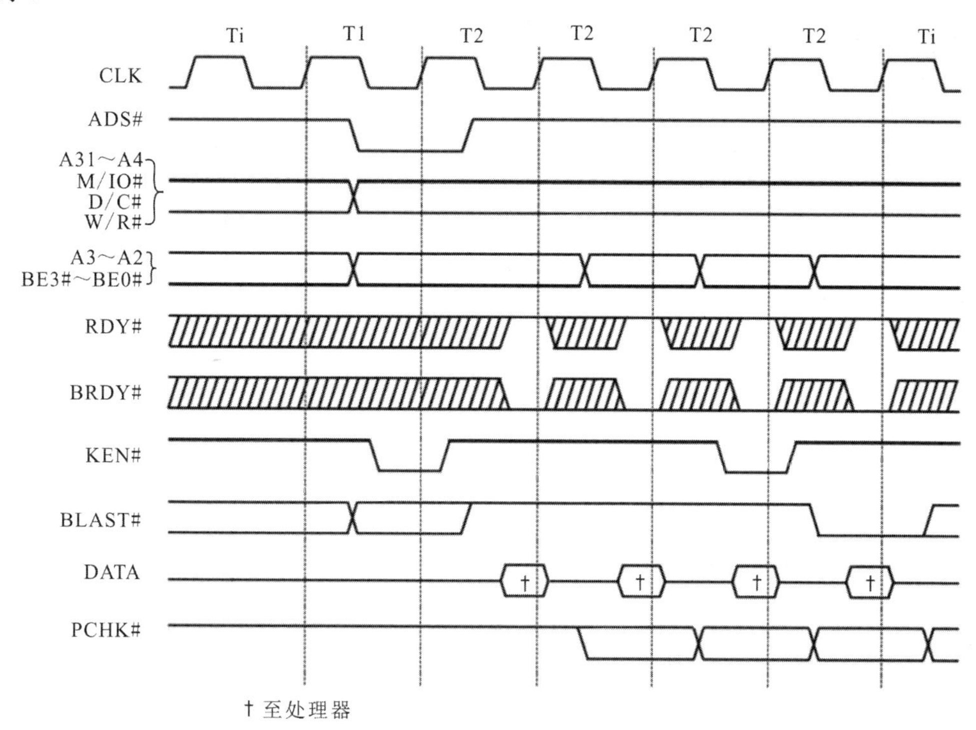

图 2-17 突发可缓存总线周期时序

KEN# 信号的作用是转换成行填充周期。这时 BLAST#信号时序紧跟在 KEN# 的后一个时钟周期。处理器每个周期都对 KEN# 信号采样，以便在 BRDY# 或 RDY# 信号之前的周期能够确定总线周期是否为 Cache 行填充。同时，KEN# 信号也用来把内存读取的行内容加载到 Cache 中。在突发周期开始之前，KEN# 可以进行多次更改，只要它在 BRDY# 或 RDY# 被声明的前一个时钟有效即可。

2.4.3 总线锁定控制周期

在多线程并行化程序设计中，应用程序会先锁定某些共享资源并对其进行互斥访问。例如，在并行计算应用程序中，处理器读取和修改内存中的一个变量，并确保在这一读写操作期间该变量不会被其他进程访问，这就需要采用“读—修改—写”操作指令。这一功能实际上是通过提供系统总线的总线锁定周期来完成的。锁定周期在硬件中使用 LOCK# 引脚实现，当声明 LOCK# 信号时，处理器执行“读—修改—写”操作，这时系统总线直到周期完成才被释放。从图 2-18 给出的锁定周期时序可以看到，LOCK# 信号在第一个读周期开始时与地址和总线定义引脚一起被声明，一直保持到最后一个写周期为止，并通过 RDY# 信号结束这一过程。

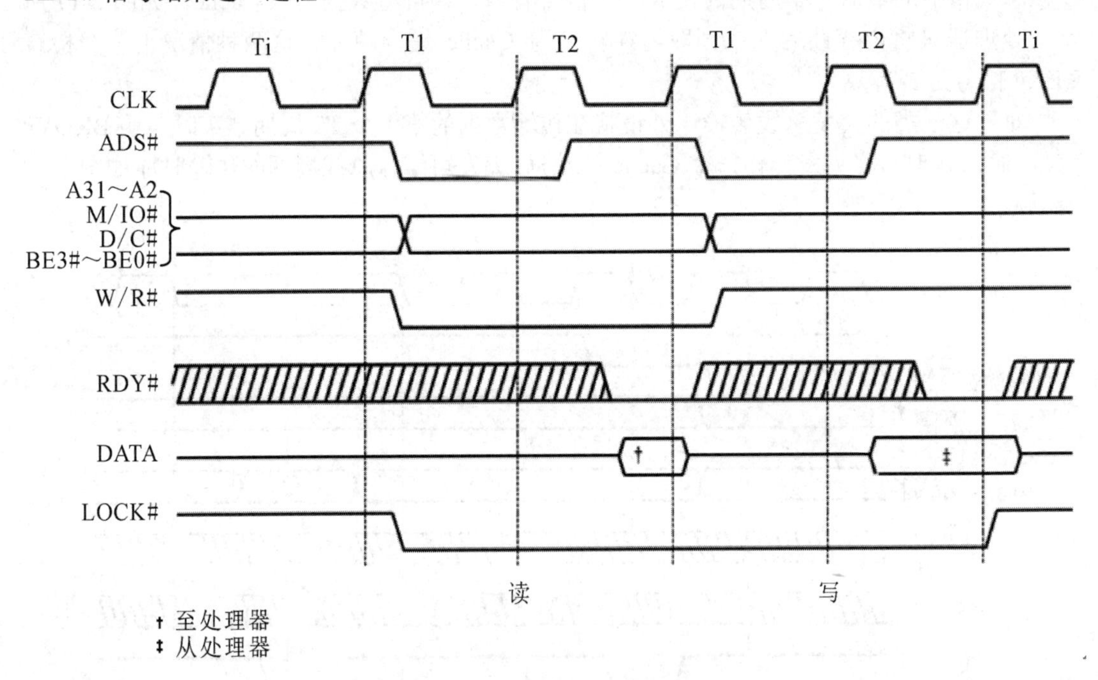

图 2-18 总线锁定周期时序

2.4.4 总线中断控制方式

系统总线提供中断控制方式主要用于获得外设发来的中断向量号，使处理器能够启动特定外设的中断服务程序。当处理器收到外设发来的中断请求 INTR 信号后，系统总线会产生一个中断响应周期来响应请求，如图 2-19 所示。中断响应周期由两个被锁定的总线周期组成，在第 1 个总线周期中返回的数据将被忽略，中断向量在第 2 个总线周期中从低 8 位数据总线返回。

为了能够区分第 1 个或第 2 个中断应答周期，地址线 A2 位为高电平且其他位均为低电平时，表示处于第 1 个应答周期；当 A2 位为低电平且其他位不变时，则处于第 2 应答周期。外部系统发送 RDY# 或 BRDY# 信号表明中断应答周期将被终止。

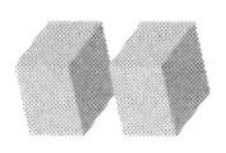

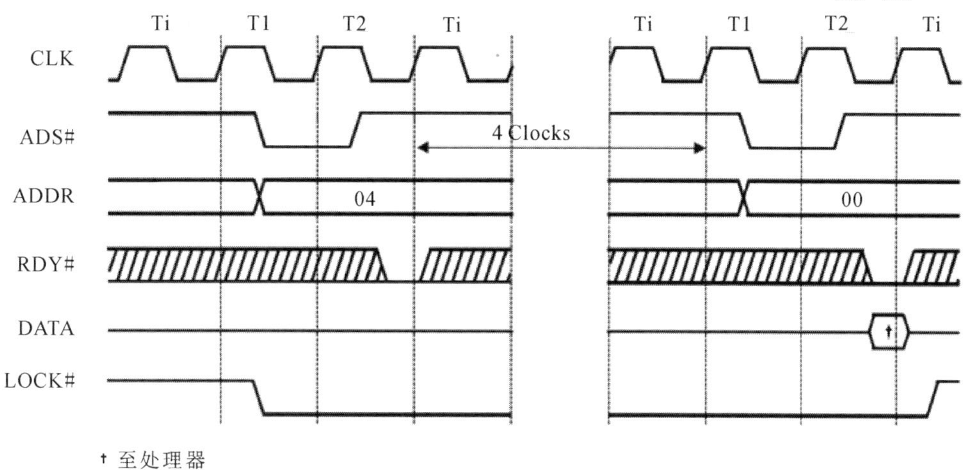

图 2-19　中断应答总线周期时序

2.5　Quark SoC 处理器中断系统

中断系统通常会处理中断 Interrupts 和异常 Exceptions 两类事件。两者之间的区别在于中断用来处理来自外部的异步事件，而异常用来处理来自指令的错误。中断一般是由外部硬件引起的，包括可屏蔽和不可屏蔽中断。当中断产生以后，处理器在当前指令执行结束后开始响应，调用相应的中断服务程序完成中断服务功能，然后返回到应用程序(中断发生时的下一条指令)中继续执行。

Quark 内核会把软件中断均作为异常来对待，包括 INT n 指令生成的软件中断。软件异常一般会被分为故障 Faults、陷阱 Traps 或中止 Aborts 三种形式，通过异常报警方式以及是否支持重启异常指令进行判定。故障异常是在执行故障指令之前检测到并进行处理的异常，例如当处理器引用了不存在的页或段时，虚拟内存系统就会引起一个故障报警，通知操作系统重新从磁盘获取该页面或段，并且处理器重启指令以完成内存访问；陷阱异常是在执行了导致问题的指令后立即报告的异常，例如用户自定义中断的使用；中止异常则是用来报告严重错误，例如硬件错误或系统表中的非法值等。

中断处理过程的操作步骤如下：

(1) 在当前指令结束后，将当前程序地址和标志寄存器值保存到堆栈，以允许恢复中断的程序。

(2) 通过总线中断周期获取外部设备发送的中断向量号，或者其他方式获得中断向量号，并将其提供给处理器内核。

(3) 处理器通过获取的中断向量号在中断表相应条目中获取中断服务例程的起始地址，然后跳转执行用户提供的中断服务例程。

(4) 当中断服务例程执行完成后，执行 IRET 指令在适当指令处恢复程序执行。

8 位中断向量以不同方式提供给内核。异常的中断向量在内部提供，软件 INT 指令中包含有中断矢量号。可屏蔽硬件中断通过中断响应周期提供中断向量号，这是处理器响应异步外部硬件事件最常用的方式。不可屏蔽硬件中断(NMI)分配固定中断向量号 2，它提供了一种为高优先级中断提供服务的方法，比如激活电源故障中断服务程序或激活节电模式等应用场景。

Quark 处理器的中断向量的分配方式如表 2-2 所示。

表 2-2　中断向量的分配

功能	中断向量号	能引起异常的指令	是否返回地址指令	类型
除错误	0	DIV，IDIV	是	故障(Fault)
调试异常	1	任何指令	是	陷阱(TRAP)
NMI 中断	2	INT 2 或 NMI 信号	否	NMI
单字节中断	3	INT	否	陷阱(TRAP)
溢出中断	4	INTO	否	陷阱(TRAP)
数组边界检查	5	BOUND	是	故障(Fault)
无效操作码	6	任何非法指令	是	故障(Fault)
设备不可达	7	ESC，WAIT	是	故障(Fault)
双精度错误	8	任何产生异常指令	否	中止(ABORT)
Intel 保留	9			
无效的 TSS	10	JMP，CALL，IRET，INT	是	故障(Fault)
段不存在	11	段寄存器指令	是	故障(Fault)
堆栈错误	12	栈访问指令	是	故障(Fault)
通用保护故障	13	任何内存访问	是	故障(Fault)
页错误	14	任何代码取回和内存访问指令	是	故障(Fault)
Intel 保留	15			
对齐检查中断	17	未对齐内存访问指令	是	故障(Fault)
Intel 保留	18～31			
两字节中断	0～255	INT n	否	陷阱(TRAP)

处理器为中断和异常处理分配了不同优先级。当在同一指令结束并识别出多个中断或外部事件时，处理器将优先调用最高优先级例程。对于外部事件的中断，优先级最高的是复位中断 RESET/SRESET，接下来是 Cache 刷新中断 FLUSH#，然后是系统管理中断 SMI#，之后依次为非屏蔽中断 NMI 和可屏蔽外部中断 INTR，最低优先级则为时钟停止中断 STPCLK#。

异常是内部生成的事件，如果指令执行过程检测到问题，则处理器内核会检测到该异常，并立即调用相应的异常服务例程，导致异常的指令可以重新启动。如果异常服务例程处理了有问题的情况，则该指令将在不引起相同异常的情况下执行。

单条指令可能会生成多个异常，但每次指令执行只会生成一个异常。每个异常服务例程都应更正检测到的异常并重新启动该指令。以这种方式，在指令成功执行之前，将为异常提供服务。

第三章　伽利略嵌入式系统开发板概述

在了解 Quark SoC 处理器的内部结构之后，进一步介绍基于 Quark SoC 处理器的板级开发系统的结构组成与工作原理。开源的伽利略系统提供了一个工业级 IoT 终端系统的整体设计方法，该方法也可以面向特定应用进行专用硬件系统的开发。本章介绍伽利略嵌入式系统开发板的系统原理，主要内容包括伽利略开发板硬件及软件结构，其中硬件结构包括开发板的基本结构与性能、Arduino 硬件接口标准协议、接口引脚分配、I/O 端口复用、板上跳线与按钮功能等，软件结构包括伽利略嵌入式系统的软件总体结构、驱动与板级支持包、Boot loader、伽利略板 Linux 内核和开发工具支持等内容。

3.1　伽利略开发板硬件结构

伽利略开发板是第一个经过 Arduino 认证的基于英特尔 x86 架构的开发板，也是完全开源的嵌入式系统，包括硬件原理图和软件源代码都可以免费下载，无须软件许可协议。伽利略开发板也是 Quark 处理器系列的代表性产品，Quark 处理器后续的居里平台等开发系统均采用了一致的开发工具平台。

3.1.1　伽利略开发板功能结构

伽利略开发板具有多个 PC 行业标准 I/O 端口，提供了全尺寸的 Mini PCI Express 插槽、100 Mb/s 以太网端口、MicroSD 插槽、RS-232 串口、USB 主机端口、USB 客户端口和 8 MB 的板上 Flash 存储等，这些都是传统 AVR 和树莓派开发板不完全具备的接口功能和闪存能力。丰富的接口使伽利略开发板具备了灵活、通用的功能扩展能力。图 3-1 为伽利略开发板的功能部件示意图。

按照图 3-1 中所列出的板载部件序号的说明如表 3-1 所示。

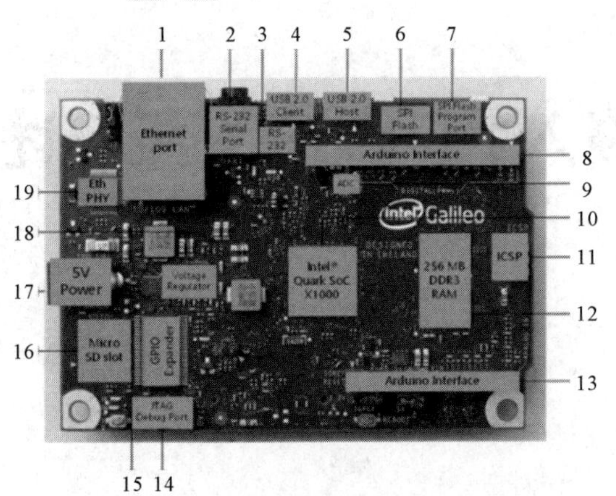

(a) 正面功能部件

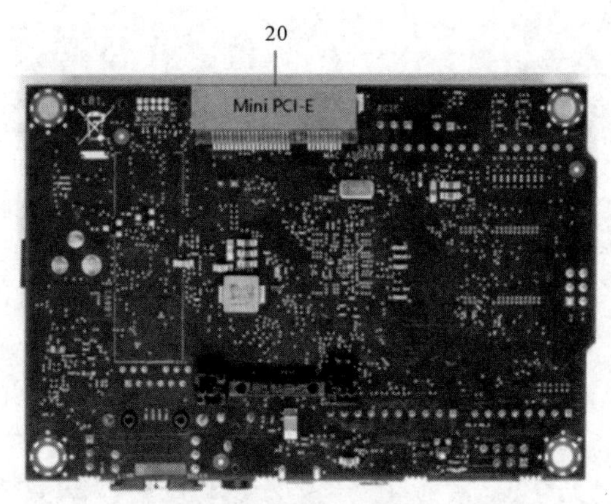

(b) 背面的PCI-E接口

图 3-1 伽利略开发板功能部件示意图

表 3-1 开发板部件说明

编号	功 能 部 件	功 能 描 述
1	以太网接口	10/100 Mb/s 以太网连接器
2	RS232 控制台串口	引脚音频接口(Gen1 开发板)/FTDI 电缆接口(Gen2 开发板)
3	RS232	RS232 收发器
4	USB2.0 Client	Micro Type B 接口的客户端连接器，兼容 USB 2.0 设备控制器，通常用于编程
5	USB2.0 Host	主机连接器(Micro-USB Type AB)，支持多达 128 个 USB 终端设备
6	SPI Flash	8 MB SPI 闪存，用于存储固件(或引导加载程序)和 Mini Linux OS
7	SPI Flash 编程接口	7 针 SPI 编程接口，默认 4 MHz 支持 Arduino UNO 接口板，可支持到 25 MHz
8	Shield 接口	符合 Arduino UNO 版本 3 开发板引脚分配
9	ADC	模拟—数字转换器
10	Quark X1000 SoC 处理器	400 MHz 主频，兼容奔腾 i586 ISA SoC 处理器
11	ICSP	6 针电路串行编程(ICSP)插头，可使用 SPI 库支持 SPI 通信
12	256 MB DDR3 RAM	256 MB DDR3 内存，默认由固件启动
13	Arduino 接口	符合 Arduino UNO 版本 3 开发板引脚分配
14	JTAG Debug 接口	10 针标准 JTAG 调试接头
15	GPIO 扩展器 CY8C9540A	GPIO 脉冲宽度调制 PWM，由单 I^2C I/O 扩展器
16	MicroSD 卡槽	支持到 32 GB MicroSD 卡
17	5 V 电源	建议使用 5 V、3 A 的电源适配器
18	稳压器芯片 TPS652510	3.3 V 电压，可为 Shield 板提供最大 800 mA 电流
19	Eth PHY	以太网物理层收发器
20	Mini PCI-E 接口	全尺寸 Mini PCI Express 插槽，兼容 PCI-E 2.0

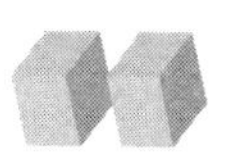

伽利略开发板的硬件电路图也是全部开源的，方便用户对电路原理的进一步修改。其总体电路框架图如图 3-2 所示。由于开发板符合 Arduino 接口标准，因此需要复用 I/O 引脚功能，可以按照功能模式要求进行切换。从图中可知，开发板上与 SoC 处理器相连的包括 ADC 芯片、端口扩展芯片和复用器等芯片，这些芯片与内核输出的串口总线相连接，确保与标准 Arduino 控制板相一致的功能模式。

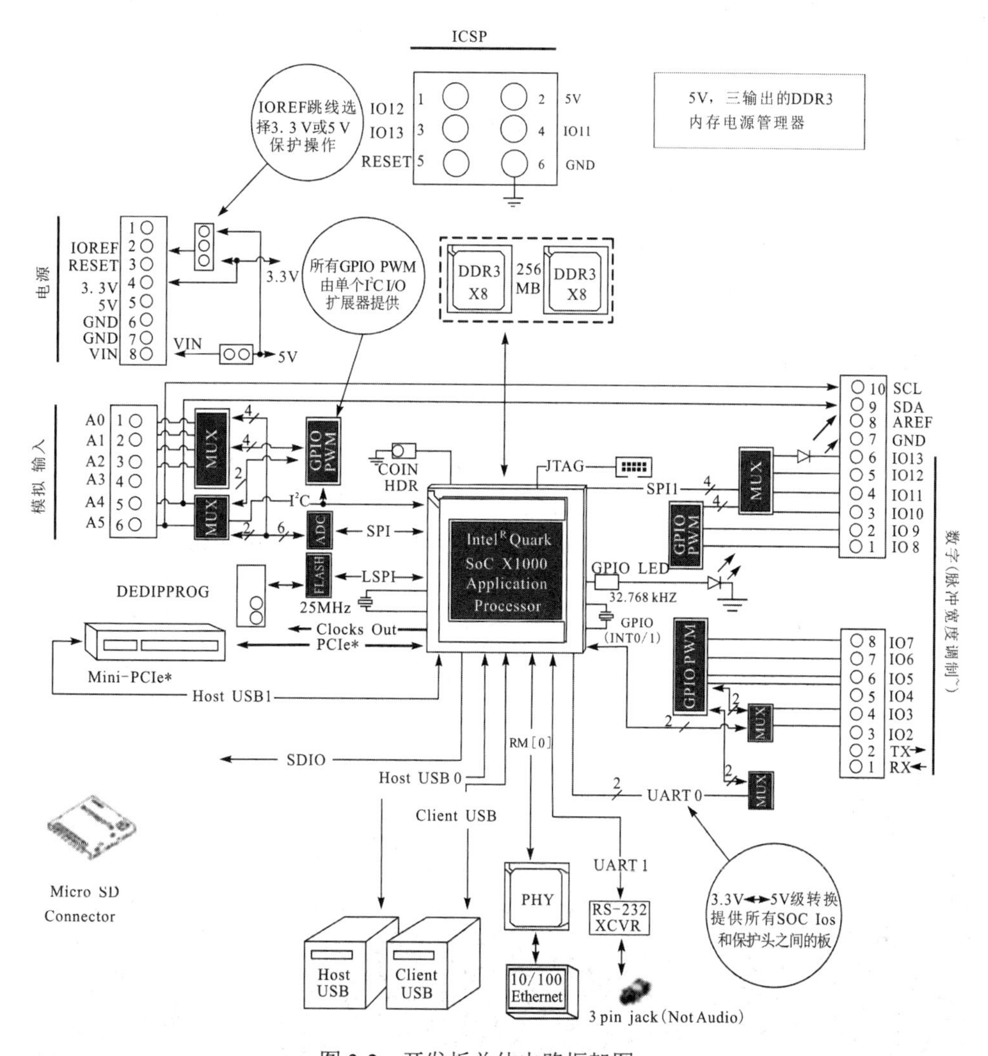

图 3-2 开发板总体电路框架图

伽利略开发板上 Arduino 端口的 GPIO 接口功能扩展是通过端口扩展芯片 CY8C9540A 来实现的，通过采用处理器的 I^2C 接口来模拟 GPIO 接口的操作。这种端口扩展方式连接简单，缺点是由于 I^2C 存在总线通信延迟造成信号遗漏会影响 I/O 接口的性能。实际测试中，Gen1 开发板的 I/O 引脚直接读写频率低于 300 kHz。这一连接方式在 Gen2 开发板中进行了修改以提升端口性能。SoC 处理器内部不具备模拟—数字转换能力，因此模拟信号是通过板上 ADC 芯片转换成数字信号后，再由 Arduino 的模拟输入引脚输入到处理器的。开发板的 I/O 引脚的多路复用功能是通过复用器芯片实现的。因此，在使用伽利略开发板时，用户不必了解复杂的 Quark SoC 处理器的外设系统，而只需要按照 Arduino 的引脚使用规范就可方便地使用开发板。

在电源供电与电平转换方面，伽利略开发板采用 5 V 电源供电，通过板上稳压器芯片 TPS652510 将输入电源 5 V 转换成板上工作电压 3.3 V，并可为开发板提供最大 800 mA 的电流。接口电平转换芯片 TXS0108E 负责将板上的 3.3 V 电平转换到 Arduino GPIO 使用的 5 V 电平，可与通用 Arduino 板的接口电平兼容。板上的存储器供电芯片 TPS51200 为两片 DDR3 存储器芯片 MT41K128M8 构成的 256 MB 内存系统供电，提供 1.5 V 的供电电压。

3.1.2 伽利略开发板 Arduino 接口引脚分配

伽利略开发板通过了 Arduino 认证，其硬件和软件都与 Arduino Uno R3 标准兼容，能够支持 3.3 V 或者 5 V 的工作电压。Quark 处理器芯片工作在 3.3 V，但是通过跳线可以将 I/O 引脚上的电压转换成 5 V 的 Arudino 引脚输出电平。

伽利略开发板使用 Arduino Uno R3 的引脚分配规范，即 14 个数字 I/O 引脚、6 个模拟输入引脚、I^{2}C 串口总线协议引脚、8 个电源引脚和参考电压引脚。

1. 14 个数字 I/O 引脚

图 3-3 中所示的引脚 0～13 为数字引脚，其中引脚 0 和 1 固定为串口收发器的 TX 和 RX 功能，用于系统调试过程串口信息的输出使用。这 14 个数字引脚既可用于输入，也可用于输出，通过 Arduino 函数 pinMode()、digitalWrite()和 digitalRead()进行控制。每个数字引脚均可工作在 3.3 V 或者 5 V 电压下。当工作在输出模式时，提供的最大电流为 10 mA，输入时的最大电流为 25 mA。每个引脚内部还提供一个阻值为 5.6～10 kΩ 的上拉电阻，可被配置成上拉模式。开发板上用"～"符号进行标记的数字引脚可复用为 PWM 功能。

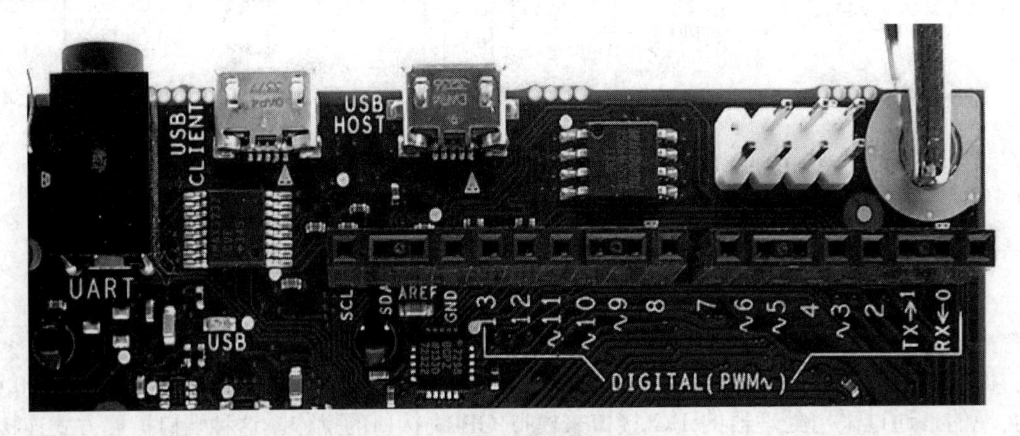

图 3-3 数字引脚的 PWM 复用

2. 6 个模拟输入引脚

6 个模拟输入引脚为 A0～A5，如图 3-4 所示。最右边开始为 A0，每个引脚都能够为开发板提供独立的 12 位分辨率模拟输入，即 0～4096。默认情况下，模拟信号电压为 0～5 V。A4 和 A5 也可以提供功能复用。

前　言

随着智能硬件、可穿戴设备和物联网(Internet of Things，IoT)的蓬勃发展，越来越多的硬件厂商进入快速成长的嵌入式物联设备市场。自从英特尔以一款 Quark 处理器内核重新进入嵌入式系统领域以来，越来越多的英特尔处理器(如 Atom、Core 等)成为高性能嵌入式系统的处理核心，覆盖了英特尔 IoT 平台体系中从终端传感器到边缘计算节点的所有关键环节。同时，在嵌入式软件开发领域，开源 Yocto 等项目也成为面向 IoT 应用的主流 Linux 操作系统开发平台。针对这种情况，为培养熟练掌握相关技术的人才，西安电子科技大学微电子学院与英特尔西安研发中心合作开展校企课程建设，作为西安电子科技大学研究生精品教材项目规划的校企课程教材，本书就是建设成果之一。

本书重点讲授基于 Quark 处理器的嵌入式应用系统的开发流程和典型的嵌入式系统开发技术，不仅可用于嵌入式 SoC 系统设计相关领域的教学，也可作为嵌入式 Linux 系统应用的技术参考书。书中大部分章节都列举了开发应用实例，对基于伽利略嵌入式系统开发的核心流程进行了介绍。通过本书的讲解，读者不仅能够学习 Arduino 开发环境的使用，也能够掌握嵌入式系统基于 Linux 编程的原理，使刚接触到基于 Linux 嵌入式系统应用的读者能够有一个完整的从底层硬件到嵌入式操作系统以及上层应用开发的设计理念，并且能够为嵌入式系统开发工程师提供支持。

本书的主要内容如下：

第一章以 Intel 嵌入式处理器为例，介绍现代 IoT 平台中嵌入式 SoC 处理器的应用现状，并概述 Yocto 和 Zephyr 两个嵌入式操作系统和工具链项目。

第二章主要介绍 Quark SoC 处理器的体系结构与组成，包括内核指令、片上 Cache 技术、接口技术、中断系统等 SoC 处理器的组成与结构原理。

第三章对伽利略嵌入式系统的硬件结构进行分析，包括板级结构与功能组成、输入/输出引脚分配与端口复用等，可帮助读者更好地理解伽利略软件结构，如驱动方式、系统引导及开发工具等的工作原理。

第四章围绕伽利略系统基本开发技术进行阐述，包括控制台串口操作、嵌入式系统的网络连接、SD 启动卡的制作与启动等板级基础操作，并给出相关实验设计。

第五章主要介绍伽利略开发板的 Arduino 开发方法，以及如何利用英特尔第三方物联网扩展库快速地进行物联网应用开发，并给出物联网系统开发实例。

第六章为伽利略嵌入式系统的进阶开发技术，分析板上 Arduino 引脚映射和设备访问技术的实现方法，同时介绍伽利略系统引导的 UEFI 和 Grub 程序应用原理，并给出 Linux 系统中接口操作的实验设计。

第七章对多种基于 C/C++的嵌入式开发方式进行介绍，包括在板的原生开发方法和基于交叉编译工具链的应用方法以及 System Studio IoT Edition SDK 开发环境的使用，并给出相关实验设计。

第八章重点讲解基于 Yocto 项目的伽利略嵌入式 Linux 内核定制过程，并进一步介绍几种视觉处理应用在伽利略嵌入式系统上的建立过程。

嵌入式应用开发作为本书的核心内容，书中的内容由浅入深地覆盖了目前主流的开发方法，并针对性地设计了实验流程，以方便读者使用。当然，这里也要指出本书虽然以伽利略系统为背景进行原理讲解和实验环节举例，但所介绍的开发技术原理仍适用于其他嵌入式平台，具有较好的通用性。

本书理论部分由李康编写，实验设计部分由王攀龙、靳晓琦、周钰全和刘宝清等多位研究生进行验证调试，在此一并感谢大家的支持和付出。

由于作者水平有限，书中可能还存在不足之处，恳请读者批评指正。

李　康

2023 年 11 月

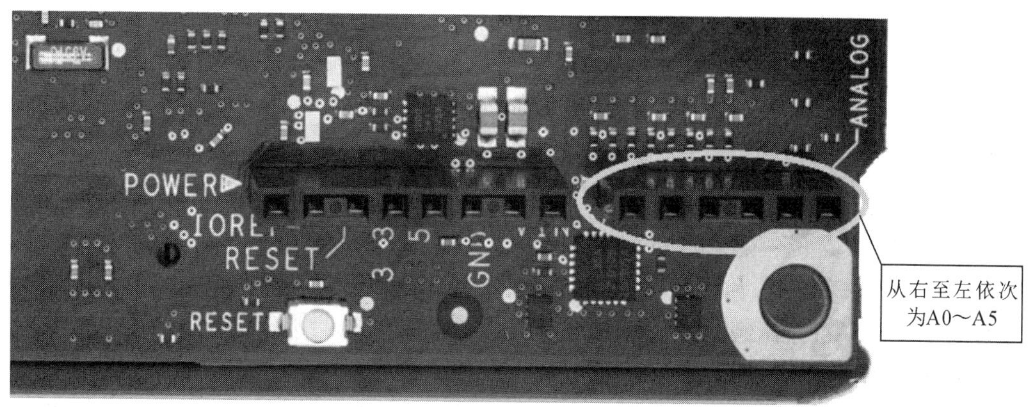

图 3-4　模拟引脚分配

3. I^2C 串口总线协议引脚

在图 3-3 中可以看到 I^2C 协议的专用 SCL 和 SDA 引脚，A4 和 A5 引脚也分别作为 SDA 和 SCL 引脚提供了双线串行接口(Two Wire serial Interface，TWI)协议接口的功能复用。TWI 与 I^2C 接口很类似，在 Arduino 系统库中也专门为 I^2C 和 TWI 通信协议提供了 Wire 库调用。串口外设通过由一根时钟线和一根数据线构成的独特双线总线提供通信接口，所有与 I^2C 兼容的设备，如实时时钟(RTC)、存储器和传感器都可以使用 TWI 接口。

4. 8 个电源引脚

电源引脚分配如图 3-5 所示，能够提供不同电压输出和外接电源输入等功能。从左到右依次为 IOREF(2 个引脚)、RESET、3.3 V 输出、5 V 输出、GND(2 个引脚)和 VIN。

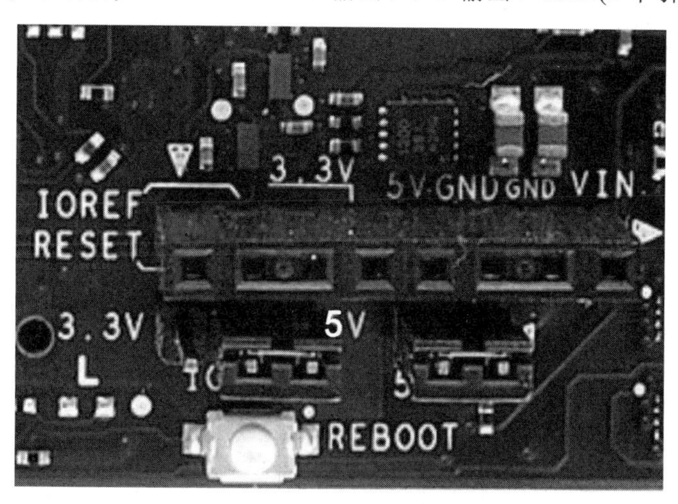

图 3-5　电源引脚分配

复位引脚 RESET 通过一个低电平复位应用程序，使用时可以从引脚添加一个复位按钮，如图中的“REBOOT”按钮。

3.3 V 电压输出由开发板上的稳压器提供，最大工作电流为 800 mA。5 V 电压输出由 USB 连接器或者外部电源提供，最大工作电流也为 800 mA。

VIN 引脚可提供 5 V 的外部供电，这个是与电源适配器 5 V 输入相独立的电源输入。

用户可以通过 VIN 供电，也可以通过电源适配器接入，并通过 VIN 引脚进行访问。

IOREF 引脚允许伽利略开发板为附加开发板提供电压。IOREF 引脚的电压输出由板上跳线控制，在 3.3 V 与 5 V 输出之间进行选择。

5. 参考电压引脚

伽利略开发板上的 Arduino 引脚可以配置为输出工作模式，这时引脚处于低阻抗状态。由于板上引脚是 Cypress 公司的 I/O 扩展器芯片 CY8C9540 A 提供，使用 I^2C 协议转换得到的，因此数字引脚 0～13 和模拟引脚 A0～A5 均可配置为输出引脚。当配置为输出时，引脚可以提供 10 mA 的输出电流，或者提供来自其他设备或电路不超过 25 mA 的汇聚电流。这一额定电流值能够满足大部分传感器、显示设备的使用需求。但是在开发板的使用过程中，也要注意不要超过输出引脚的额定电流值，可通过增加驱动电路等方式对其提供有效的保护。

3.1.3 伽利略开发板的引脚映射关系

与传统的基于 AVR 单片机的 Arduino 开发板原理不同，伽利略开发板上运行了完整的嵌入式 Linux 操作系统。因此，在伽利略开发板上使用 Arduino IDE 系统操作 Arduino 标准接口时，只需要操作 Arduino 定义的引脚标号，而在后台由 Arduino IDE 把代码中对 I/O 的操作转换到对 Linux 下接口的操作。由于很多复用功能都是由开发板上的外接芯片扩展而来的，如引脚扩展、A/D(模/数)转换、电压转换等芯片，因此在 Linux 下，除了要设置 I/O 引脚的输入/输出模式，还要设置引脚功能复用的选择。而在 Linux 操作系统中，这些功能都对应到 Linux GPIO 上。本章先介绍伽利略开发板的 I/O 映射关系，然后在后续章节将进一步介绍 I/O 映射的使用方法。

Arduino 引脚标号与 Linux GPIO 的映射关系如表 3-2 所示。

表 3-2 伽利略开发板 I/O 映射

Arduino 引脚号	通用 I/O 引脚(GPIO)			PWM	初值	信号方向	复用功能	初始化设置
	来源	引 脚 名	Linux 编号	Linux 编号				
IO0	Cypr	GPORT4_BIT6_PWM2	50	N/A	—	BI	UART0_RXD	输入/无上拉电阻
IO1	Cypr	GPORT4_BIT7_PWM0	51	N/A	—	BI	UART0_TXD	输入/无上拉电阻
IO2	SoC (Cypr)	GPIO<6> (GPORT2_BIT0_PWM6_A3)	14 (32*)	—	0	BI	—	输入/无上拉电阻
IO3	SoC (Cypr)	GPIO<7> (GPORT0_BIT2_PWM3)	15 (18*)	3	1	BI	(PWM)	输入/无上拉电阻
IO4	Cypr	GPORT1_BIT4_PWM6	28		—	BI	—	输入/无上拉电阻
IO5	Cypr	GPORT0_BIT1_PWM5	17	5	—	BI	(PWM)	输入/无上拉电阻
IO6	Cypr	GPORT1_BIT0_PWM6	24	6	—	BI	(PWM)	输入/无上拉电阻
IO7	Cypr	GPORT1_BIT3_PWM0	27		—	BI	—	输入/无上拉电阻

续表

Arduino 引脚号	通用 I/O 引脚(GPIO)			PWM	初值	信号 方向	复用功能	初始化设置
	来源	引 脚 名	Linux 编号	Linux 编号				
IO8	Cypr	GPORT1_BIT2_PWM2	26		—	BI	—	输入/无上拉电阻
IO9	Cypr	GPORT0_BIT3_PWM1	19	1	—	BI	(PWM)	输入/无上拉电阻
IO10	Cypr	GPORT0_BIT0_PWM7	16	7	—	BI	(PWM) SPI1_SS_B	输入/无上拉电阻
IO11	Cypr	GPORT1_BIT1_PWM4	25	4	—	BI	(PWM) SPI1_MOSI	输入/无上拉电阻
IO12	Cypr	GPORT3_BIT2_PWM3	38		—	BI	SPI1_MISO	输入/无上拉电阻
IO13	Cypr	GPORT3_BIT3_PWM1	39		—	BI	SPI1_SCK	输入/无上拉电阻
IO14	Cypr	GPORT4_BIT0_PWM6	44		—	BI	AD7298:VIN0	输入/无上拉电阻
IO15	Cypr	GPORT4_BIT1_PWM4	45		—	BI	AD7298:VIN1	输入/无上拉电阻
IO16	Cypr	GPORT4_BIT2_PWM2	46		—	BI	AD7298:VIN2	输入/无上拉电阻
IO17	Cypr	GPORT4_BIT3_PWM0	47		—	BI	AD7298:VIN3	输入/无上拉电阻
IO18	Cypr	GPORT4_BIT4_PWM6	48		—	BI	AD7298:VIN4	输入/无上拉电阻
IO19	Cypr	GPORT4_BIT5_PWM4	49		—	BI	AD7298:VIN5	输入/无上拉电阻

注：图中的*号代表该引脚作为 GPIO 使用时有两种配置方式。如果直接连接 Quark 处理器的 GPIO 引脚，则其 Linux GPIO 编号为 14 和 15；如果配置成连接接口芯片上的引脚时，则其 GPIO 编号采用*号所标的 32 和 18。

表 3-1 中：第一列表示 Aruido 编程使用的伽利略开发板的 I/O 引脚，IO0～IO13 对应 14 个数字引脚，IO14～IO19 对应 6 个模拟引脚；第二列表示引脚来源，如来自引脚扩展芯片(Cypr)或 Quark 处理器芯片(SoC)；第三列表示开发板定义的引脚名称；第四列表示 Linux 中的 GPIO 编号；第五列表示 PWM 复用功能在 Linux 中的 GPIO 编号；第六列表示引脚是否有初始化值；第七列表示引脚是否为双向信号(BI)；第八列表示该引脚复用的功能；第九列表示初始化设置的模式，如输入/无上拉电阻模式。

3.1.4　复用端口映射关系

伽利略开发板 I/O 功能复用映射关系如表 3-3 所示。复用选择器为“0”时开发板实现第一列的功能，为“1”时实现第二列的功能。Cypress GPIO 引脚标注为 GPIO 扩展芯片的引脚名称，其对应的 Linux GPIO 编号如表中第四列所示。表中第五列为信号方向，“O”表示输出信号，最后一列则给出了初始化设置。

在 Arduino 编程中，上述 Arduino 引脚到操作系统 GPIO 端口的映射都由底层库完成，因此应用层使用者可以按照 Arduino 编程风格进行应用开发，极易上手。但在基于 SDK 的应用开发中，则需要直接基于 Linux 进行编程才能灵活使用伽利略开发板的更多功能。后续章节将进一步介绍端口引脚和复用功能的高级编程方法。

表 3-3　伽利略开发板 I/O 功能复用映射关系

功能复用选择		引脚扩展芯片 GPIO 引脚	Linux GPIO 编号	方向	初始设置
0	1				
UART0_RXD	IO0	GPORT3_BIT4_PWM7	40	O	未设置
UART0_RXD	IO1	GPORT3_BIT5_PWM5	41	O	未设置
SPI1_SS_B	IO10	GPORT3_BIT6_PWM3	42	O	未设置
SPI1_MOSI	IO11	GPORT3_BIT7_PWM1	43	O	未设置
SPI1_MOS0	IO12	GPORT5_BIT2_PWM3	54	O	未设置
SPI1_SCK	IO13	GPORT5_BIT3_PWM1	55	O	未设置
AD7298:VIN0	IO14	GPORT3_BIT1_PWM5	37	O	0
AD7298:VIN1	IO15	GPORT3_BIT0_PWM7	36	O	0
AD7298:VIN2	IO16	GPORT0_BIT7_PWM1	23	O	0
AD7298:VIN3	IO17	GPORT0_BIT6_PWM3	22	O	0
AD7298:VIN4	IO18	GPORT0_BIT5_PWM5	21	O	0
AD7298:VIN5	IO19	GPORT0_BIT4_PWM7	20	O	0
通过 SoC 接 IO2 GPIO<6>	通过 Cypress 接 IO2 GPORT2_BIT0_PWM6	GPORT1_BIT7_PWM0	31	O	未设置
通过 SoC 接 IO3 GPIO<7>	通过 Cypress 接 IO3 GPORT0_BIT2_PWM3	GPORT1_BIT6_PWM2	30	O	未设置
I^2C	(AD7298:VIN4 或 IO18) 与 (AD7298:VIN5 或 IO19)	GPORT1_BIT5_PWM4	29	O	1

3.1.5　板上跳线与按钮功能

1. 伽利略开发板上的跳线功能

为了提高使用灵活性，伽利略开发板还提供了若干跳线开关和按键功能，板上跳线位置如图 3-6 所示。

IOREF 跳线可以选择是支持 3.3 V 还是 5 V 的外接开发板。如果跳线连接 3.3 V 端，则伽利略开发板兼容 3.3 V 供电的外接开发板，并通过 IOREF 引脚为外接板提供 3.3 V 电源；否则将为外接板提供 5 V 工作电压。同时，模拟引脚输入的范围也由 IOREF 跳线来控制，其工作电压一定不能超过所设置的电压。不管 IOREF 跳线如何设置，函数 AnalogRead() 的分辨率仍然是针对默认的 10 位分辨率。例如，当工作在 5 V 电压下时，分辨率就是 5 V/1024(4.9 mV)。使用时需要注意 IOREF 跳线能够保证开发板和外接板的工作电压匹配，否则会导致外接板损坏。

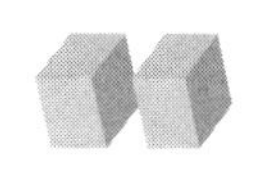

VIN 跳线连接时，可用于从电源插口接入的稳压电源向附加开发板或设备提供 5 V 的电压。如果需要使用其他电源向外接设备提供电源，则应将 VIN 跳线从板上拆下，切断板上 5 V 电源和 VIN 引脚的连接。

I^2C 地址跳线用来改变板上 I/O 扩展器与 EEPROM 的 I^2C 从设备地址，避免与外部 I^2C 从设备的冲突。将 J2 连接到引脚 1(用白色三角形标记)时，7 位 I/O 扩展器地址为 0100001，7 位 EEPROM 地址是 1010001；如果改变了跳线位置，则 I/O 扩展器地址将被更改为 0100000，EEPROM 地址更改为 1010000。

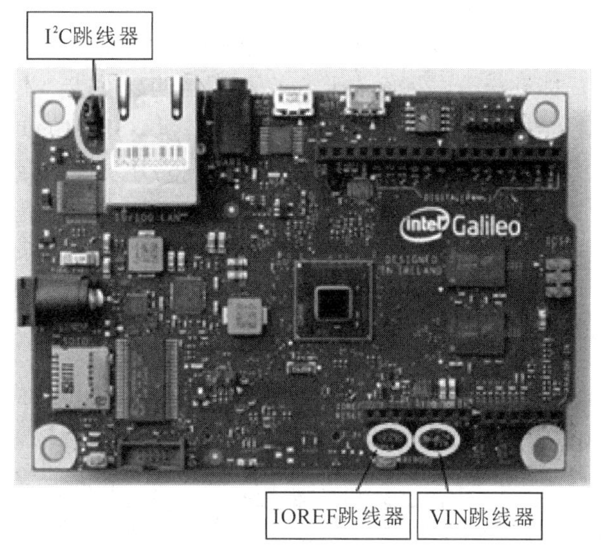

图 3-6　伽利略开发板的跳线

2. 伽利略开发板上的按键功能

伽利略开发板上的两个按键分别提供程序复位功能和开发板重启功能，按键位置如图 3-7 所示。

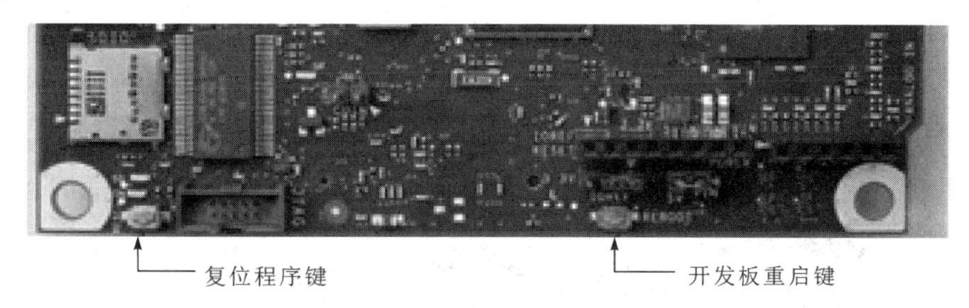

图 3-7　伽利略开发板的按键

程序复位按键标有“RESET”标记，可以复位当前正在运行的 Arduino 程序和任何连接的开发板。这一复位功能还可以在软件中重置开发板，建议快速重启时使用该按键。开发板重启按键“REBOOT”能够重启整个伽利略主板，如需要重启处理器内核与 Linux 操作系统，可以使用开发板重启按钮。

伽利略开发板的程序复位键与板重启键是有区别的。实际上不需要通过重新启动处理器来复位 Arduino 程序或任何附加的开发板，程序复位键的功能是重新设置一个 Arduino 程序的运行而不会重启 Linux 操作系统，例如在 Arduino 程序上传到开发板时，程序复位键可以复位该程序使其重新运行。板重启键则可以重启开发板的处理器，使 Linux 系统重新启动。

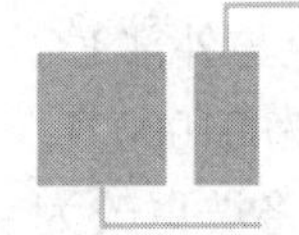

3.2 伽利略开发板软件结构

伽利略开发板是 Arduino 认证和 Yocto 项目支持的嵌入式开发系统，是两者有机的结合。因此伽利略系统既有 Arduino 开发的便利性和实用性，也具备嵌入式实时操作系统所能够提供的强大功能，能够充分发挥 Quark SoC 处理器的高性能。本节首先介绍伽利略开发板所采用的软件体系结构，让读者初步了解板级支持包 BSP、Linux 内核、Arduino 开发环境所构成的伽利略系统软件层次结构；然后介绍伽利略开发板和英特尔的 Quark SoC 处理器的驱动程序，让读者能够了解伽利略开发板在软件开发过程中提供的外设能力，为后面章节介绍基于 Linux 的开发编程提供支持；最后介绍伽利略开发板的系统启动原理。

3.2.1 软件总体架构

伽利略开发板的软件开发由 Yocto Linux 提供支持，并且可以提供包括 Arduino 开发、C/C++ 开发和 Javascript 开发等多种开发工具和环境。软件总体架构如图 3-8 所示。

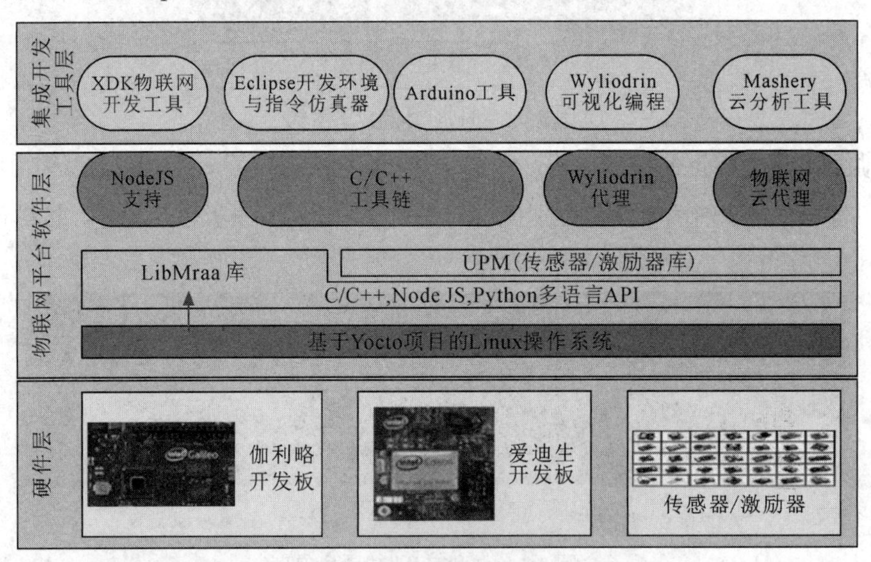

图 3-8 英特尔嵌入式系统软件总体架构

图 3-8 展示了英特尔嵌入式系统的三个重要软件架构层次。其中，硬件层包括伽利略开发板底层软件组件，同时可以支持其他开发板，如爱迪生开发板；物联网平台软件层包括主要的开发工具和相关库；集成开发工具层包括多种集成开发环境以及运行于云上的服务软件。

硬件层是软件层的核心组成部分，其中运行在底层的软件直接与硬件相关联，一般会由厂家提供，不对外公开，主要包括固化在 Flash 存储中的伽利略开发板固件 Firmware 和启动最开始执行的受信任引导程序。

物联网平台软件层则包括 Grub 多系统引导程序以及 Yocto Linux 内核程序，其中还包括板级支持包 BSP，这一部分构成了伽利略系统软件最核心部分。Linux 内核为 LibMraa 和 UPM 运行库等中间件层及多种开发工具链提供支持，这是进行嵌入式系统开发时使用最多的部分。物联网平台软件层面向伽利略开发板及爱迪生开发板等嵌入式系统提供运行、开发和维护服务支持。

集成开发工具层虽然不运行在伽利略系统中，但同样是系统必不可少的支撑部分。所有针对伽利略系统的开发都会用到其中的一个或者多个软件/组件。交叉编译器用于产生可在伽利略开发板上运行的程序，远程调试 gdb 工具用于程序的运行调试，Arduino IDE 用于编写和下载 Arduino 程序。还有一部分软件运行在英特尔服务器上，通过 Internet 向运行在伽利略板上用 XDK 开发的程序提供支持服务。这一部分的功能主要是辅助开发人员快速地搭建 Internet 应用。

本书后续章节着重围绕在伽利略嵌入式系统开发、应用过程中的相关环节进行重点介绍。这里假设读者已经具备初步的 Linux 系统使用和 C/C++ 语言编程知识。

3.2.2　系统驱动与板级支持包(BSP)

从图 3-8 中的软件层次结构可以看出 Arduino 实际上是一个应用层的软件，其所有的 I/O 操作都要采用与 Linux 内核通信方式来访问伽利略板的固件，因此从本质上看伽利略开发板上的 Arduino 编程都是一个 Linux 编程调用的过程，这与基于单片机的 Arduino 开发有很大不同。基于 Linux 操作系统运行能够为 Arduino 程序提供更为丰富的系统功能。伽利略开发板的 Linux 内核与 BSP 更为详细的功能如图 3-9 所示。

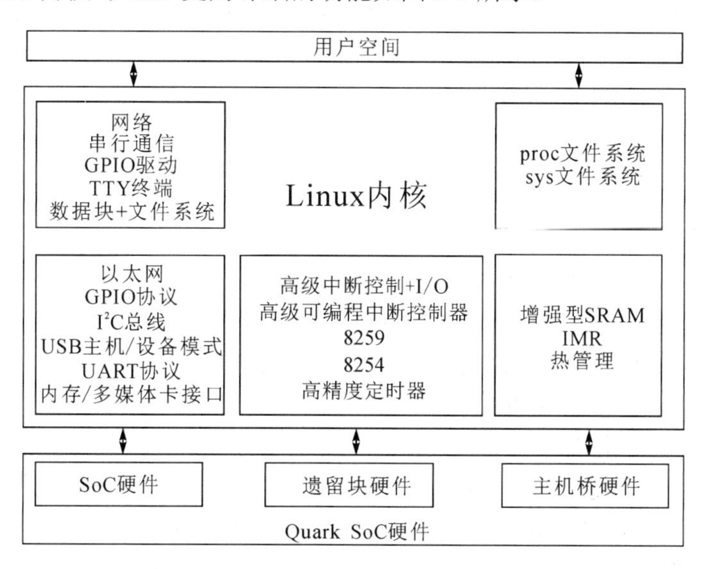

图 3-9　伽利略开发板的 Linux 内核和 BSP

伽利略开发板的 SoC 固件层为丰富的通信外设提供固件支持和驱动支持，包括各种串行通信协议、数/模转换、多种存储支持、蓝牙和 WiFi 等功能。

固件对多种串口通信提供支持。在数字 0 和 1 引脚上复用的通用异步串口(UART)通信接口以音频接口方式连接，其通信协议驱动由固件提供。板上 USB 通信提供 Client 和 Host

两个端口，Client 端口用于 Arduino 集成开发环境中的串口监视器(Serial Monitor)和开发板程序上传，Host 端口则允许开发板作为 USB 主机来使用外设，包括鼠标、键盘和智能手机等，它们的驱动也由固件提供。此外，伽利略板提供全功能以太网连接，Linux 内核提供的以太网接口驱动通过固件层完成以太网通信。针对一些常用工业级总线，如 I^2C 和 SPI 通信协议，应用层上通过 Arduino 提供 Wire 和 SPI 库来简化调用，这些库函数 API(Application Program Interface)也是通过伽利略开发板上的 Linux 操作系统和 BSP 层提供支持的。GPIO 和 I^2C 组件由于是复用关系而共享资源，在内核中由 intel_qrk_gip 设备驱动程序模块的 GPIO 部分启用，Arduino 的 pinMode()函数通过操作系统层调用开发板上的 GPIO 功能。开发板上的 SoC 固件还对多种存储外设提供驱动支持。板载 microSD 读卡器可通过 Arduino SD 库访问，其读写驱动通过 Linux 操作系统和 BSP 提供支持。

伽利略开发板的主机桥(Host Bridge)驱动对 Quark 处理器的主机桥结构提供专门的软件驱动支持。该驱动程序使用主机桥接口仲裁对各个组件的访问，包括 eSRAM、隔离的存储器(Isolated Memory Region，IMR)和热(Thermal)模块。eSRAM 是 Quark 处理器集成的 512 KB 片上 SRAM，可以分成 128 页，每页 4 KB。它是一个低延时、可快速访问的存储器，平均访问速度是 DDR3 的 3 倍。因此，可以将一些实时性要求高的功能(如中断描述表和中断服务程序)保存在 eSRAM 中。另外，一些内核级操作也可以映射到 eSRAM，比如用于伽利略开发板安全引导的 IMR。BSP 利用 Linux 的 sysfs 和 proc 系统调用功能为 IMR 和 eSRAM 模块设计了 API。标准热模块驱动接口能够为 Quark 处理器的热管理模块提供支持，为基于热点和关键事件触发管理子系统提供服务。

此外，伽利略开发板的 BSP 中还包括专门功能的驱动扩展程序，如模/数转换、蓝牙/WiFi/5G 模块驱动等。模/数转换为 AD7298 芯片提供驱动扩展，由 Linux 内核中的 I/O 子系统提供 API 接口；蓝牙功能使用 Mini PCI-E 接口驱动，可提供对 Wireless-N 135 卡和双频段 Wireless-N 7260 卡的驱动支持。

3.2.3 伽利略开发板的引导结构

伽利略开发板通过统一可扩展固件接口(Unified Extensible Firmware Interface, UEFI)和统一引导程序(GRand Unified Bootloader, GRUB)来提供系统固件和操作系统内核的加载。UEFI 定义了操作系统与系统固件之间的软件界面，其引导过程如图 3-10 所示。GRUB 是一个来自 GNU 项目的多操作系统启动程序，允许用户可以在计算机内同时拥有多个操作系统，并从中选择一个操作系统运行。

从图 3-10 中可以看到，伽利略开发板的启动也经历了如 PC 启动类似的过程，包括 UEFI 初始化、GRUB 程序引导、内核加载和系统服务加载 4 个阶段。UEFI 在概念上类似于一个低阶的操作系统，它定义了硬件和预启动软件之间的接口规范，并具有操控所有硬件资源的能力。当伽利略开发系统上电以后，UEFI 首先完成系统固件的初始化引导，然后调用 GRUB 程序来引导操作系统的启动。

伽利略开发板在 GRUB 程序配置文件中已经设置好了系统引导顺序，可依次从板上 SPI Flash、SD 卡或者 USB 存储设备中引导操作系统。GRUB 程序根据不同的接口连接状态自动引导可用的 Linux 系统，因此需要引导的介质拥有可以被伽利略开发板自带 GRUB 识别的文件系统以及对应的 GRUB 引导配置。这为伽利略开发板的用户提供了极大的便利。开发板上 8 MB 的 SPI Flash 预置了 Mini Linux 系统发布版，包括板上接口部件的基本操作和访问功能。完整功能的 Linux 操作系统可以从 SD 卡设备中的映像文件启动，可以支持更多的服务。

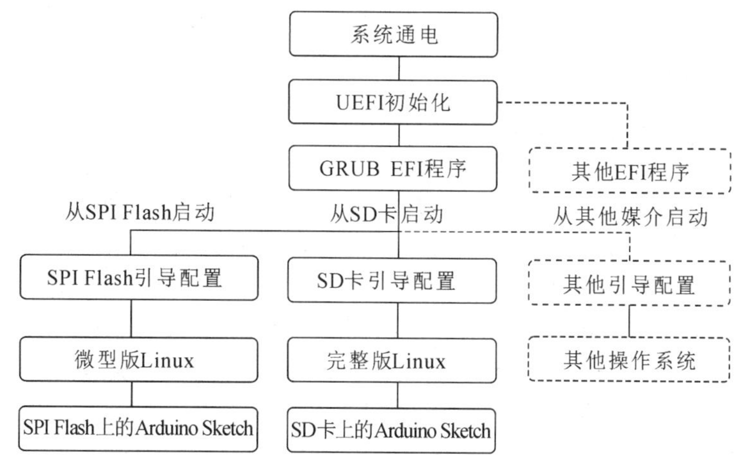

图 3-10　伽利略开发板系统引导示意图

GRUB 程序确定了需要启动的 Linux 程序之后，伽利略开发板就会选择该 Linux 的内核进行加载，系统进入其引导过程中最关键的阶段。在此阶段，所有伽利略开发板上的硬件设备都会被 Linux 内核中的驱动程序进一步初始化。如果希望能够深入了解伽利略开发板各类硬件的初始化过程或者 Linux 内核中具体驱动的实现，也可以通过调试串口输出的 Linux 启动日志来分析查看 Linux 的引导过程，如图 3-11 所示。

```
type=mfh.version
meta=version
value=782

[ROM_OVERLAY]
address=0xfffe0000
#item_file=/p/clanton/swbuilds/BootRom/Ver_1_00_09/Clanton.rom
item_file=/p/clanton/swbuilds/EDK2/edk2_gcc_CP_00388/ClantonPeakCRBPlatform/RELEASE_GCC/FV
/FlashModules/EDKII_BOOTROM_OVERRIDE.Fv
type=some_type
# in_capsule=no

[signed-key-module]
address=0xfffd8000
item_file=config/SvpSignedKeyModule.bin
svn_index=0
type=some_type

[svn-area]
address=0xfffd0000
item_file=config/SVNArea.bin
type=some_type

[fixed_recovery_image]
address=0xfff90000
item_file=/p/clanton/swbuilds/EDK2/edk2_gcc_CP_00388/ClantonPeakCRBPlatform/RELEASE_GCC/FV
/FlashModules/EDKII_RECOVERY_IMAGE1.Fv
sign=yes
type=mfh.host_fw_stage1_signed
svn_index=2
# in_capsule=no
```

图 3-11　伽利略开发板启动引导过程

Linux 内核启动完成后，后续启动过程就被 Systemd 启动服务程序接管，这是伽利略系统启动的最后一个阶段。Systemd 会按照各系统服务之间的依赖关系来加载服务。如果用户之前配置过 IP 并写入到配置脚本，则在 Systemd 启动过程中会重新启动网卡的 IP；如果以前 WiFi 进行过配置，也会在启动过程中重新连接用户指定的无线接入点。在 Systemd 启动阶段，用户开发的 Arduino 程序也将被加载到进程中。在伽利略开发板的/lib/system 目录下，能够看到各个系统的配置信息。

3.2.4 伽利略开发板的 Linux 内核支持

伽利略嵌入式系统采用 Yocto Linux 系统，包括 SPI Flash 微型系统和 SD 卡完整版本两种。由于 8 MB 的空间限制，Mini Linux 系统被集成在板上 Flash 中，开发板启动后默认启动该系统。它带有伽利略开发板上基本的外设驱动，并支持 Arduino Sketch 程序的正常运行。

伽利略开发板上的完整版 Linux 操作系统能够提供多种开发库和开发工具的支持，包括 Mini PCI-E 接口的设备驱动。开发板提供的这些开发库和工具能够显著提升基于伽利略嵌入式系统的应用开发效率。主要提供的开发库和工具支持包括：

(1) WiFi 驱动程序。

(2) Python 解释器。

(3) SSH(通过以太网访问主板)。

(4) OpenCV(用于图像和视频处理)。

(5) Video4Linux2(录制视频)。

(6) 高级 Linux 声音架构(ALSA)驱动程序(播放声音)。

(7) Node.js(基于 JavaScript 运行服务器和应用程序)。

(8) Telnet 网络终端登录。

SD 卡完整版 Linux 映像可以从英特尔网站下载后解压至 SD 卡上，制作成可启动 SD 卡。解压后的启动文件目录如图 3-12 所示。

图 3-12 SD 卡启动文件目录

3.2.5 伽利略系统支持的开发工具

英特尔 IoT 系统开发平台提供了多种开发方式，以适应非电专业、网页开发以及专业嵌入式系统开发等不同用户的应用开发模式。

1. 伽利略系统的 Arduino 开发方法

使用 Arduino 开发方法的主要目的是简化面向 MCU 应用的嵌入式系统开发流程。开发过程需要用 Arduino IDE 集成开发环境在主机上进行程序的编写和编译链接，再下载到伽利略系统板上。Aruidno IDE 开发环境如图 3-13 所示。系统板上运行完整版 Linux 时会启动 Arduino 仿真器，可以自动运行下载的 Arduino 程序。

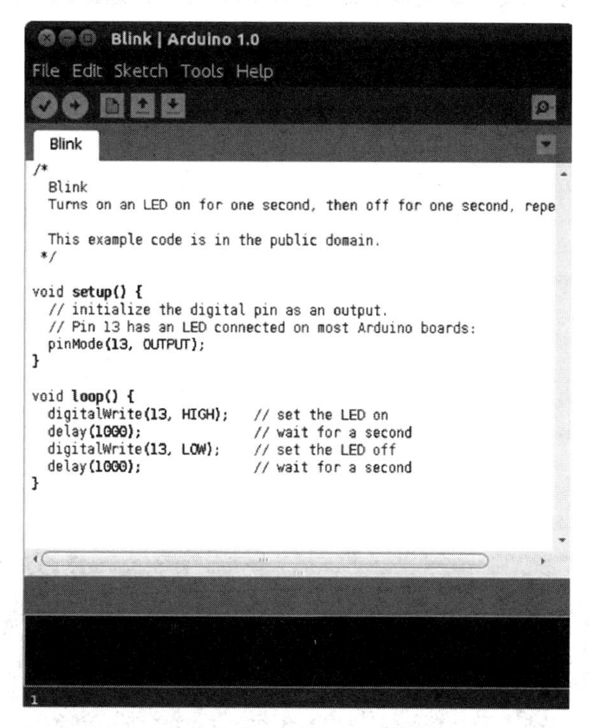

图 3-13　Aruino IDE 开发环境

在伽利略系统平台上采用 Arduino 开发方式的优点是简便、易操作，虽然原有的一些基于不同MCU的Arduino开源库不能直接在伽利略开发板上使用，但英特尔已经基于Linux系统开发了丰富的物联网设备接口库，可为伽利略及其他物联网系统平台提供开发支持，使伽利略系统开发板的 Arduino 开发流程具有兼容性。另一方面，基于 Quark 处理器平台的伽利略开发板具备强大处理能力和网络通信能力，而基于 Arduino 的开发方式仅仅利用了 Linux 系统提供的基本功能，不能发挥 Linux 系统的全部功能，同时由于 Arduino 开发工具是 Linux 操作系统的一个应用程序，因此在实时性开发方面也会受到一定限制。总之，Arduino 开发方式适合初学者以及不善于 Linux 编程的使用者。

2. 基于英特尔 IoT XDK 工具的开发

英特尔的 XDK 开发工具帮助开发人员只使用一个代码库，就可以高效地创建、测试、调试、构建和部署基于 HTML5 的网页程序与移动应用程序。XDK 工具的使用群体主要面向擅长网页开发的人员或者软件开发编程新手，如果开发的项目中计划使用一些 PnP 传感器，则 XDK 平台能够提供较为全面的支持。与 Arduino 开发工具比较而言，基于 XDK 工具的开发同样面向对 Linux 编程兴趣不大，但擅长使用 NodeJS 工具包的开发人员进一步深入开发。由于 XDK 开发工具是基于 Javascript 语言开发的，因此它所开发的应用系统兼容

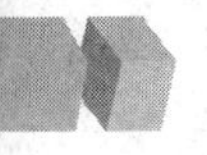

性好，可支持多种操作系统。英特尔 XDK 开发环境如图 3-14 所示。

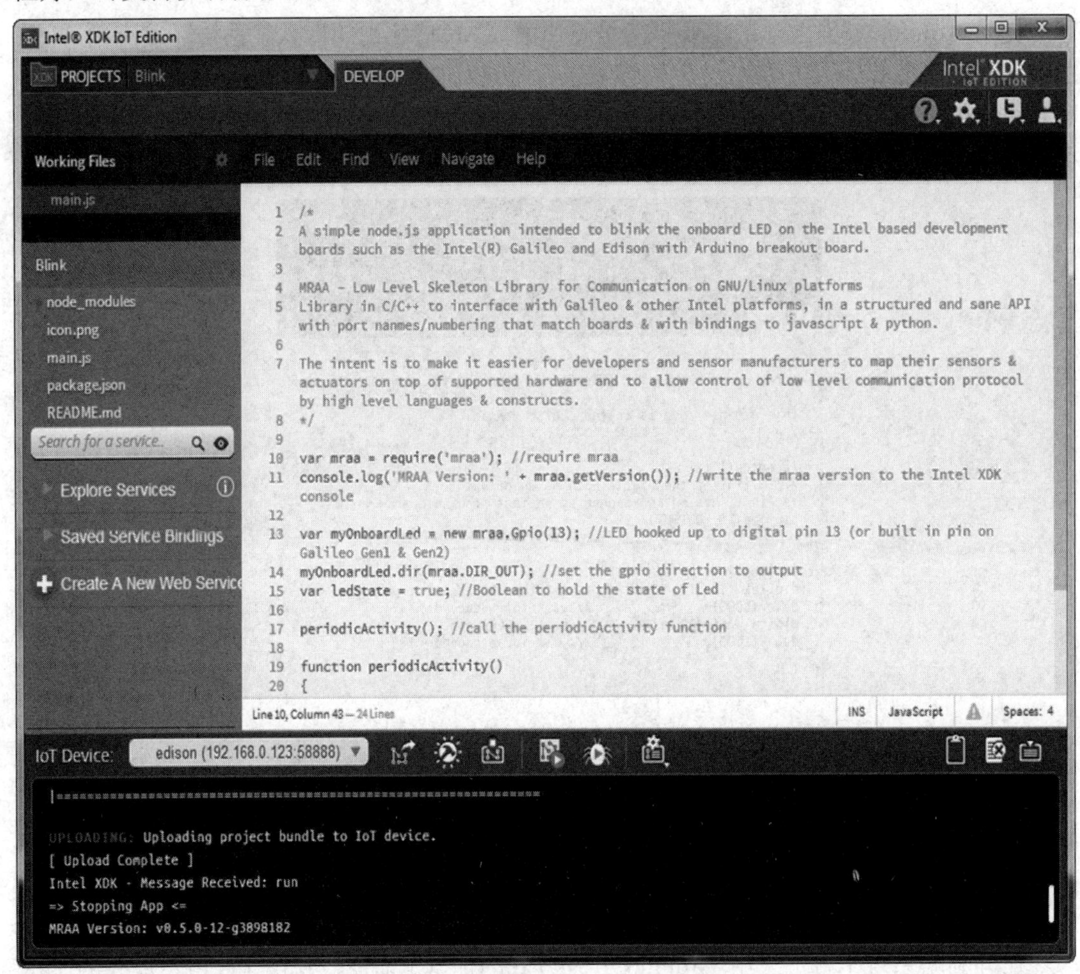

图 3-14　英特尔 XDK 开发环境

随着英特尔物联网开发平台开发工具的进一步统一，英特尔 System Studio 开发工具不再单独对 XDK 工具提供支持，而是提供全工具集成的开发环境，使用包括 Arduino Creat 工具在内的统一工具环境来支持物联网开发人员从快速原型到生产级的应用开发流程。

3. 伽利略系统的 SDK 开发

嵌入式系统开发的主流工具目前仍然是以 C/C++ 开发占主导地位。英特尔提供了物联网的开发工具，主要面向基于 C 语言 Eclipse IDE 环境的应用开发。这种交互式开发不需要使用 Linux 系统，但可在项目中使用 Linux 开发软件包。因此，如果开发者对使用 Linux 系统兴趣不大，又希望能够开发高性能的 C/C++ 代码，则可以使用伽利略的物联网 SDK 开发工具。

目前，英特尔已经将多种物联网平台的 SDK 开发工具都统一到英特尔 System Studio IoT Edition 环境下使用。只要在主机上通过网口将使用的 Eclipse IDE 开发环境与伽利略开发板进行连接，就可以进行应用程序的编译、链接、下载和调试，均可使用基于 C/C++ 的工具链。伽利略系统的 SDK 开发环境如图 3-15 所示。

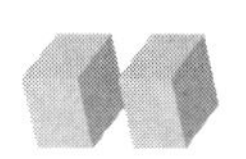

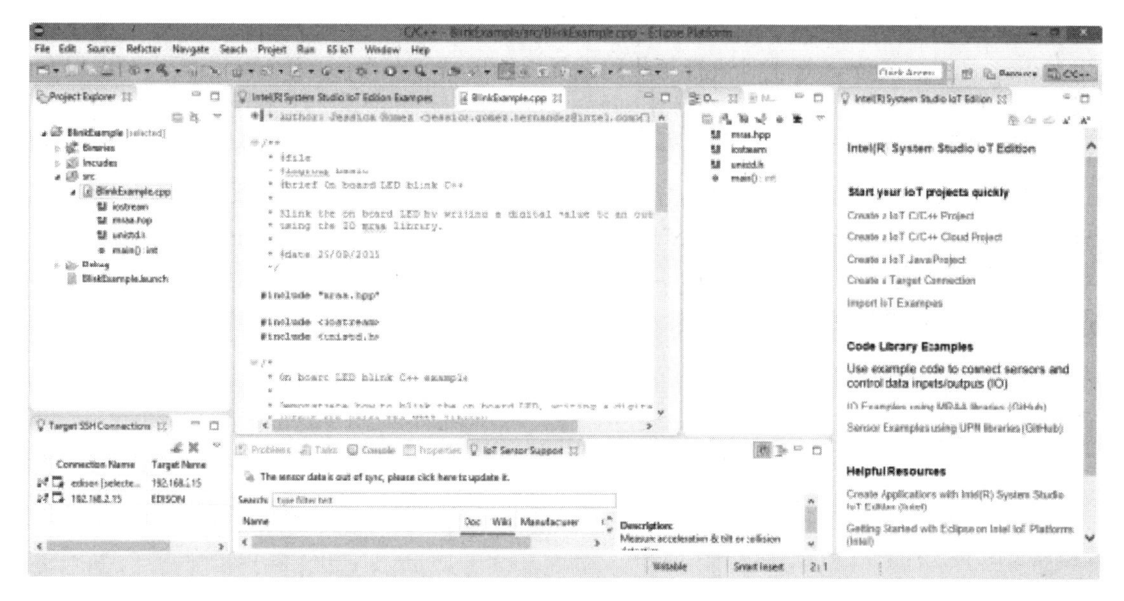

图 3-15　伽利略系统的 SDK 开发环境

4. 伽利略系统的原生开发方式

伽利略开发板的操作系统中已经部署了应用开发所需要的 Linux 开发包和编程语言工具链支持，可以通过网络或者串口方式连接到板上 Linux 环境后直接进行应用编程和调试，这种开发方式称为原生开发方式。这种开发环境以文本操作方式进行，如图 3-16 所示。

```
csk@MainSrv: ~/personal/code/black_pearl
[  OK  ] Started Intel_XDK_Daemon.
         Starting Zero-configuration networking...
         Starting Mosquitto - lightweight server implementati...SN protocols...
         Starting Network Name Resolution...
[  OK  ] Mounted Arbitrary Executable File Formats File System.
[  OK  ] Mounted /home.
[  OK  ] Started Network Name Resolution.
[  OK  ] Started Mosquitto - lightweight server implementatio...T-SN protocols.
[  OK  ] Started Restore Sound Card State.
[  OK  ] Started Zero-configuration networking.
         Starting Daemon to receive the wpa_supplicant event...
[  OK  ] Started Daemon to receive the wpa_supplicant event.
         Starting File System Check on /dev/disk/by-partlabel/boot...
         Starting The Edison status and configuration service...
[  OK  ] Started The Edison status and configuration service.
         Starting PulseAudio Sound System...
[  OK  ] Started WPA supplicant service.
         Stopping Daemon to receive the wpa_supplicant event...
[  OK  ] Stopped Daemon to receive the wpa_supplicant event.
         Starting Daemon to receive the wpa_supplicant event...
[  OK  ] Started Daemon to receive the wpa_supplicant event.
[   13.294089] systemd-fsck[274]: dosfsck 2.11, 12 Mar 2005, FAT32, LFN
[   13.296508] systemd-fsck[274]: /dev/mmcblk0p7: 6 files, 7898/16343 clusters
[  OK  ] Started File System Check on /dev/disk/by-partlabel/boot.
         Mounting /boot...
[  OK  ] Mounted /boot.
         Starting Bluetooth service...
[  OK  ] Started PulseAudio Sound System.
[  OK  ] Started Bluetooth service.
[  OK  ] Reached target Multi-User System.

Poky (Yocto Project Reference Distro) 1.6.1 edison ttyMFD2

edison login: root
Password:
root@edison:~#
```

图 3-16　伽利略开发板原生开发环境

在这种方式下，主机端不必安装开发工具，而是直接在伽利略开发板 Linux 环境下使用 Nano、emacs 或者 vi 等工具进行源代码编辑，然后进行在板 gcc 编译。在板上开发过程中仍然可以使用伽利略 Linux 提供的多种开发库支持，如 Python、NodeJS 等，也可使用其他的 Linux 服务，如蓝牙和 WiFi 的高级模块特性。

原生开发方式能够提供完全的底层访问方式，充分发挥伽利略开发板的 Quark SoC 内核的强大功能，特别适合擅长 Linux 的开发者使用，这样就可以连接所有的传感器，并能够控制所有的底层功能且不必在 PC 上安装开发环境。因此，如果希望能够进一步进行产品级开发，就需要采用这种原生开发方式。开发者可直接采用 Yocto 专业嵌入式发布工具，重新发布适合的 Linux 映像内核来完善板上的开发库和开发工具的使用。

第四章　伽利略开发板使用基础

本章介绍伽利略开发板的启动、操作系统使用、串口和网络接口使用方法等基本内容。由于伽利略开发板加电时已经启动板载 Linux 系统，因此在没有安装任何开发环境时，仍然可以在板方式进行基本系统操作甚至软件开发。了解伽利略开发板上通信设备基本的使用，有助于理解原生开发方式，并且能更好地使用后面章节介绍的开发方法。

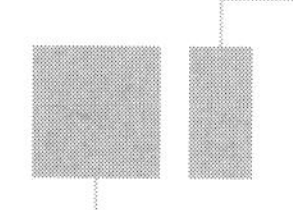

4.1　伽利略开发板基本操作方法

伽利略开发板可看为一个迷你计算机，加电启动后 Linux 系统就能正常工作。但在板 Linux 系统功能非常有限，仅支持最小系统启动运行，例如不能使用 Arduino 集成开发环境等。这一节中我们先介绍开发板基本加电运行方式和音频串口的使用，然后介绍 SD 卡操作系统的下载和加载过程，最后介绍使用网络登录伽利略板进行基本操作的过程。

4.1.1　开发板启动过程

为了交互地使用伽利略开发板，需要用一台连接到开发板的主机，通过主机完成应用程序的设计与下载。这时需要一块开发板、电源适配器和一个 MicroSD 卡，如图 4-1 所示。要注意区分伽利略 1 代板和 2 代板的输入电压，前者使用的是 5 V 电源，后者使用 12 V 电源。

(a) 开发板

(b) 电源适配器

(c) MicroSD卡

图 4-1　开机启动的组件

伽利略开发板的基本加电顺序如下：

(1) 将 MicroSD 卡插入伽利略开发板的 SD 卡槽。

(2) 用控制台串口将开发板接入开发主机，或者插入以太网线接入局域网路由器。

(3) 连接电源。

加电以后，电源灯会亮起，说明板载的 Linux 系统已经自动启动运行。如果 SD 卡已经下载 Linux OS 系统映像，则加电后自动开始从 SD 卡上启动运行。

伽利略开发板启动后就可以通过控制台串口观察板上 Linux 系统的运行情况。在 1 代板上可以利用一个 DB-9 到音频接口的转换电缆连接主机上的串口和伽利略开发板上的音频串口，如图 4-2 所示。由于大部分笔记本不具备串口设备，还需要一个 USB 转串口转接头与电缆连接后再与主机相连。

图 4-2 1 代板控制台串口的连接

在 2 代板上使用的是 FTDI 控制台串口，可以利用一个 USB 转串行 UART(TTL 电平)转换电缆(如 FDTI 的 TTL-232R-3V3 电缆)与主机相连，如图 4-3 所示。

图 4-3 2 代板控制台串口的连接

FTDI 电缆与开发板连接时要注意按照串口连接顺序进行连接，引脚关系如图 4-4 所示。

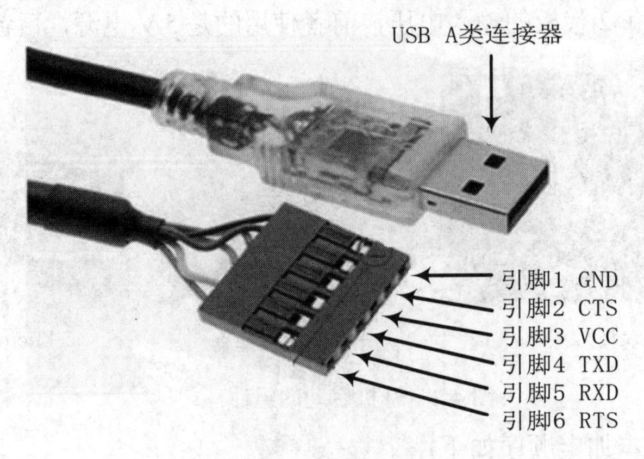

图 4-4 FTDI 电缆引脚关系

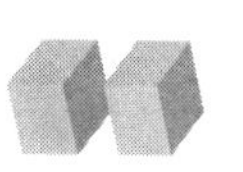

主机要通过串口访问伽利略开发板上的Linux系统，首先需要安装开发板的串口驱动。主机端由于需要USB转RS232串口转接头设备，因此需要安装转接头的串口驱动。在网上下载相应的USB转串口适配器的驱动进行安装，在设备管理器中检查安装正常的状态，如图4-5中的箭头所示。

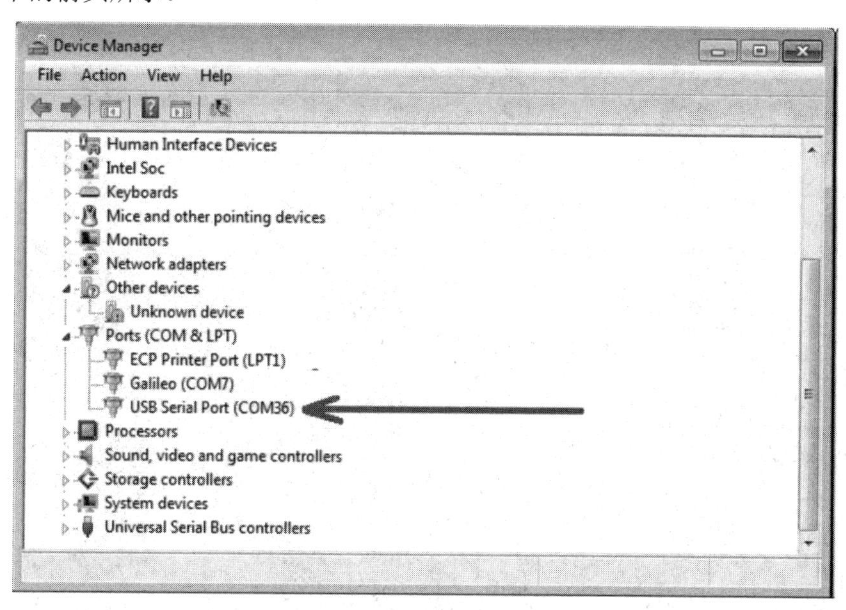

图4-5　设备管理器中USB转串口设备的状态

然后将主机通过控制台串口与伽利略开发板连接后，就可以在主机上通过串口工具观察板上操作系统的运行情况。PuTTy工具是常用的串口工具，在Win10系统和Linux系统上均可使用。从网上下载PuTTy工具包，解压后运行PuTTy.exe，打开窗口后设置串口通信模式，如同4-6所示。

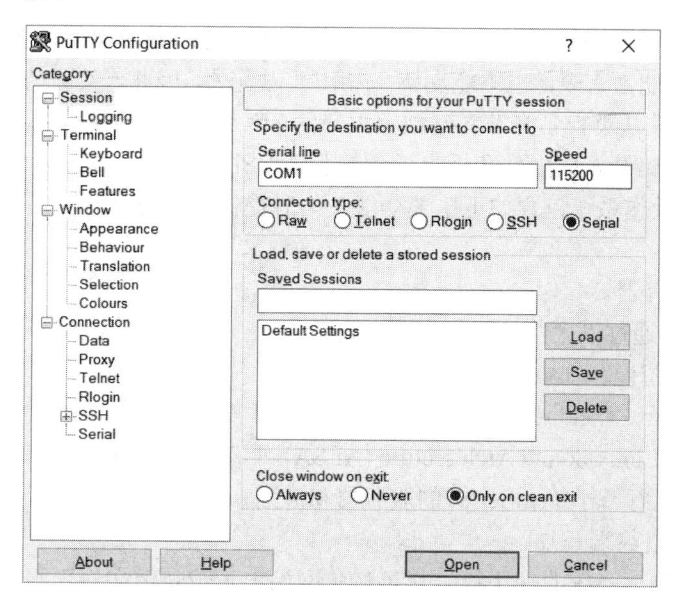

图4-6　PuTTy工具配置界面

在 PuTTy 工具中选择控制台串口连接到的 COM 接口，然后设置波特率，单击“Open”按钮就可以登录到嵌入式 Linux 系统的操作界面，如图 4-7 所示。在 PuTTy 串口窗口中操作 Linux 系统，输入“root”用户名进行登录。在出厂默认情况下，root 用户是没有设置密码的，可以直接完成登录。接下来就可以像操作 PC 一样操作伽利略开发板的 Linux 系统了。

```
csk@MainSrv: ~/personal/code/black_pearl
[  OK  ] Started Intel_XDK_Daemon.
         Starting Zero-configuration networking...
         Starting Mosquitto - lightweight server implementati...SN protocols...
         Starting Network Name Resolution...
[  OK  ] Mounted Arbitrary Executable File Formats File System.
[  OK  ] Mounted /home.
[  OK  ] Started Network Name Resolution.
[  OK  ] Started Mosquitto - lightweight server implementatio...T-SN protocols.
[  OK  ] Started Restore Sound Card State.
[  OK  ] Started Zero-configuration networking.
         Starting Daemon to receive the wpa_supplicant event...
[  OK  ] Started Daemon to receive the wpa_supplicant event.
         Starting File System Check on /dev/disk/by-partlabel/boot...
         Starting The Edison status and configuration service...
[  OK  ] Started The Edison status and configuration service.
         Starting PulseAudio Sound System...
[  OK  ] Started WPA supplicant service.
         Stopping Daemon to receive the wpa_supplicant event...
[  OK  ] Stopped Daemon to receive the wpa_supplicant event.
         Starting Daemon to receive the wpa_supplicant event...
[  OK  ] Started Daemon to receive the wpa_supplicant event.
[   13.294009] systemd-fsck[274]: dosfsck 2.11, 12 Mar 2005, FAT32, LFN
[   13.296508] systemd-fsck[274]: /dev/mmcblk0p7: 6 files, 7898/16343 clusters
[  OK  ] Started File System Check on /dev/disk/by-partlabel/boot.
         Mounting /boot...
[  OK  ] Mounted /boot.
         Starting Bluetooth service...
[  OK  ] Started PulseAudio Sound System.
[  OK  ] Started Bluetooth service.
[  OK  ] Reached target Multi-User System.

Poky (Yocto Project Reference Distro) 1.6.1 edison ttyMFD2

edison login: root
Password:
root@edison:~#
```

图 4-7　伽利略开发板的 Linux 系统登录界面

4.1.2　完整 Linux 系统的下载和运行

板载 Linux 操作系统包含的功能较少，一般仅限于检查系统而不具备第三方库支持能力，并且网络操作能力有限，也不能支持 Telnet 远程登录。因此，实际使用时建议使用 SD 卡 Linux 映像文件。从英特尔开发者网站上下载的 SD 卡 Linux 系统映像是基于 Yocto 开源项目，并结合伽利略开发板固件和板上设备的驱动 BSP 定制的一款嵌入式 Linux 内核。

SD 卡 Linux 操作系统包含如下主要功能，同时提供对多种开发方式的支持：

(1) WiFi 驱动。

(2) Python 解释器。

(3) SSH (用于通过以太网访问伽利略开发板)。

(4) OpenCV (图像和视频处理)。

(5) Video4Linux2 (录制视频)。

(6) Advanced Linux Sound Architecture (ALSA) 驱动(播放声音)。

(7) Node.js (运行基于 JavaScript 的服务器和应用)。

(8) Telnet 网络终端登录。

SD 卡 Linux 操作系统的使用可以从英特尔网站上下载映像文件开始。

首先，从 https://downloadcenter.intel.com/download/26418/intel-galileo-Board-Support-Package

链接中下载伽利略开发板的 SD 卡 Linux 系统文件。

其次，将下载的压缩文件 SDCard.1.1.1.tar.bz2 进行解压。

接下来，将 MicroSD 卡用读卡器连接到主机，并格式化成 FAT32 文件格式，把解压后的 Linux image 文件拷贝到 SD 卡中。

最后，把伽利略开发板关电，先把开发板连接到局域网中，再把拷贝好的 SD 卡插入开发板后再次加电，系统将从 SD 卡上的操作系统开始启动。

SD 启动卡的文件目录如图 4-8 所示。

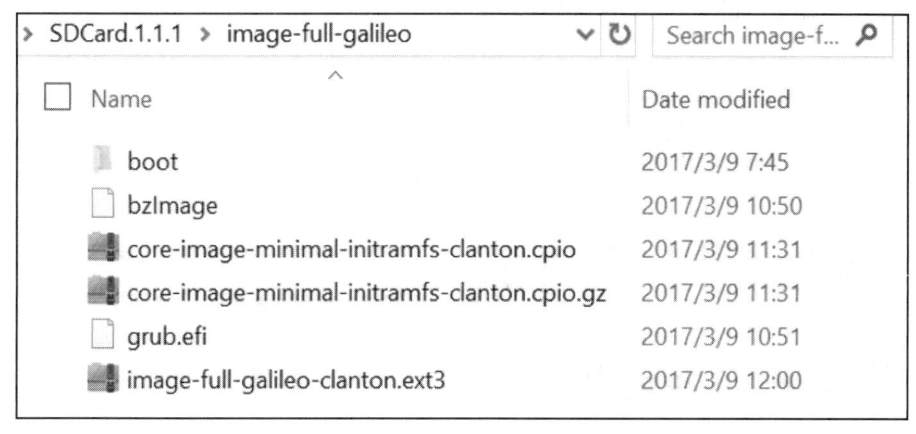

图 4-8　SD 启动卡文件目录

系统启动以后，可以在板上 Linux 下检查 SD 卡启动是否成功。在 shell 命令行输入：

```
cat /etc/version
```

从映像版本中显示出一个时间格式为 YYYYMMDDHHMM 的信息，如果显示的是一个旧时间，如图 4-9 所示，则表明系统仍然是从 SPI Flash 启动的；如果显示的是当前时间，则说明 SD 卡操作系统启动成功。

```
iot-devkit (Intel IoT Development Kit) 1.1 quark018858 ttyS1

quark018858 login: root
root@quark018858:~# cat /etc/version
201409031130
root@quark018858:~#
```

图 4-9　SD 卡系统启动测试

4.1.3　面向物联网开发的操作系统安装

英特尔提供了直接使用图形界面进行伽利略应用程序开发的 XDK 套件。这部分软件套件分为两部分，一部分为面向物联网开发的操作系统映像，需要安装在 SD 卡上；另一部分为需要安装在主机端的 XDK 跨平台开发套件。

物联网操作系统映像可以从如下链接下载：

https://downloadcenter.intel.com/download/26418/intel-galileo-Board-Support-Package

进入页面后，能够看到图 4-10 中箭头指示的 XDK 开发包对应的映像文件：

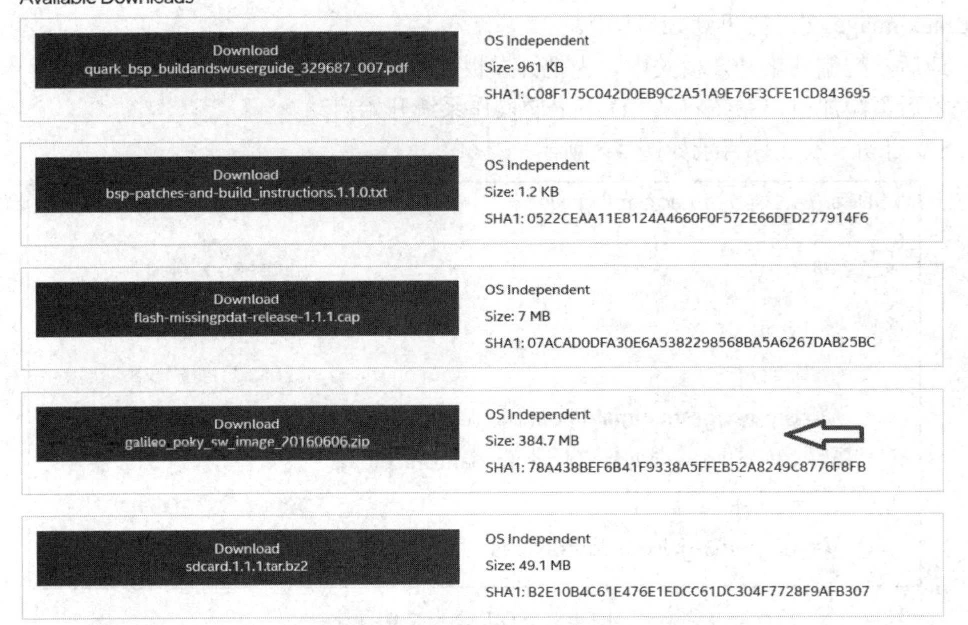

图 4-10　XDK 开发包的安装

安装英特尔 XDK 软件实际上要容易得多，只需执行安装程序，然后按照说明操作即可。首次启动软件时，系统会要求您在英特尔网站上创建一个账户。XDK 软件开发图形界面如图 4-11 所示。

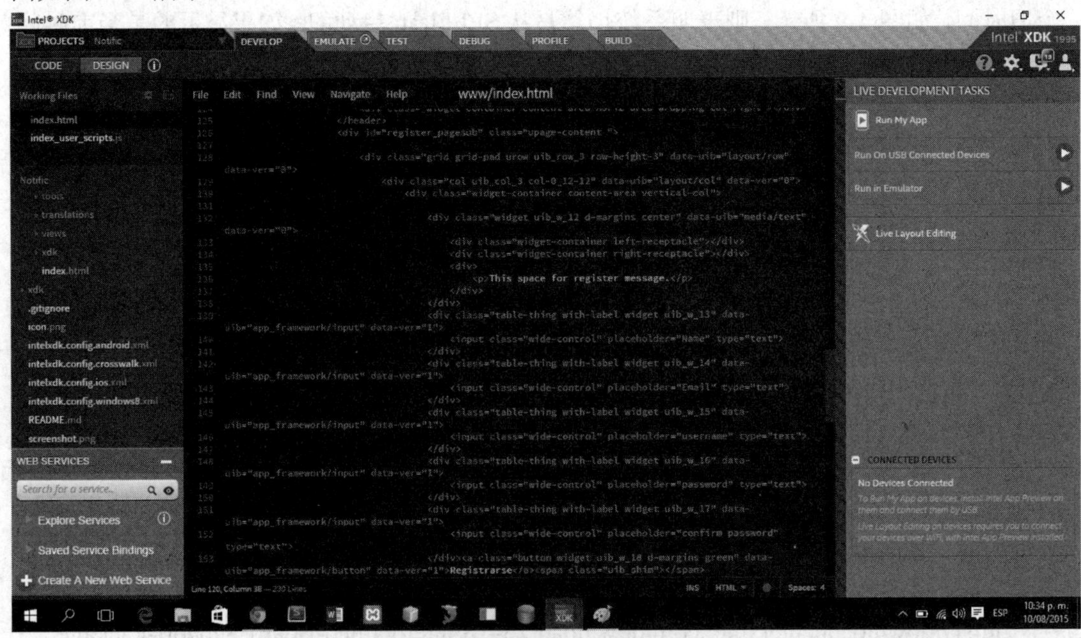

图 4-11　XDK 软件开发图形界面

英特尔物联网映像和 XDK 工具协同工作，使得在伽利略开发板上进行开发更加简单。

XDK 能够在伽利略开发板所连接到的网络上自动定位伽利略开发板，在软件内的 Node.js 中开发应用程序，然后在伽利略开发板上自动上传和运行这些应用程序。实际上，XDK 工具还能够提供其他方法对伽利略开发板进行编程，比如说为伽利略开发板使用特殊版本的 Arduino IDE，它允许使用众所周知的 Arduino 语言对开发板进行编程。

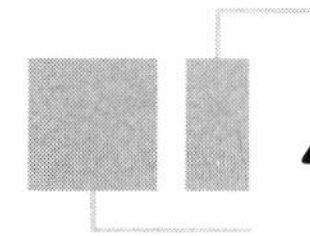

4.2　伽利略开发板的固件升级与调试串口使用

首次使用的伽利略开发板需要对固件进行升级。伽利略开发板的固件(Firmware)存储于 SPI Flash 芯片中，可由用户通过特定的刷新程序进行升级的程序。通用的固件升级流程如图 4-12 所示。

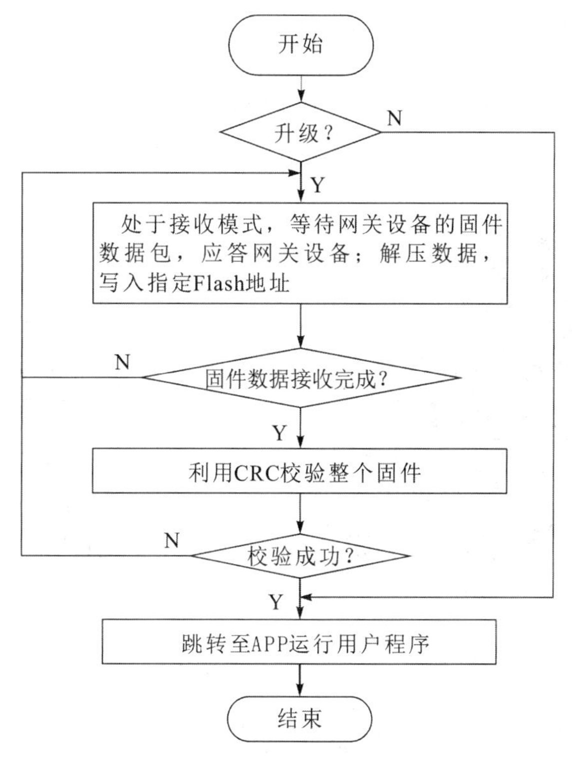

图 4-12　通用固件升级流程

伽利略开发板固件升级要通过 USB Client 串口来完成，又称为调试串口。调试串口在交叉编译环境中主要用于下载程序到开发板，并从开发板上正在运行的程序获取串口输出信息。在 Arduino 开发方式中也要经常使用到调试串口。在实验过程中需要注意不要混淆了控制台串口和调试串口之间的功能区别，在后面的应用中将进一步介绍。下面先介绍调试串口的固件升级过程和使用。

4.2.1　伽利略开发板连接调试串口

固件程序包和调试串口驱动包都可以从英特尔网站上下载，使用的链接为 https://

downloadcenter.intel.com/download/26417?v = t。从网站上下载两个软件包的方式如图 4-13 所示。

Windows® 10*
Windows 8.1*
Language: English
Size: 9.46 MB
MD5: 114e8ac3133dd3f1125b5a79a017ce1a
IntelGalileoFirmwareUpdater-1.1.0-Windows.zip

(a) 固件升级包

Windows® 10*
Windows 8.1*
Language: English
Size: 0.01 MB
MD5: 60bb3ec0fb3aea0087e4ce2dc4ff2f28
IntelGalileoWindowsSerialDrivers.zip

(b) 调试串口驱动

图 4-13　升级包和驱动程序下载

伽利略开发板在固件升级过程也必须使用调试串口进行操作，因此需要首先安装调试串口驱动。将伽利略开发板连接到主机的操作步骤如下：

(1) 在把 USB 线连接到 USB Client 端口时，一定要先把电源连接断开，以免损坏硬件。

(2) 按照图 4-14 所示的方式连接调试串口和伽利略开发板。

(3) 在更新固件的过程中，必须保证不能掉电。

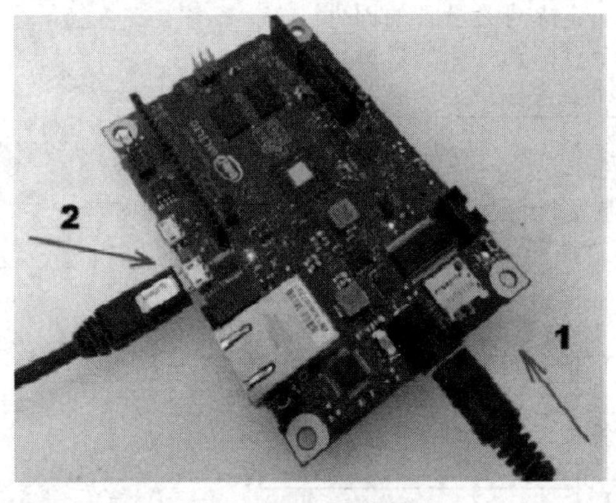

(a) Gen1 板连接

(b) Gen2 板连接

图 4-14　伽利略开发板连接调试串口的步骤

4.2.2　伽利略开发板的调试串口驱动安装

在主机上安装开发板调试串口驱动的步骤如下：

(1) 连接电源和 USB，等待 10 s，然后打开设备管理器。

(2) 右键击 Ports(COM&LPT)选项中的端口 Gadget Serial V2.4，选择更新驱动软件。

(3) 选择“浏览我的计算机”，找到下载驱动文件的位置，选择 linux-cdc-acm.inf 文件。

一旦驱动安装成功，设备管理器里将出现伽利略(COMx)设备，如图 4-15 所示。

如果主机是 Linux 操作系统(以 Ubuntu 为例)，那么调试串口的安装过程如下：

(1) 检查是否可以得到 ACM 端口，按下 Ctrl + Shift + T 打开一个 Terminal 窗口，输入命令“ls　/dev/ttyACM*”。如果已经有串口设备，则会返回一个串口号 ttyACMx，x 是一个从 0 开始的整数值。

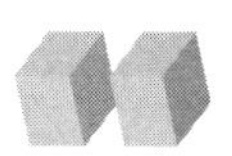

(2) 若未返回串口设备 ID 号，则创建文件/etc/udev/rules.d/50-arduino.rules，并且在文件中添加 KERNEL=="ttyACM[0-9]*", MODE="0666" 的内容。

(3) 输入命令“sudo service udev restart”，重启 udev 服务。再次检查串口设备，应该能够发现 ACM 设备已经可以得到。

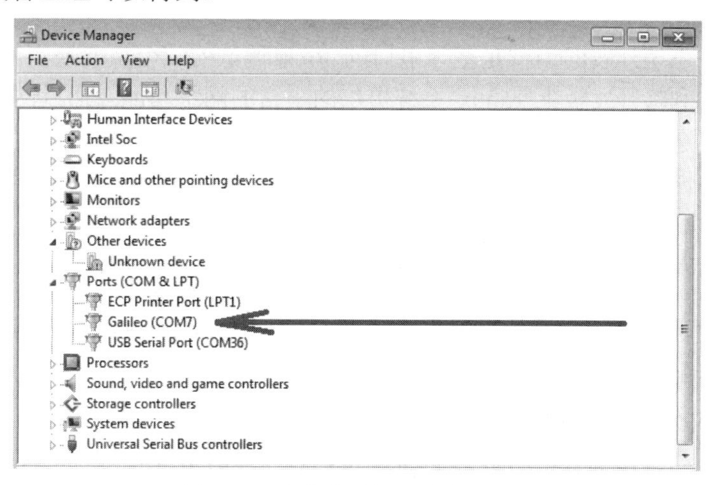

图 4-15　安装成功的调试串口设备

4.2.3　伽利略开发板固件更新

在正确完成主机上的调试串口驱动安装后，就可以开始升级固件了。这时，除了要按照驱动安装的步骤，还注意在固件升级过程中必须先移除 SD 卡，因为当开发板从 SD 卡启动或者有 Sketch 程序在运行时，是不能够升级固件的。

接下来就开始运行下载的固件升级器软件了。从 Windows 主机中可以看到下载的固件文件目录，单击固件升级程序并运行，如图 4-16 所示。当弹出固件升级对话框时，选择串口为调试串口的端口号，并选择固件升级版本，单击 Update Firmware 按钮进行升级。

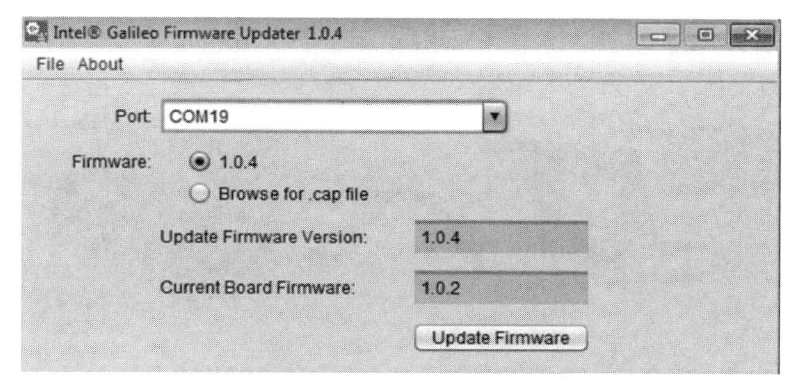

图 4-16　固件更新的操作界面

完成固件更新后，就可以使用伽利略开发板的基本功能了。通过固件更新和调试串口的安装，一个基本的伽利略嵌入式系统的交叉调试环境就已经建立起来了，可以通过调试串口进行文件烧写和固件烧写，并且通过控制台串口和调试串口，还可以启动更多的伽利略开发板的功能，比如说网络功能。

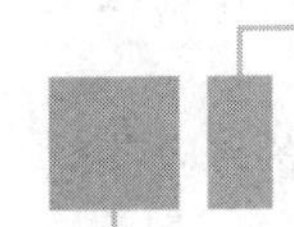

4.3 伽利略开发板的网络功能应用

典型嵌入式系统开发的调试是基于串口的。串口调试的一个主要缺点就是操作不方便，且没有发挥出伽利略开发板上 Linux 系统提供的丰富的网络功能。通过网络连接建立嵌入式开发调试环境会更方便和灵活。本节介绍通过以太网和 WiFi 连接将伽利略开发板接入开发调试环境的方法。

4.3.1 通过以太网络访问伽利略系统

伽利略开发板的 Linux 系统已经集成了板上网卡的驱动程序，使用网卡前需要利用控制台串口给网卡配置 IP 地址和路由信息。

1. 伽利略开发板的以太网配置

首先，需要通过控制台串口登录伽利略开发板。采用 PuTTy 工具，按照 4.1.1 节介绍的内容配置串口波特率，然后连接到开发板，用 root 账户进入板上 Linux 系统。

然后，使用 Linux 命令行配置开发板 IP 地址。由于这里只需要将主机和开发板相连，因此暂时不需要配置网关信息。在命令行界面下直接输入启用 IP 地址并检查 IP 的命令：

```
ifup eth0 192.168.2. 168
ifconfig
```

如果 IP 地址配置正常，则继续用 telnetd 命令启动 Telnet 服务，这时通过 ps 命令检查进程可以看到 telnetd 服务进程已经启动了。

伽利略开发板的 IP 地址和 Telnet 服务器启动完成后，就可以从主机来访问开发板。用标准 RJ45 以太网线连接以太网接口，注意两者 IP 地址要在相同网段(这里的子网掩码为 255.255.255.0)，如图 4-17 所示。连接完成后，在主机上用 ping 命令检查物理连通性是否正常。

192.168.2.168

图 4-17 以太网连接主机和伽利略开发板

上述连接和检查都正确无误后，就可以开始在主机端启动 Telnet 来访问开发板了。仍然启动 PuTTy 工具，选择 Telnet 功能，将 IP 地址项设置为伽利略开发板的 IP 地址，单击“Open”按钮开始通过 Telnet 远程操作伽利略开发板，如图 4-18 所示。

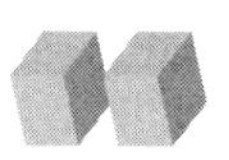

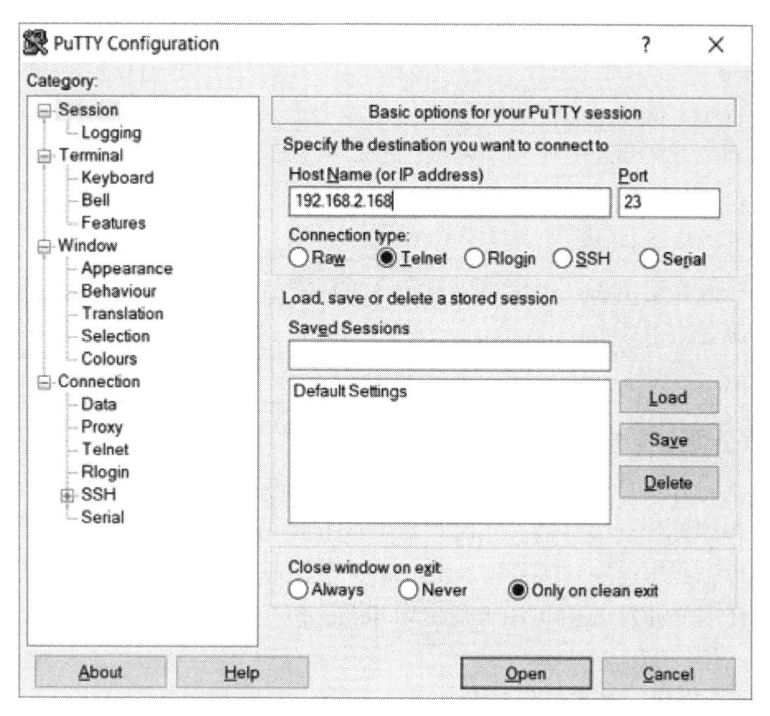

图 4-18　PuTTy 工具中 Telnet 配置

为了操作和使用的方便，开发板也常常被连接到局域网中，通过交换机或路由器对嵌入式开发板进行远程操作，这样更能够体现网络连接的优越性。使用局域网连接时，要将开发板接入一个交换机或者路由器的网络接口上，如图 4-19 所示。

图 4-19　通过 LAN 访问开发板

伽利略开发板缺省路由应该设置为路由器的 IP 地址。假设图 4-19 中的路由器的 IP 地址为 192.168.2.1，在 Linux 下可以用以下网络命令进行 IP 地址和默认网关的配置：

```
ifconfig eth0 192.168.2.168 netmask 255.255.255.0
route add default gw 192.168.2.1
```

上述配置完成后，伽利略开发板就可以从主机上进行访问了。但是重新启动后，上述网络信息会丢失，需要再次配置。为了下次开发板加电启动时仍然能够保证上述的网络配置，并且保证 Telnet 服务已启用，需要在 Linux 配置文件/etc/network/interfaces 中进行静态 IP 的配置。首先通过 vi 命令编辑文件 etc/network/interfaces，将文件中有关 eth0 的配置行修改成如下内容：

```
# The primary network interface
auto eth0
iface eth0 inet static
address 192.168.2.168
gateway 192.168.2.1
netmask 255.255.255.0
```

保存文件修改并退出后，再使用以下命令重启网络，即可在开发板上永久使用这一网络配置，具体命令如下：

```
/etc/init.d/networking restart
```

2. 用远程登录工具访问伽利略开发板

一种远程访问方式是采用Telnet程序。Telnet协议是Internet远程登录服务的标准协议，提供了Telnet程序连接到服务器。在客户端主机上的Telnet程序中输入的命令会传输到服务器上运行，可以在本地控制服务器。要开始一个Telnet会话，必须输入用户名和密码来登录服务器。使用PuTTy工具可以方便地用Telnet接入嵌入式开发板，具体的配置方式可以参考图4-18中的方法。

Telnet程序中提供的基本操作命令如表4-1所示。

表4-1　Telnet基本操作命令

命　令	功 能 描 述
help	联机求助
open	后接IP地址或域名即可进行远程登录
close	正常结束远程会话，回到命令方式
display	显示工作参数
mode	进入行命令或字符方式
send	向远程主机传送特殊字符(键入send?可显示详细字符)
set	设置工作参数(键入set?可显示详细参数)
status	显示状态信息
toggle	改变工作参数(键入toggle?可显示详细参数)
^]	换码符(escape character)，在异常情况下退出会话，回到命令方式
quit	退出Telnet，返回本地机
z	使Telnet进入暂停状态
<cr>;	结束命令方式，返回Telnet的会话方式

由于安全性方面的考虑，许多服务器应用中都禁用Telnet服务，但有时又需要远程登录到服务器上进行操作，此时可以选择SSH协议进行连接。

SSH远程登录方式可以理解成带有安全加密方式的Telnet。Telnet将用户的所有内容，包括用户名和密码以明文形式在互联网上传送，具有安全隐患。因此更多的远程登录选择具有加密功能的SSH(Secure Shell)程序。服务端程序是运行在伽利略开发板上的守护进程sshd，在后台运行并响应客户端发送的连接请求。客户端包含SSH程序以及SCP(远程拷贝)、Slogin(远程登录)、SFTP(安全文件传输)等应用程序。SSH 的工作机制基本上都是先从本地客户端发送一个连接请求到远程服务端，服务端检查申请的包和IP地址后再发送密钥给客户端，最后本地客户端再将密钥发回给服务端，就可以建立起一个加密的安全链接。由于伽利略开发板的SD卡操作系统提供了SSH服务，因此PuTTy工具可以直接与伽利略开发板建立SSH安全连接。

PuTTy进行SSH登录的方式如图4-20所示，在登录界面选择连接类型“SSH”后就可以登录。使用SSH连接到远端服务器后，可以像Telnet中的操作一样对服务器进行各种命令行的操作。

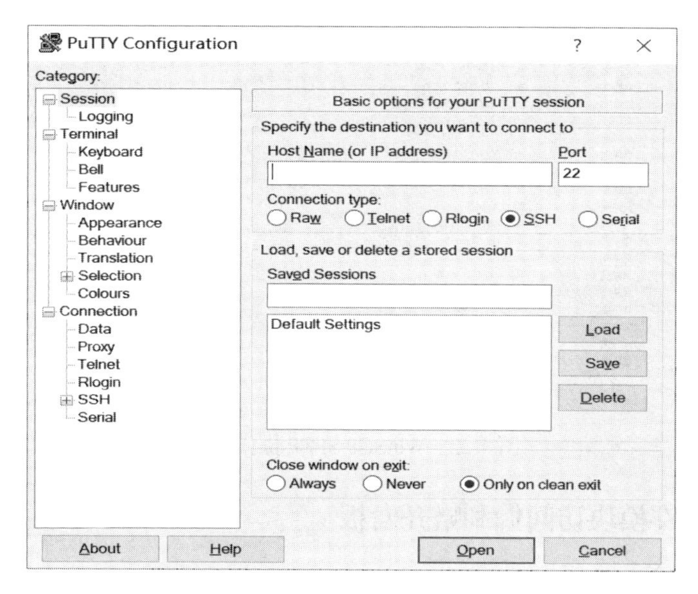

图4-20　PuTTy中进行SSH连接

通过SSH守护进程，伽利略开发板也支持远程文件传输功能，在Windows系统下打开WinSCP(Windows Secure Copy)开源图形化SFTP客户端工具，就可以进行安全复制和文件编辑操作，WinSCP登录界面如图4-21所示。

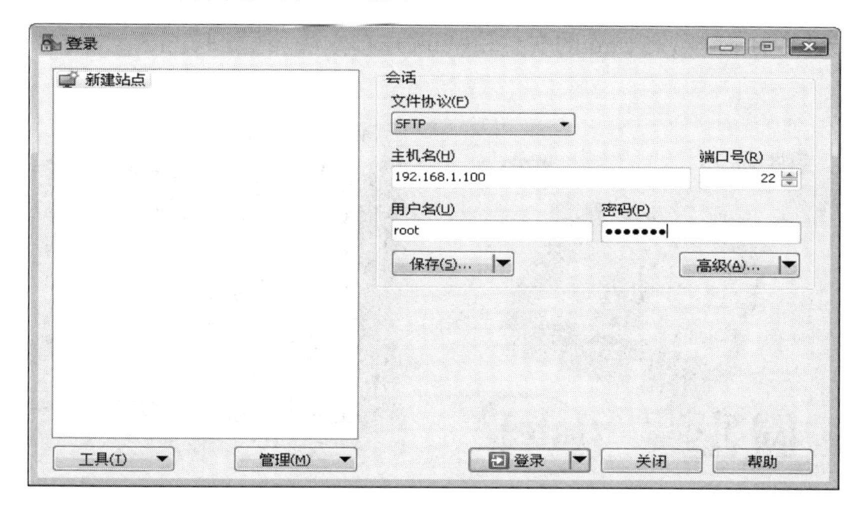

图4-21　WinSCP登录界面

设置好参数后，单击登录按钮进入伽利略 Linux 系统，WinSCP SFTP 操作界面如图 4-22 所示。图中左边显示的是本机 Windows 系统的文件目录，右边则显示伽利略开发板上的 Linux 文件系统，通过此窗口可以在两个系统之间拖拽文件进行拷贝。

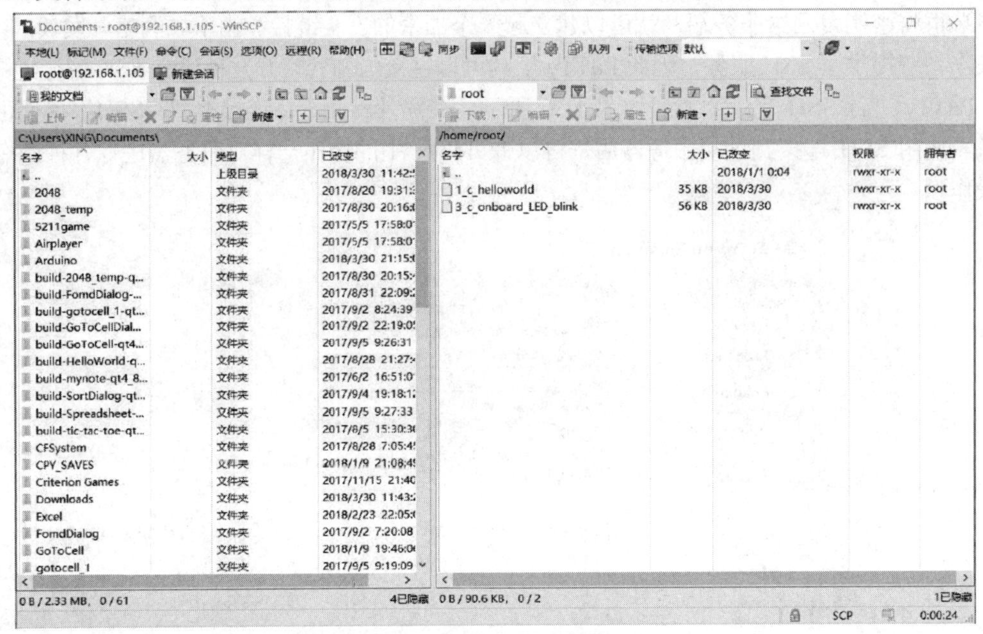

图 4-22　WinSCP SFTP 操作界面

4.3.2　通过 WiFi 模块访问伽利略开发板

伽利略开发板的 SD 卡 Linux 映像在内核编译时已经提供了无线 WiFi 模块驱动程序。因此，通过加载相应的 WiFi 模块可以方便地启用 WiFi 连接进行系统开发。默认支持的 WiFi 和蓝牙模块包括英特尔 Centrino® Wireless-N 135 card、英特尔 Centrino® Dual Band Wireless-N 7260 (Dual Band WiFi, 2.4 and 5 GHz)和英特尔 Centrino® Advanced-N 6205 WiFi Radio Module (Dual Band WiFi, 2.4 and 5 GHz)。

本节介绍 Wirless-N 135 card 的安装和 WiFi 连接方法，这款 WiFi 模块的外观如图 4-23 所示。

图 4-23　英特尔® Centrino® Wireless-N 135 模块

在安装 WiFi 网卡模块时，需要通过伽利略开发板背面的 Mini PCIe 接口来连接 WiFi 模块。

首先，在连接网卡前需要将 WiFi 模块与散热板连接，如图 4-24 所示。

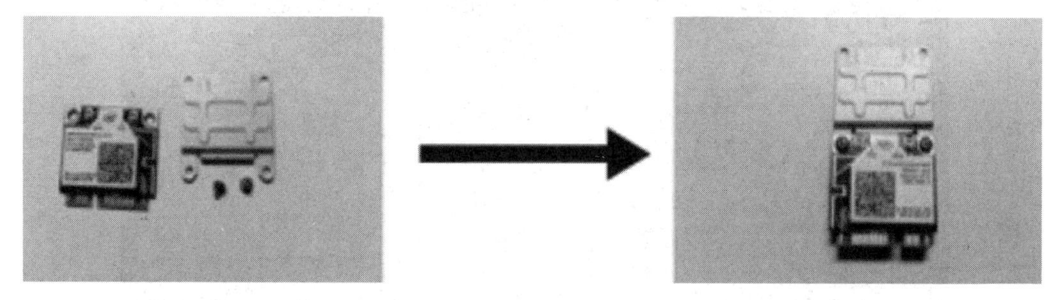

图 4-24　WiFi 网卡安装步骤一

其次，先将伽利略开发板关电并移除所有的连线；然后在板子背面找到 Mini PCI Express 插槽(Mini PCI-E 接口)；将装配好的 WiFi 模块以一个小角度插入该接口，下压直到听到“咔”的一声，说明已经正常安装；最后重新连接伽利略开发板的电缆并加电，如图 4-25 所示。

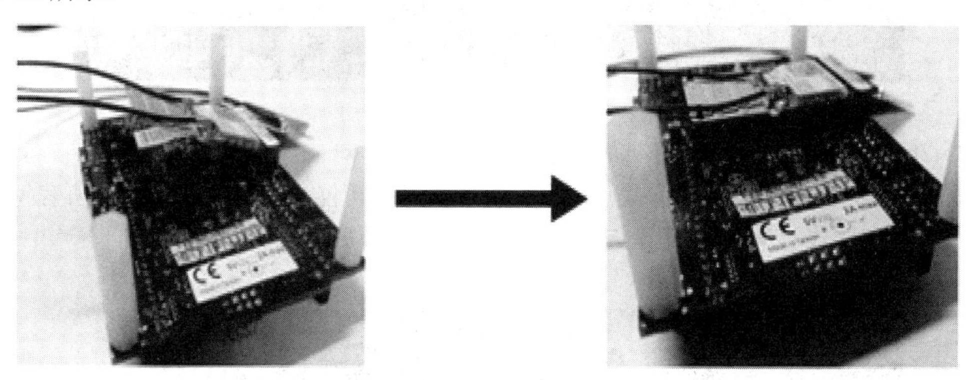

图 4-25　WiFi 网卡安装步骤二

接下来，就需要对无线网卡进行驱动配置，并建立无线连接，可按照如下的步骤进行：

(1) 通过 PuTTy 软件连接控制台串口，登录到伽利略开发板，输入账号与密码获取 root 权限，进入板上嵌入式 Linux 系统，如图 4-26 所示。

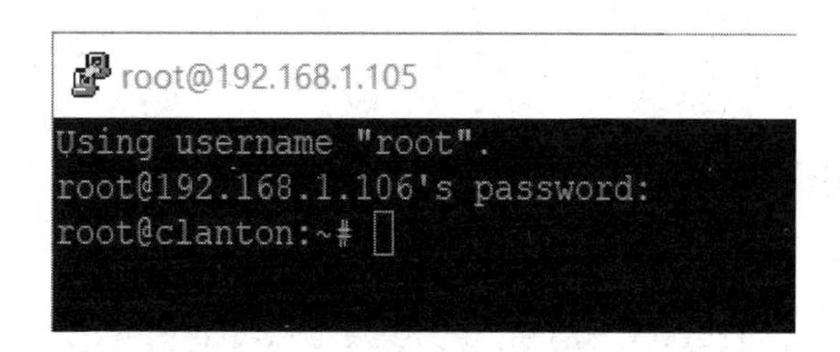

图 4-26　登录伽利略开发板的 Linux 系统

(2) 启动 WiFi 无线网卡。输入网卡启动命令“ifconfig wlan0 up”，并查看网络状态，如图 4-27 所示。如果观察到如图中的 wlan0 设备，说明网卡已经启动，可以执行后续的步骤；如果没有发现 wlan0，可查看上面步骤是否错误，比如检查开发板是否从 SD 卡系统启动以及无线网卡安装是否正确等。

```
root@192.168.1.105
root@clanton:~# ifconfig wlan0 up
root@clanton:~# ifconfig
eth0      Link encap:Ethernet  HWaddr 98:4F:EE:01:43:8B
          inet addr:192.168.1.106  Bcast:255.255.255.255  Mask:255.255.255.0
          inet6 addr: fe80::9a4f:eeff:fe01:438b/64 Scope:Link
          UP BROADCAST RUNNING MULTICAST  MTU:1500  Metric:1
          RX packets:10717 errors:0 dropped:54 overruns:0 frame:0
          TX packets:8262 errors:0 dropped:0 overruns:0 carrier:0
          collisions:0 txqueuelen:1000
          RX bytes:1316242 (1.2 MiB)  TX bytes:1158185 (1.1 MiB)
          Interrupt:40 Base address:0x8000

lo        Link encap:Local Loopback
          inet addr:127.0.0.1  Mask:255.0.0.0
          inet6 addr: ::1/128 Scope:Host
          UP LOOPBACK RUNNING  MTU:65536  Metric:1
          RX packets:139 errors:0 dropped:0 overruns:0 frame:0
          TX packets:139 errors:0 dropped:0 overruns:0 carrier:0
          collisions:0 txqueuelen:0
          RX bytes:23085 (22.5 KiB)  TX bytes:23085 (22.5 KiB)

wlan0     Link encap:Ethernet  HWaddr 0C:D2:92:BA:D0:1F
          UP BROADCAST MULTICAST  MTU:1500  Metric:1
          RX packets:0 errors:0 dropped:0 overruns:0 frame:0
          TX packets:0 errors:0 dropped:0 overruns:0 carrier:0
          collisions:0 txqueuelen:1000
          RX bytes:0 (0.0 B)  TX bytes:0 (0.0 B)

root@clanton:~# 
```

图 4-27　无线网卡设备的启动

(3) 用 iwlist 命令查找 WiFi 列表。输入命令“iwlist wlan0 scan”搜索附近 WiFi，显示结果如图 4-28 所示。由于 WiFi 采用的是广播方式，有可能一次搜索不能显示所有 WiFi，并且部分加密格式的 WiFi 可能无法搜索到，这时建议开启手机热点进行测试。

```
root@192.168.1.105
root@clanton:~# iwlist wlan0 scan
wlan0     Scan completed :
          Cell 01 - Address: 70:BA:EF:AE:DD:52
                    Channel:11
                    Frequency:2.462 GHz (Channel 11)
                    Quality=27/70  Signal level=-83 dBm
                    Encryption key:off
                    ESSID:"xd-yixun"
                    Bit Rates:1 Mb/s; 2 Mb/s; 5.5 Mb/s; 6 Mb/s; 9 Mb/s
                              11 Mb/s; 12 Mb/s; 18 Mb/s
                    Bit Rates:24 Mb/s; 36 Mb/s; 48 Mb/s; 54 Mb/s
                    Mode:Master
                    Extra:tsf=00000556ca0a8132
                    Extra: Last beacon: 270ms ago
                    IE: Unknown: 000878642D796978756E
                    IE: Unknown: 010882848B0C12961824
                    IE: Unknown: 03010B
                    IE: Unknown: 050400010000
                    IE: Unknown: 0706434E49010D14
                    IE: Unknown: 2A0100
                    IE: Unknown: 32043048606C
                    IE: Unknown: 2D1AEC1103FFFF0000000000000000000000000000000000000000
                    IE: Unknown: 3D160B08040000000000000000000000000000000000000
                    IE: Unknown: DD180050F2020101800003A4000027A4000042435E0062322F00
                    IE: Unknown: DD1E00904C33EC1103FFFF00000000000000000000000000000000000000000
                    IE: Unknown: DD1A00904C340B080400000000000000000000000000000000000
          Cell 02 - Address: 70:BA:EF:AE:DD:51
                    Channel:11
                    Frequency:2.462 GHz (Channel 11)
                    Quality=27/70  Signal level=-83 dBm
                    Encryption key:off
                    ESSID:"xd-wlan"
                    Bit Rates:1 Mb/s; 2 Mb/s; 5.5 Mb/s; 6 Mb/s; 9 Mb/s
                              11 Mb/s; 12 Mb/s; 18 Mb/s
                    Bit Rates:24 Mb/s; 36 Mb/s; 48 Mb/s; 54 Mb/s
                    Mode:Master
```

图 4-28　用 iwlist 命令搜索 WiFi 的 SSID 列表

(4) 用 wpa_passphrase 命令设置需要连接 WiFi 的名称及密码，如图 4-29 所示。图中使用的 409A 是 SSID 名称，02988202073lk 为 WiFi 密码。这两个数据根据实际配置情况进行替换。

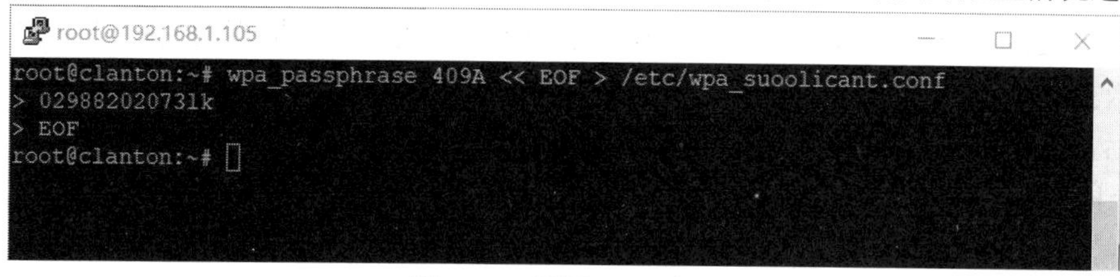

图 4-29 设置 WiFi 密码

(5) 连接 WiFi。输入命令“ifup wlan0”，WiFi 网卡将启动并自动获取 IP 地址，当显示有“started”字样时，说明 WiFi 网卡已经启动成功。

4.4 实验设计：伽利略开发板基本操作实验

一、实验目的

熟悉伽利略开发板基本安装和配置，掌握通过控制台串口和网络访问开发板的方法，为后续使用伽利略开发平台做好准备。

二、实验内容

(1) 熟悉伽利略开发板由 SPI Flash 加电启动的步骤，通过串口访问开发板的 Linux 系统。

(2) 熟悉 Linux image 的 SD 启动卡制作，掌握由 SD 卡启动系统的方法。

(3) 掌握伽利略开发板调试串口安装与固件更新办法。

(4) 掌握通过以太网络接口直接访问以及通过路由器访问伽利略开发板的方法。

(5) 掌握无线网卡的配置和连接步骤。

三、 实验设备及工具

伽利略开发板 1 代(电源适配器 5 V)或 2 代(电源适配器 12 V)；主机一台(Windows)，PuTTy 工具软件，32G 容量的 MicroSD 卡；3.5 mm 音频接口转 USB 串口线，USB-RS232 转换器；FTDI 接口转 USB 接口数据线；Micro-C USB 串口线；RJ45 百兆接口网线，TPLink 或其他型号的路由器。

四、实验步骤

1. 安装控制台串口驱动

笔记本一般都不具备 COM 串口设备，因此需要通过 USB 进行转接。首先，将 USB—串口转接头连接在笔记本电脑的 USB 口；然后，在笔记本电脑安装 USB—串口转换器的驱动。本实验采用购买时自带的配套驱动文件，在设备管理器中进行安装。根据所采用的 USB—串口转接头的芯片型号，将会在设备管理器的串口设备中进行串口设备的显示。

2. 启动并访问伽利略开发板

由 SPI Flash 启动伽利略开发板，并通过控制台串口访问开发板进行这一步操作时，首先要用音频串口线连接开发板与主机的转换头，并插入 MicroSD 卡到伽利略开发板的 SD

卡槽。

其次，连接开发板电源。注意 1 代板要使用 5 V 电源，2 代板则使用 12 V 的电源。这时观察板上的 LED 灯点亮，说明系统已经加电启动。

最后，在主机上打开 PuTTy 软件，选择串口连接模式，波特率设置为 115 200，点击 Open 按钮开始连接开发板。从 PuTTy 窗口中能够看到板上 Linux 的运行情况，在 Shell 提示符下输入账号 root，无密码可登录嵌入式 Linux 系统。

这时，通过串口就可以直接操作伽利略开发板了。

3. Linux image 的 SD 启动卡制作

本实验中使用英特尔网站上的伽利略开发板 SD 卡映像来启动开发板。

(1) 从英特尔网站下载预编译的 Yocto Linux 映像，下载地址为 https://downloadcenter.intel.com/download/26418/intel-galileo-Board-Support-Package。

本实验中，选择下载 Galileo_Poky_SW_image_20160606.zip 文件，并解压到本地，得到后缀为.direct 的文件，如图 4-30 所示。

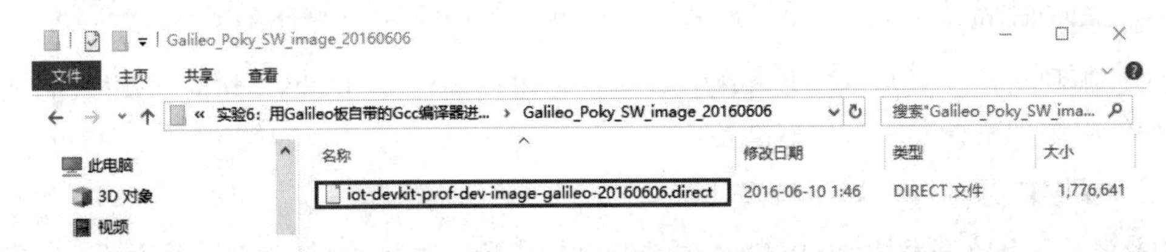

图 4-30 解压后的安装文件

(2) 下载并安装 Win32DiskImager 软件。下载地址为 https://sourceforge.net/projects/win32diskimager。

(3) 使用读卡器将 MicroSD 卡连接到开发主机。以管理员权限运行 Win32DiskImager。在 Win32 Disk Imager 中，点击文件夹图标来选择要载入的映像文件。可以在文件类型下拉列表中选择 *.* 以便查看所有文件。

选择之前解压缩的 .direct 文件并打开，从“设备”下拉列表中选择 MicroSD 卡的设备驱动器。

注意：务必选择正确的设备驱动器。选择错误的驱动器可能会致该驱动器上的数据被删除。

单击“写入”按钮，然后等待写入过程完成，此过程可能需要 5～10 min。完成写入过程后，单击“退出”按钮以关闭 Win32 Disk Imager。这时已经完成了 SD 卡启动系统制作，可以插入伽利略开发板。当开发板上电时会自动使用 SD 卡上的 Linux 映像进行启动。

可以按照 4.1.2 小节中给出的方法，检测 SD 卡操作系统是否启动成功。如果输出显示是新的版本时间，则说明 SD 卡 Linux 系统启动正常。

4. 伽利略开发板调试串口的驱动安装与固件更新

伽利略开发板上的调试串口使用 USB Client 接口，用来进行固件的更新下载、Arduino 开发中的 Sketch 程序的烧写、Arduino 的 Serial 串口类的信息输出的观察等。进行固件更新时要先进行调试串口驱动的安装，具体步骤如下：

(1) 从英特尔网站上下载固件更新软件和串口驱动程序，下载地址为 https://

downloadcenter.intel. com/download/26417?v=t，得到两个压缩文件，分别对其进行解压。压缩文件如下：

① 固件更新包：Galileo FirmwareUpdater-1.1.0-Windows.zip。

② 串口驱动包：Galileo WindowsSerial-Drivers.zip。

(2) 进行驱动安装准备，包括拔掉电源和所有连接在板上的 USB cable，并移除 SD 卡。移除 SD 卡为必需步骤，否则由于 SD 卡系统的运行或者 Arduino 程序的运行会导致固件升级的失败。

(3) 开始准备驱动安装。一定要先连接电源，再把 USB cable 连接到 USB client 端口，以免硬件的损坏。连接电源和 USB 需要等待 10 s，然后打开电脑设备管理器，在 Ports(COM&LPT)中可以看到端口 Gadget Serial V2.4，然后右键点击并选择更新驱动软件，在下载文件的位置选择文件 linux cdc-acm.inf 进行安装。驱动安装成功后会出现 Galileo (COMx)设备，如图 4-31 所示。

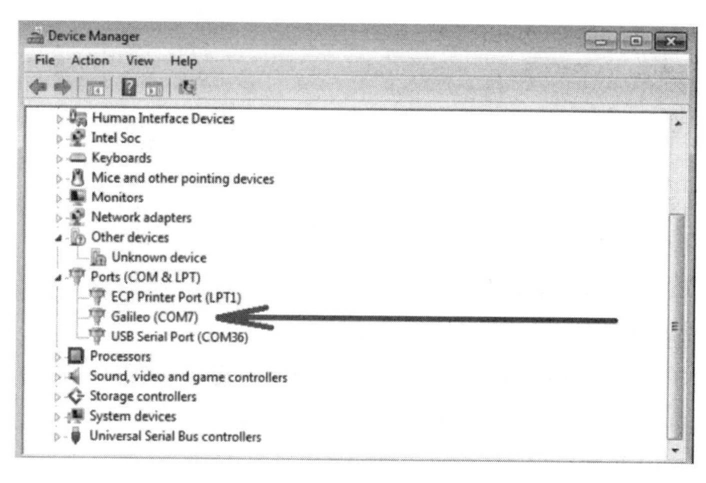

图 4-31　调试串口驱动安装成功的状态

(4) 进入到固件更新包的文件目录，运行下载的固件升级器软件，选择正确的串口连接到伽利略开发板，点击 Update Firmware 进行更新。

(5) 断开调试串口连接的 USB 线，连接上控制台串口的音频转串口线，并插入 SD 启动卡，检测升级固件是否正常。运行 PuTTy 工具，设置串口通信，在“Serial line”中改为实际控制台串口的端口号。

(6) 单击 Open 按钮后，会出现黑色界面，然后连接上电源线，此时 SD 卡上的系统就会自动运行，可以看到启动界面后，待出现登录界面后，输入用户名及密码就可以进入 Liunx 系统了，在出厂默认下用户名为 root，并且没有设置密码。

5. 通过以太网接口登录伽利略开发板

通过以太网接口登录伽利略开发板的步骤如下：

(1) 通过开发板的控制台串口与主机连接并加电，主机可以使用 PuTTy 工具连接开发板，登录方式如步骤 4。

(2) 进入登录界面后，输入用户名及密码进行登录。在出厂默认下用户名为 root，并且没有设置密码。

(3) 登录后为开发板启用 IP 地址。首先查看主机的 IPv4 地址为 169.254.xxx.xxx，对应的为开发板分配一个地址 169.254.1.1，IP 地址的设置方式参考 4.3.1 小节。

(4) 用网线连接主机与开发板，用 ping 命令检查网络是否连通。在主机运行 PuTTy 工具进行 SSH 登录，IP 地址为伽利略开发板的 IP 地址，设置如图 4-32 所示。

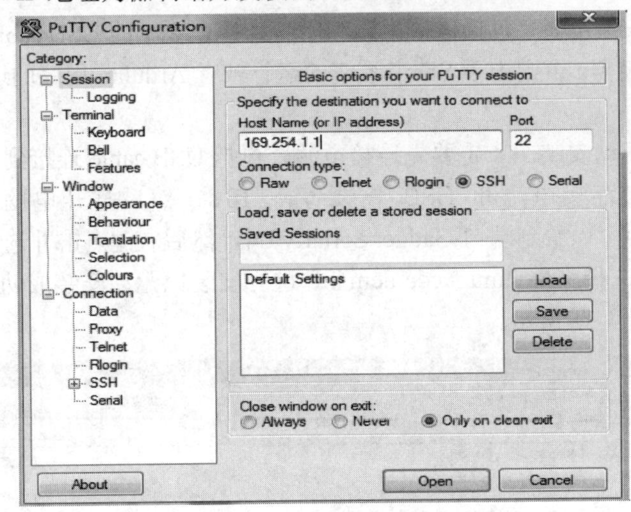

图 4-32 SSH 的登录方式

(5) 登录界面输入 root 进入系统，通过 SSH 远程操作开发板。

6. 通过路由器连接伽利略开发板

通过路由器连接伽利略开发板的步骤如下：

(1) 将笔记本电脑通过动态 IP 地址分配(DHCP)的方式接入路由器。打开 Windows 控制台窗口，用 ipconfig 命令检查本机 IP 地址和网关地址，如图 4-33 所示。路由器的 DHCP 网关地址是 192.168.0.1/24。

```
管理员: Windows PowerShell
Windows PowerShell
版权所有 (C) Microsoft Corporation。保留所有权利。

尝试新的跨平台 PowerShell https://aka.ms/pscore6

PS C:\Windows\system32> ipconfig /all        <== 输入命令

Windows IP 配置

   主机名 . . . . . . . . . . . . . : LAPTOP-FM7LRB35
   主 DNS 后缀 . . . . . . . . . . . :
   节点类型 . . . . . . . . . . . . : 混合
   IP 路由已启用 . . . . . . . . . . : 否
   WINS 代理已启用 . . . . . . . . . : 否

无线局域网适配器 WLAN:

   连接特定的 DNS 后缀 . . . . . . . :
   描述. . . . . . . . . . . . . . . : Intel(R) Wireless-AC 9560 160MHz
   物理地址. . . . . . . . . . . . . : C8-09-A8-B5-21-A6
   DHCP 已启用 . . . . . . . . . . . : 是
   自动配置已启用. . . . . . . . . . : 是
   本地链接 IPv6 地址. . . . . . . . : fe80::1940:1b98:3047:b3d9%17(首选)
   IPv4 地址 . . . . . . . . . . . . : 192.168.0.101(首选)   <== 主机电脑的IP地址
   子网掩码 . . . . . . . . . . . . : 255.255.255.0
   获得租约的时间 . . . . . . . . . : 2020年4月4日 8:02:25
   租约过期的时间 . . . . . . . . . : 2020年4月4日 10:45:26
   默认网关. . . . . . . . . . . . . : 192.168.0.1   <== 接入路由器的IP地址
   DHCP 服务器 . . . . . . . . . . . : 192.168.0.1
   DHCPv6 IAID . . . . . . . . . . . : 164104616
   DHCPv6 客户端 DUID . . . . . . . : 00-01-00-01-26-07-16-C6-00-6F-00-00-03-9C
   DNS 服务器 . . . . . . . . . . . : 192.168.0.1
   TCPIP 上的 NetBIOS . . . . . . . : 已启用

以太网适配器 以太网 2:

   媒体状态 . . . . . . . . . . . . : 媒体已断开连接
   连接特定的 DNS 后缀 . . . . . . . :
   描述. . . . . . . . . . . . . . . : TeamViewer VPN Adapter
   物理地址. . . . . . . . . . . . . : 00-FF-54-47-E6-61
```

图 4-33 路由器网关地址的获取

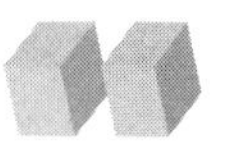

(2) 将伽利略开发板的 IP 地址也设置成 192.168.0.x 网段的 IP 地址，且不与主机相同。为了避免与 DHCP 地址池中的地址冲突，可以设置为较大的 IP 地址，如 192.168.0.254，子网掩码为 255.255.255.0，缺省网关为 192.168.0.1。

(3) 将伽利略开发板的以太网口与路由器的 LAN 口相连，如果连接正常，则继续在主机上启动 PuTTy 工具，这时就可以用 Telnet 或者 SSH 进行访问了。

7. 伽利略开发板的 WiFi 连接

通过 WiFi 连接伽利略开发板的步骤如下：

(1) 安装 WiFi 网卡，重启伽利略开发板。

(2) 通过控制台串口或者以太网络登录伽利略开发板。

(3) 在命令行输入命令“lspci -k |grep -A 3 -i "network"”来验证网卡适配器，如果显示如图 4-34 中的网卡信息，说明无线网卡已经安装成功。

```
1 root@galileo:# lspci -k | grep -A 3 -i "network"
2 01:00.0 Network controller: Intel Corporation Centrino Wireless-N 135 (rev
3               Subsystem: Intel Corporation Centrino Wireless-N 135 BGN
4               Kernel driver in use: iwlwifi
```

图 4-34　检查无线网卡安装

(4) 使用嵌入式 WiFi 管理器 connman 建立 WiFi 的连接，包括 connmanctl、enable wifi 和 scan wifi 这三个命令。其中，命令 connmanctl 用来管理 WiFi 设置；命令 enable wifi 用来验证 WiFi 启动；命令 scan wifi 用来扫描 WiFi 连接。

(5) 运行 services 命令，将返回所有的网络连接，本实验使用 MyNET1 的 SSID 连接，如图 4-35 所示。

```
1 connmanctl> services
2       *AO Wired   ethernet_000000000000_cable
3      MyNET1     wifi_dc85de828967_38303944616e69656c74_managed_psk
4        OtherNet2  wifi_dc85de828967_3257495245363836_managed_wep
5      [...]
```

图 4-35　搜索全部 WiFi 连接

(6) 用 agent on 命令打开代理，以便能够连接到安全的 WiFi 网络，如图 4-36 所示。键入命令 agent on，然后输入命令 connect 和所需连接 WiFi 的字符串(以 wifi_开头，以 managed_psk 结尾)。根据不同的 WiFi 连接，WiFi 字符串会有所不同。

```
1 connmanctl> agent on
2       Agent registered
3 connmanctl> connect wifi_dc85de828967_38303944616e69656c74_managed_psk
4       Agent RequestInput wifi_0cd2926de3ae_486f6d65574c414e_managed_psk
```

图 4-36　通过代理连接 WiFi

(7) 输入 MyNet1 的密码，在 Passphrase? 字段后面输入需要的 WiFi 密码，如图 4-37 所示，然后等待建立连接，当显示“link becomes ready”信息显示时，说明连接已经正常建立了，如图 4-38 所示。

```
1 Passphrase = [ Type=psk, Requirement=mandatory ]
2       Connected wifi_dc85de828967_38303944616e69656c74_managed_psk
3       Passphrase? <passphrase goes here>
```

图 4-37　为 WiFi 连接设置密码

```
1 [  928.015714] wlp1s0: authenticate with aa:bb:cc:dd:ee:ff
2 [  928.060155] wlp1s0: capabilities/regulatory prevented using AP HT/VHT c
3 [  928.079977] wlp1s0: send auth to aa:bb:cc:dd:ee:ff (try 1/3)
4 [  928.087854] wlp1s0: authenticated
5 [  928.100157] wlp1s0: associate with aa:bb:cc:dd:ee:ff (try 1/3)
6 [  928.116202] wlp1s0: RX AssocResp from aa:bb:cc:dd:ee:ff (capab=0x431 st
7 [  928.129111] wlp1s0: associated
8 [  928.132339] IPv6: ADDRCONF(NETDEV_CHANGE): wlp1s0: link becomes ready
```

图 4-38　WiFi 连接过程

(8) 通过键入 quit 命令退出 connman 控制台，输入命令 IP a，通过显示有效的 IP 地址来验证连接是否成功，如图 4-39 所示。

```
01 connmanctl> quit
02 root@galileo:# ip a
03 1: lo: <LOOPBACK,UP,LOWER_UP> mtu 65536 qdisc noqueue
04     link/loopback 00:00:00:00:00:00 brd 00:00:00:00:00:00
05     inet 127.0.0.1/8 scope host lo
06     inet6 ::1/128 scope host
07        valid_lft forever preferred_lft forever
08 2: enp0s20f6: <NO-CARRIER,BROADCAST,MULTICAST,UP> mtu 1500 qdisc pfifo_fas
09     link/ether 00:13:20:ff:14:43 brd ff:ff:ff:ff:ff:ff
10     inet 169.254.5.1/16 brd 169.254.255.255 scope link enp0s20f6:avahi
11     inet6 fe80::213:20ff:feff:1443/64 scope link
12        valid_lft forever preferred_lft forever
13 3: wlp1s0: <BROADCAST,MULTICAST,UP,LOWER_UP> mtu 1500 qdisc mq qlen 1000
14     link/ether aa:bb:cc:dd:ee:ff brd ff:ff:ff:ff:ff:ff
15     inet 192.168.0.2/24 brd 192.168.0.255 scope global wlp1s0
16     inet6 fe80::ed2:92ff:fe6d:f1d2/64 scope link
17        valid_lft forever preferred_lft forever
```

图 4-39　WiFi 连接验证与检查

接下来就可以使用无线连接来操作伽利略开发板了。

第五章　伽利略开发板 Arduino 开发技术

由于 Arduino 编程简洁、易用且开源的特点，越来越多的嵌入式开发板兼容 Arduino 接口并提供扩展功能。伽利略开发板也是英特尔在 Arduino 开发框架基础上的第一款嵌入式产品，底层的代码被全部重写，并且支持定制编译的 Yocto Linux 操作系统，同时使原先应用在 Arduino 中的代码可直接应用于伽利略开发板上。本章首先介绍伽利略开发板的 Arduino 安装、部署和开发编程方法，然后介绍在 Linux 内核上进行 Arduino 编程的开发编程原理。

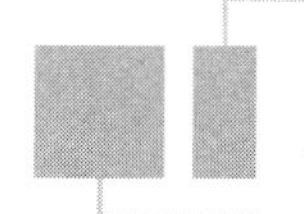

5.1　Arduino IDE 安装与部署

5.1.1　Arduino IDE 安装

从 Arduino 社区网站的下载页面 https://www.arduino.cc/en/Main/Software#中可以下载不同版本的 Arduino IDE 软件。如果是在 Windows 系统解压下载的 Arduino IDE 安装文件，进入文件目录就可以看到全部软件及源代码目录，如图 5-1 所示。单击 arduino.exe 文件，开始运行 IDE 环境。

名称	修改日期	类型	大小
drivers	2018/3/26 9:46	文件夹	
examples	2018/3/26 9:46	文件夹	
hardware	2018/3/26 9:46	文件夹	
java	2018/3/26 9:47	文件夹	
lib	2018/3/26 9:47	文件夹	
libraries	2018/3/26 9:46	文件夹	
reference	2018/3/26 9:46	文件夹	
tools	2018/3/26 9:47	文件夹	
tools-builder	2018/3/26 9:46	文件夹	
arduino	2018/1/3 15:33	应用程序	395 KB
arduino.l4j	2018/1/3 15:33	配置设置	1 KB
arduino_debug	2018/1/3 15:33	应用程序	393 KB
arduino_debug.l4j	2018/1/3 15:33	配置设置	1 KB
arduino-builder	2018/1/3 15:33	应用程序	3,214 KB
libusb0.dll	2018/1/3 15:33	应用程序扩展	43 KB
msvcp100.dll	2018/1/3 15:33	应用程序扩展	412 KB
msvcr100.dll	2018/1/3 15:33	应用程序扩展	753 KB
revisions	2018/1/3 15:33	文本文档	85 KB
wrapper-manifest	2018/1/3 15:33	XML 文档	1 KB

图 5-1　Arduino IDE 的安装文件目录

如果是在 Linux 系统的主机下安装 Arduino IDE，则可用 tar 工具解压 tar.gz 文件，具体命令如下：

```
tar -zxvf arduino-1.8.5-linux32.tar.gz
```

安装完成后，运行 Arduino 的命令如下：

```
sudo    ./arduino
```

运行 Arduino IDE 会进入开发环境窗口，如图 5-2 所示。

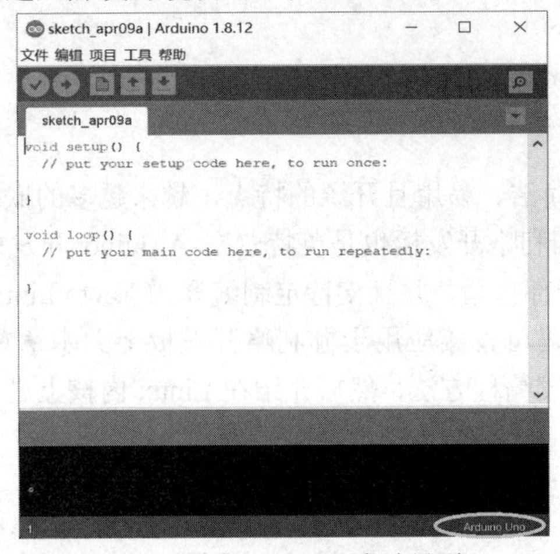

图 5-2　Arduino IDE 启动界面

5.1.2　Arduino IDE 部署

在伽利略开发板上配置部署 Arduino 开发环境，首先就需要下载开发板的支持包。在 Arduino IDE 启动界面窗口的右下角显示了当前 IDE 环境可以支持连接的开发板型号。在开始 Arduino 编程前，需要设置 IDE 环境支持伽利略开发板，步骤如下：

(1) 在窗口主菜单中单击工具→开发板：Arduino UNO→开发板管理器，进入开发板管理器窗口，如图 5-3 所示。

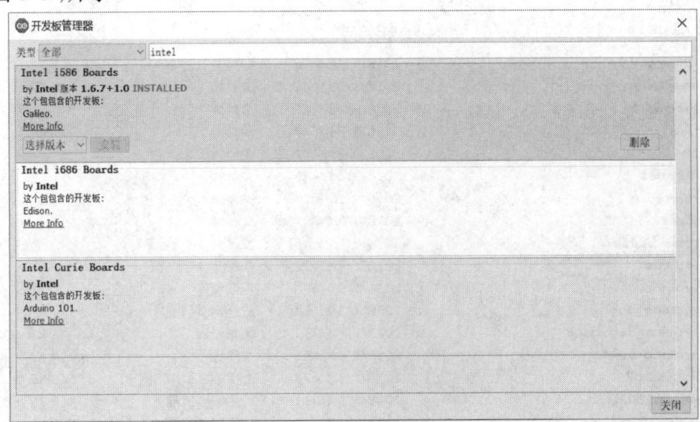

图 5-3　开发板管理器

(2) 在图 5-3 所示的搜索框中输入“intel”，会显示出英特尔提供的所有开发板型号，选择安装伽利略 1 代板或伽利略 2 代板的工具包 i586 boards 即可。

(3) 安装完成后，单击关闭按钮，重新进入 IDE 的主菜单，单击工具→开发板:…，选择 Intel Galileo 板，下拉菜单就会显示“开发板：英特尔伽利略”。回到 IDE 窗口，可以看到右下角已经显示“Intel Galileo”，说明 IDE 环境配置部署完成。

5.1.3　基本 Blink 程序测试 Hello World

在上述工作完成后，Arduino IDE 会用 Blink 例程做“Hello World”测试，该例程通过点亮引脚 13 上的 LED 表明整个 IDE 环境可以正常工作。

首先，通过调试串口将主机与伽利略开发板连接，用于烧写 Arduino 程序到开发板。

其次，打开 Arduino IDE 中工具栏的“Port”选项，确认当前使用串口号是调试串口。

然后，在主菜单中依次选择 File→Examples→01.Basics→Blink，可以看到程序被载入到 IDE 环境中，如图 5-4 所示。对 Blink 程序进行编译，可以直接单击工具栏上的对号图标，也可以从主菜单的“项目→验证/编译”开始，编译完成后的提示如图 5-5 所示。

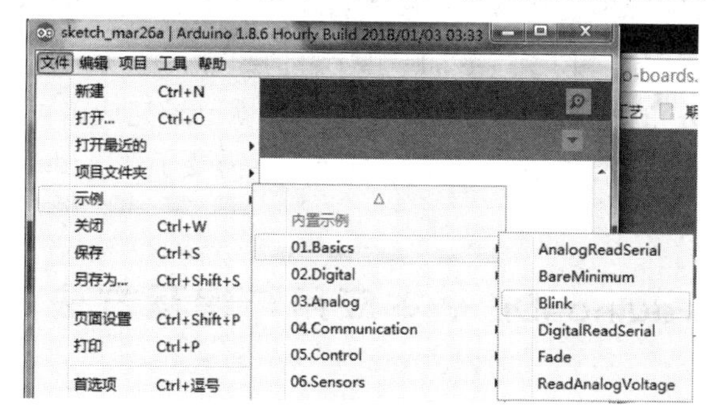

图 5-4　导入 Blink 程序

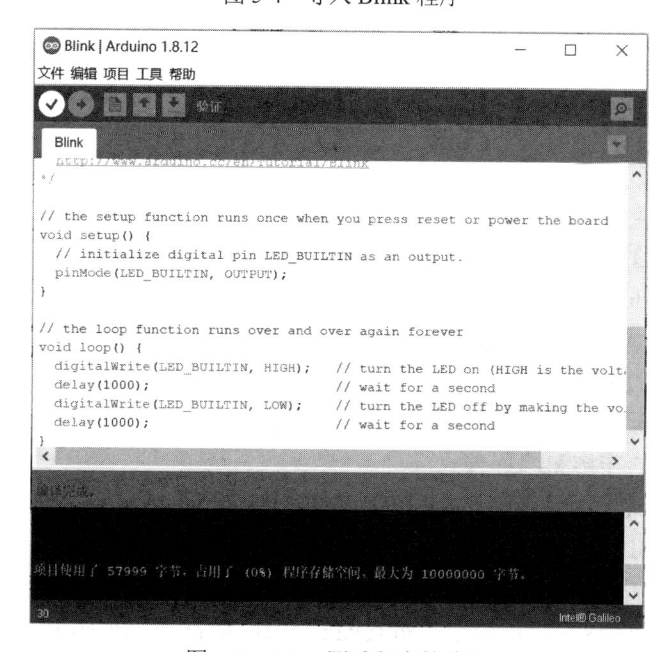

图 5-5　Blink 测试程序的编译

接下来，可以单击工具栏上的左箭头图标或者主菜单项目→上传，将编译好的可执行程序上传到开发板，并自动开始运行。

最后，观察开发板上引脚13所连接的LED灯的闪烁情况，如图5-6所示。若LED被点亮，则说明Aruino IDE与伽利略开发板连接正常，可以开始工作。

图5-5 Blink测试程序的LED指示

这时，Arduino IDE的交叉编译工作环境的验证就已经完成，可以开始进行应用开发。为了更好地使用Arduino进行伽利略开发板的开发，需要了解Arduino编程的软硬件原理。

5.2 Arduino IDE基本应用与编程方法

Arduino编程实质上就是使用C/C++编写程序。Arduino采用面向对象方式，利用C++类和对象封装硬件驱动程序，通过开源协作形成了 Arduino 类库，极大地简化了底层代码调用方式。

5.2.1 UNO引脚分配与复用方式

Arduino 硬件具有统一的接口协议，但有多个版本。伽利略开发板采用的是UNO3 版本，其引脚关系如图5-7所示。

可以看出，Arduino简化了输入/输出引脚数目，仅包括14个数字引脚(Pin0～Pin13)、6个模拟引脚(A0～A5)以及电源和其他引脚。数字和模拟引脚功能同时提供RS232、I^2C、SPI、PWM和中断功能的复用，复用方式可通过图5-7中的不同标识进行区分。伽利略开发板接口的复用关系严格按照UNO版本的规定进行设计，易于兼容其他符合UNO3标准的Arduino开发板的连接和编程方式。

在功能复用方式上，数字引脚0和1用于UART的RS232串口连接，一般用于控制台串口；I^2C串口的SDA和SCL引脚复用到了A4和A5，同时也与开发板的18、19引脚复用，这样是为了保持和AVR单片机版本的兼容性；SPI串口连接被复用到数字引脚10～13；引脚14～19是模拟输入引脚与数字引脚功能复用的；脉冲宽度调制PWM功能被复用到了数字引脚的3、5、6、9、10和11共6个；中断功能使用了数字引脚的2和3。如前所述，

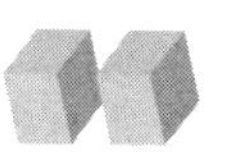

所有的复用功能都通过板上的 GPIO 扩展芯片和多路复用芯片进行连接，在 Arduino 库函数中进行设置。

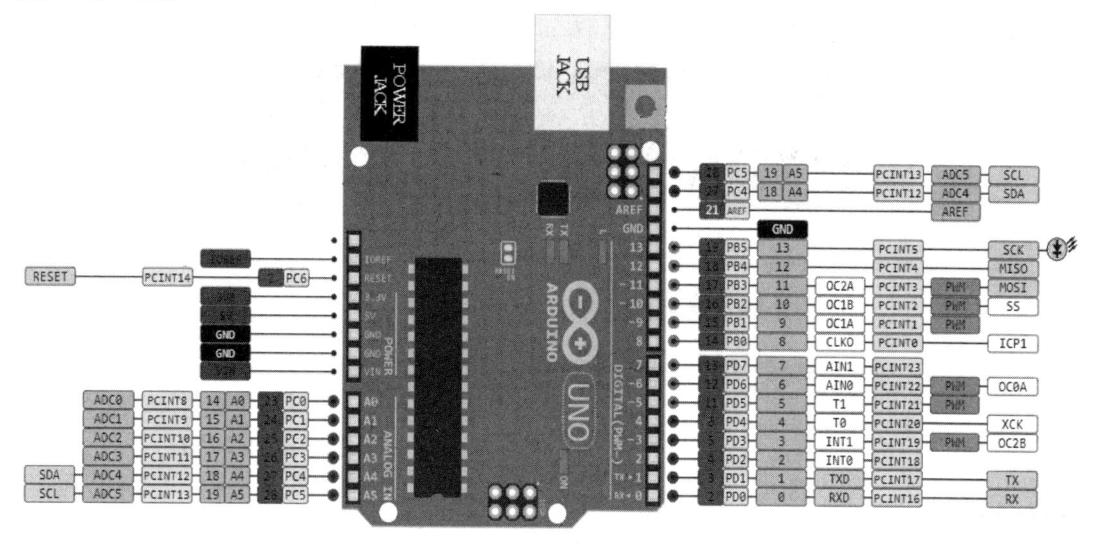

图 5-7　Arduino UNO 引脚示意图

在设计过程中可把 Arduino 开发板看成一个元件来简化系统原理图的描述，图 5-8 是对 Blink 程序的示例，图 5-8(a)是 Blink 程序源代码，图 5-8(b)给出相应的硬件电路连接。程序中 pinMode()函数设置数字引脚 13 为输出模式，在硬件上连接一个 LED 元件。将程序和电路对比起来看，能够体现 Arduino 编程的直观性和简易性。

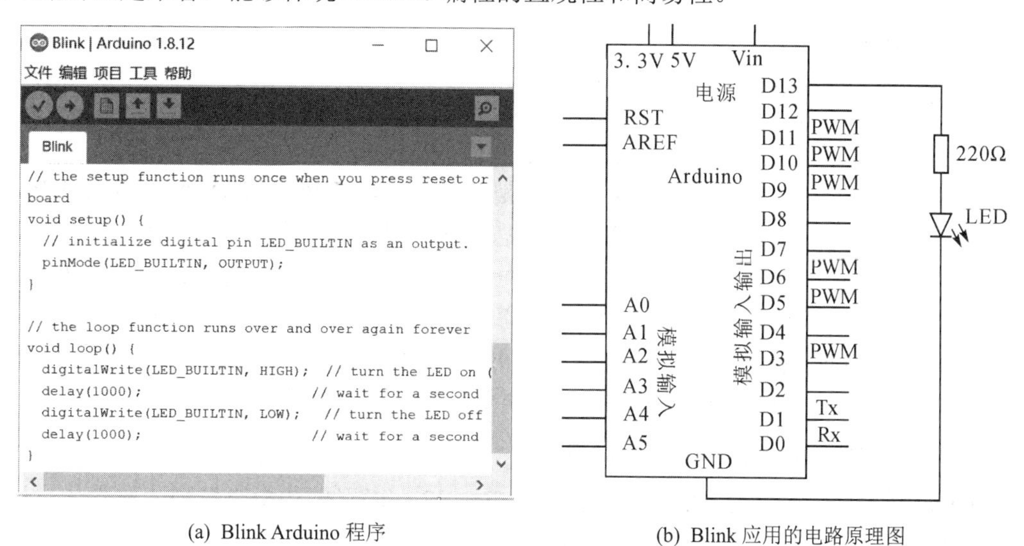

(a) Blink Arduino 程序　　　　(b) Blink 应用的电路原理图

图 5-8　Blink 引脚连接与对应编程

5.2.2　引脚模式配置与使用

对引脚的操作和使用是 Arduino 编程语言要解决的基本问题，这种简化的编程语言实际上是经过 C++ 类封装后的 API 调用函数，语法与 C/C++ 语法完全兼容，从而能够呈现给

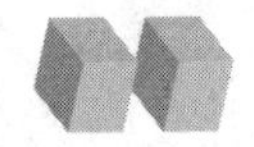

用户一种非常简洁易用的编程方式。

Arduino 编程的类库和 API 调用方法可以通过 IDE 工具提供的语言参考网页来查看，这个网页可以通过 IDE 开发环境主菜单的帮助→参考选项打开，如图 5-9 所示。

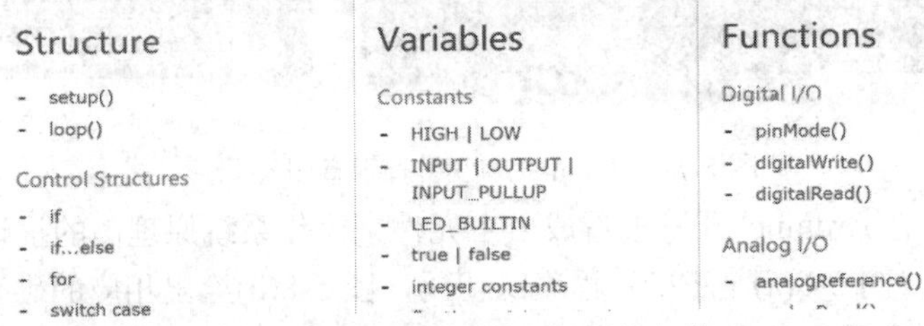

图 5-9 Arduino 语言参考

下面介绍数字引脚操作函数的使用方式。

1. pinMode()函数

pinMode()函数的语法格式为：

```
pinMode( pin, mode)
```

参数 pin 为数字 0～13；参数 mode 可以是 INPUT、OUTPUT 和 INPUT_PULLUP。

其中，数字引脚默认模式 INPUT 是高阻态，它适用于电容式触摸传感器、光电二极管读取和模拟传感器等任务。INPUT 态为引脚悬空未连接电路，易引入噪声。INPUT_PULLUP 模式接入 50～150 kΩ 的上拉电阻，该上拉电阻可由芯片寄存器进行控制。数字引脚 OUTPUT 模式为低阻抗输出态，可提供最大 40 mA 的电流。应注意处于 OUTPUT 态的引脚如果短路或大电流应用可能会损坏该输出引脚。

2. digitalWrite()和 digitalRead()函数

digitalWrite()用于向数字引脚写入数值，digitalRead()用来从指定引脚读取数值，这两个函数的语法格式为：

```
digitalWrite(pin, value)
digitalRead (pin)
```

digitalWrite()为数字引脚写，digitalRead()为数字引脚读。参数 pin 仍然是数字 0～13；参数 value 为 HIGH 或 LOW。需要注意的是，在引脚处于输入模式下，digitalWrite()将启用(高电平)或禁用(低电平)输入引脚上的内部上拉功能；如果引脚没有连接任何负载电路，则

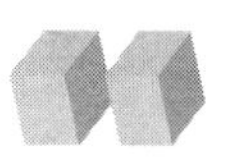

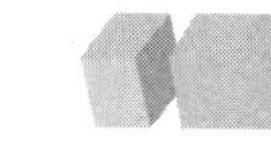

digitalRead()可以返回高或低(这可以随机改变)。模拟输入引脚可用作数字引脚，称为 A0～A5。

5.2.3　Arduino 程序的编辑、编译与调试

IDE 环境是在主机上进行 Arduino Sketch 编程的主要工具。运行 arduino.exe 就可以打开 IDE 窗口，其主要功能区域如图 5-10 所示。主菜单下面的图标提供了程序打开、保存、编译和下载的快捷方式；串口监视器能够快速地打开监视串口来观察系统的运行情况。左下角显示的数字指示当前光标所在的代码行号，右下角则指示当前连接的开发板型号。

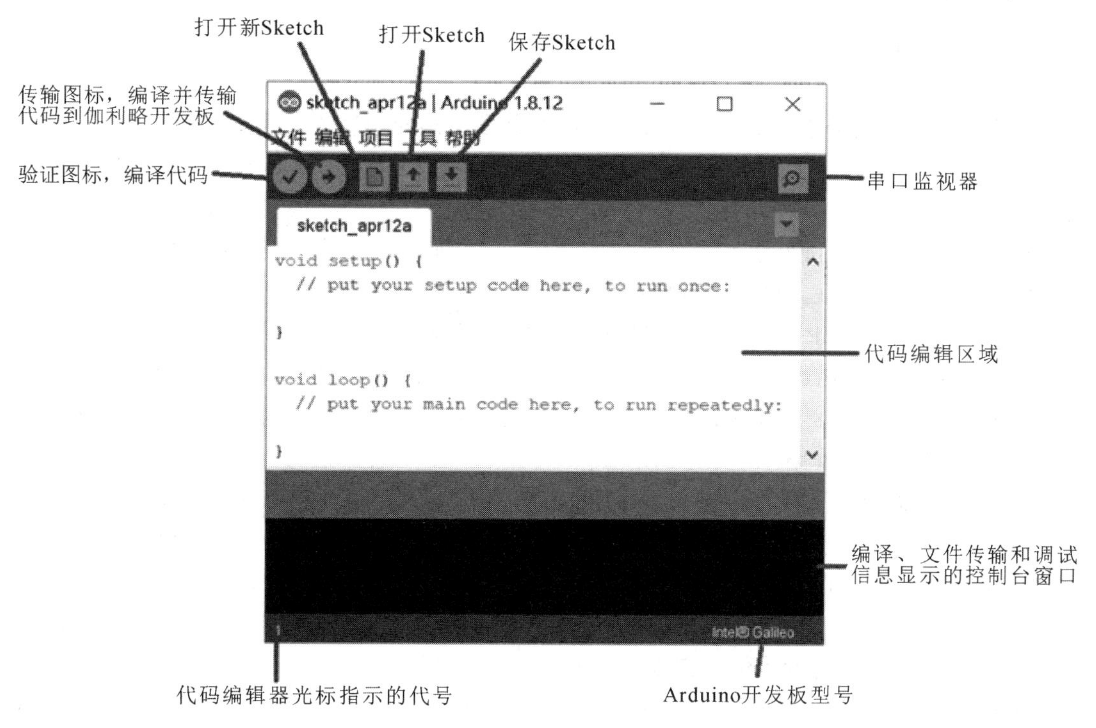

图 5-10　Arduino IDE 图形界面

在开始编写程序时，可以在主菜单的文件→示例中选择例子程序载入到 IDE 中开始编辑。在程序开始编译之前还要在 IDE 环境的“工具”菜单中检查开发板型号和串口设置参数，如图 5-11 所示。

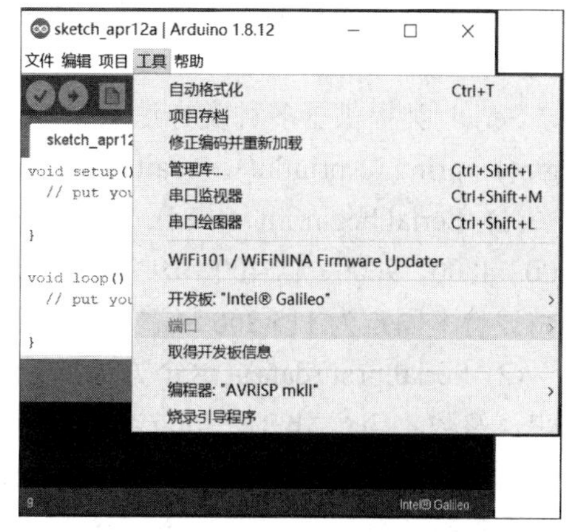

图 5-11　检查开发板型号和串口设置

从“工具”菜单中检查到开发板已经为“Intel Galileo”，并且“端口”也设置成调试端口所使用的串口端口。在不同的主机操作系统中采用不同的串口端口表示方法，在 Windows 系统中串口端口采用 COM 前缀加上数字，如 COM1；在 Linux 系统中则采用 ttyACM 前缀加上数字，如 ttyACM0。

这里用上一节测试开发板的 Blink 例子对 Arduino 代码进行说明。代码如下：

```
void setup() {
    pinMode(LED_BUILTIN, OUTPUT);
}
// loop()函数为无条件循环部分
void loop() {
    digitalWrite(LED_BUILTIN, HIGH);
    delay(1000);
    digitalWrite(LED_BUILTIN, LOW);
    delay(1000);
}
```

Blink 程序由两个主要函数 setup()和 loop()组成。setup()函数主要用来建立硬件初始设置，如引脚使用初始化等。loop()函数是一个无限循环，在这个功能函数内可以控制所使用的硬件。这里通过数字引脚写函数交替写入高、低电平，使引脚 13 上的 LED 开始闪烁。Blink 代码非常接近于硬件组件的连接方式，它没有访问 GPIO 的复杂函数调用，这使得开发更加简单。例如：在上述所示代码中，显示有一个 LED 连接到引脚 13；在 setup()函数中，引脚 13 被 pinMode()函数配置为输出；在 loop()函数中，LED 会打开 1 s，然后再次关闭 1 s。digitalWrite()函数将引脚分别设置为高、低电平使 LED 打开、关闭，delay()函数将延迟 1 s，delay()函数接收毫秒数作为参数。通过代码就可以想象在引脚 13 上有一个 LED，也很容易理解代码的作用。

在 IDE 中编译和下载程序也非常方便。IDE 环境中的“验证”实际是指编译代码。第一次编译过程需要较长时间，因为交叉编译器是在第一次编译时才安装的，可为开发人员提供一种透明机制。第一次编译顺利完成后，所有后续编译将会更快。单击图 5-10 中的“传输”图标就可上传文件到伽利略开发板。传输成功后可在通知栏中看到“完成上传”消息，在控制台消息区域中看到“传输完成”的消息。

IDE 中的程序调试方式通过串口终端进行调试消息的打印输出。开发板上的 Arduino 程序使用调试串口将消息传输到主机上 IDE 的串口监视器进行程序运行情况检查。代码中的这一串口通信过程通过 Serial 类使用 USB Client 接口进行管理，使用数字引脚 0 和 1 连接到外部通信设备。

Serial 类提供了多种类方法用来建立串口通信和传输调试信息，这些类方法主要包括 begin()、print()、println()、available()、read()和 Write()，具体介绍如下：

(1) Serial.begin(int speed)：输入参数 speed 表示波特率值，一般有 300、600、1200、2400、4800、9600、14 400、19 200、115 200 b/s 等几种值。如果使用串口对象来调试消息，则将波特率固定为 115 200 b/s。这一方法用来对串口对象进行初始化。

(2) Serial.print(data)：这个方法通过串口传输数据参数。输入参数 data 的类型可以是字符串、整数、char、byte、long 或 Arduino 引用中支持的任何其他标准类型。

(3) Serial.println(data)：与 Serial.print()方法具有相同的功能，只是在数据消息的末尾添加回车换行。

(4) Serial.available()：用来通知接收缓冲区中是否有任何数据。返回值为整型，表示接收缓冲区中准备读取的字节数。

(5) Serial.read()：从接收缓冲区读取所有可用数据，最好是在使用 available()方法检查数据之后才使用这个方法。读取的数据可以是简单的整数、单个字符、字符数组、字符串或任何序列化的对象。

(6) Serial.write()：以字节或字节序列的形式将数据写入串行端口。与 Serial.print() 函数仅发送表示数字的字符的功能不同，Serial.write()函数可以使用二进制格式发送数据。

下面使用一个串口消息显示的例子来演示如何用串口类在串口监视器中显示调试信息。从“文件→示例→04.Communication”中选择 ASCII Table 示例，这个例程会在 IDE 环境的串口监视器中显示一个以“！”字符开始的可显示的 ASCII 字符表，代码如下：

```
void setup() {
  Serial.begin(9600);  //初始化并打开串口
  while (!Serial) {
    ;                  //在 USB Client 调试串口上等待连接
  }
  Serial.println("ASCII Table ~ Character Map"); //打印 title 并另起一行
}
int thisByte = 33;       //代表 ASCII  字符“！”，也可写成  int thisByte = '!'
void loop() {
  Serial.write(thisByte);      //串口监视器会显示字节 thisByte 的二进制值
  Serial.print(", dec: ");
  Serial.print(thisByte);      //直接显示“!”十进制表示，即 Serial.print()默认格式
                               //也可用格式参数指明：Serial.print(thisByte, DEC)
  Serial.print(", hex: ");
  Serial.print(thisByte, HEX);     //将显示 thisByte 的十六进制值
  Serial.print(", oct: ");
  Serial.print(thisByte, OCT);     //将显示 thisByte 的八进制值
  Serial.print(", bin: ");
  Serial.println(thisByte, BIN);   //将显示 thisByte  的二进制值，并换行
 //如果  thisByte 达到 126 则停止显示
  if (thisByte == 126) {
     while (true) {   //开始一个无动作的永久循环
      continue;
    }
  }
  // go on to the next character
  thisByte++;  //显示下一个字符
}
```

从代码中可以看到整个串口类对象通过调试串口显示字符的整个过程。在初始化部分，begin()函数会打开一个串口对象并开始初始化。虽然波特率设置成 9600 b/s，但是对于调试串口仍然会默认使用 115 200 b/s 的波特率。在循环执行部分，Serial.write()函数会把字符“!”

的二进制值发送到串口监视器进行显示，接下来会在一行中显示每个 ASCII 字符的十进制、十六进制、八进制和二进制的表示，然后另起一行，再继续显示下一个 ASCII 字符。当字符值增加到 126 时，就停止显示。

将这个例程编译完成后上传到伽利略开发板，在 IDE 中通过主菜单的“工具→串口监视器”或者串口监视器图标来打开监视器窗口，这时就能够看到 Sketch 程序串口输出的 ASCII 码表了。采用类似的方式，利用串口类的调试信息输出功能可以在程序中输出所需要的调试信息进行调试，也可以通过 Serial.avaliable()和 Serial.read()两个函数的相互配合，从串口监视器向程序输出信息。

5.2.4 Arduino 的类库和 API 函数

1. 模拟引脚读取操作

Arduino 参考中提供了较为全面的 API 函数来支持板上硬件或接口的使用。对模拟数据的输入也提供了相应函数可以方便地读取。

1) Int analogRead(pin)

该函数从指定的模拟引脚读取输入值并返回该数值，输入参数 pin 在 A0～A5 中取值。模拟引脚从 10 位模拟数字转换器获取数值，这些值是把 0～5 V 的输入电压 Vin 映射成 0～1023 的整数值，因此信号分辨率为 5 V / 1024，即 4.9 mV。函数读取模拟输入大约需要 100 μs，因此最大读取速度大约是 10 000 次/s。

2) analogWrite(pin, value)——PWM 功能

该函数写模拟值(PWM 波)到一个数字引脚来启动脉冲宽度调制(PWM)功能，可用于以不同亮度点亮 LED 或不同速度驱动电机等应用。输入参数 pin 在 A0～A5 中取值；而 value 为需要写入的占空比数值，在 0～255 中取值。analogWrite()调用后，该引脚将产生指定占空比的稳定方波，直至再次调用为止。大多数引脚上 PWM 信号的频率约为 490 Hz。在 UNO 和类似的开发板上，引脚 5 和 6 的频率大约为 980 Hz。这个功能可以在引脚 3、5、6、9、10 和 11 脚上工作。

在调用 analogWrite()之前，不需要调用 pinMode()将引脚 pin 设置为输出。实际上 analogWrite()函数主要用于设置 PWM 参数，而与模拟函数的功能无关。

2. 时间和延迟函数

Arduino 还提供了时间和延迟函数，时间函数用来获取开发板启动后的实时运行时间，主要包括以下函数：

(1) long millis()：返回伽利略板被启动后的时间，以 ms 为单位。

(2) long micros()：返回伽利略板被启动后的时间，以 μs 为单位。

(3) delay(int milliseconds)：暂停程序执行的延迟时间长度，以 ms 为单位。

(4) delayMicroseconds(int microseconds)：暂停程序执行的延迟时间长度，以 μs 为单位。

3. Arduino 编程举例

Arduino IDE 提供了丰富的例程给开发者使用，使得伽利略开发板的嵌入式开发的入门变得很容易。接下来通过几个示例演示 Arduino IDE 的应用，覆盖前面讨论的最常见的功能。

1) Fade 例程

在 Arduino IDE 主菜单 File→示例→01.Basic→Fade 中找到 Fade 例程，该例程实现了 PWM 信号的输出。图 5-12(a)为程序代码，5-12(b)为 Arduino 开发板电路示意图。

```
int led = 9;               // PWM 控制的引脚
int brightness = 0;        // PWM 引脚上 LED 的亮度
int fadeAmount = 5;        // LED 亮度变化的步长
void setup() {
  // declare pin 9 to be an output
  Pin Mode(led, OUTPUT);
}
// the loop routine runs over and over again forever:
void loop() {
  analogWrite(led, brightness);          //设置引脚 9 的亮度
  brightness = brightness + fadeAmount; //循环改变亮度
  //如果亮度值增加到 255，则变化亮度值方向
  if(brightness < = 0 || brightness > = 255) {
    fadeAmount = -fadeAmount;
  }
  delay(30); //等待 30 ms，观察变化
}
```

(a) 模拟输入的 Arduino 程序

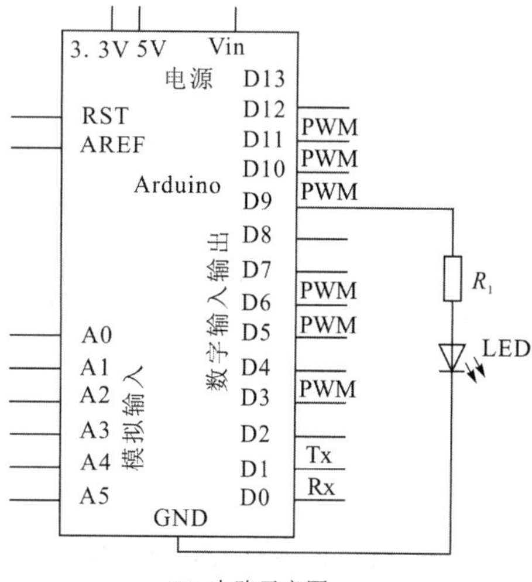

(b) 电路示意图

图 5-12　Fade 例程的代码和对应的电路示意图

代码中的 analogWrite(led, brightness)语句向引脚 9 发送一个占空比值为 brightness 的 PWM 信号，占空比初始化为 0，然后每次增加 5，直到 255，接着依次减少 5，直到 0。由此在引脚 9 上得到一个占空比变化的 PWM 信号。程序运行时，可以看到 LED 由暗到亮、再由亮到灭的渐变过程。

2) 模拟信号操作例程

在 Arduino IDE 主菜单 File→示例→03.Anolog→AnologInput 中找到模拟输入的例程。AnalogInput 程序可完成一个引脚 A0 的变阻器电压的读取，图 5-13(a)为程序代码，图 5-13(b)为 Arduino 开发板电路示意图。

```
int sensorPin= A0;     //选择模拟引脚连接变阻器
int ledPin= 13;        //选择数字引脚连接 LED
int sensorValue=0;     //保持传感器数值的变量
void setup() {
    pinMode(ledPin, OUTPUT); //声明 LED 引脚输出模式
}
void loop() {
  sensorValue = analogRead(sensorPin);  //读传感器，存入变量
  digitalWrite(ledPin, HIGH);  //点亮 LED
  delay(sensorValue);    //用变量值设置延迟时间
  digitalWrite(ledPin, LOW); //熄灭 LED
  delay(sensorValue);     //延迟时间为 sensorValue
}
```

(a) 模拟输入的 Arduino 程序

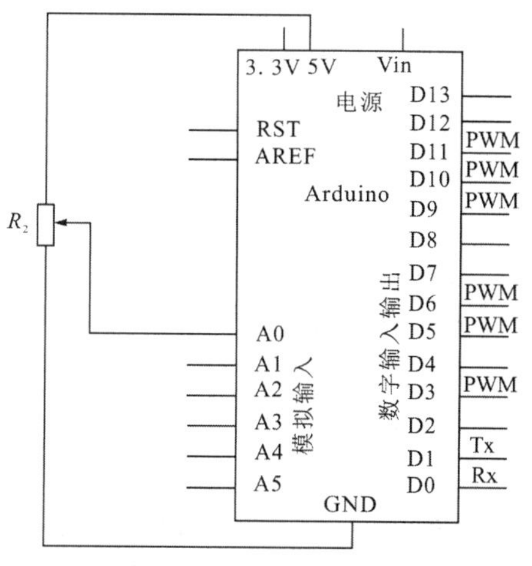

(b) 电路示意图

图 5-13　模拟输入例程的代码和对应的电路示意图

程序首先从 A0 读取电压值并保存在变量 sensorValue 中，然后用这个值去设置延时时间，让引脚 13 的 LED 按照所设定的时间亮灭交替。调整变阻器阻值可以控制 LED 的亮灭周期。利用 Arduino 函数调用可以很方便地建立电路连接关系，便于对系统工作的理解。

由于伽利略开发板实现 Arduino 接口功能时采用 I/O 扩展芯片的 I^2C 接口进行 GPIO 的操作，因此带来了一些通用 I/O 的性能限制，I^2C 总线通信延迟限制了 GPIO 信号的响应频率。实际测试发现 1 代板的 I/O 引脚直接读写频率低于 300 kHz，2 代开发板中直接使用 SoC 芯片的原生 GPIO，在一定程度上提高了 GPIO 的响应速度。

5.3 第三方扩展库的部署与应用

Arduino 提供了多种标准库和扩展库，包括各种传感器、显示设备、模块驱动和应用 API 代码，以 C++ 类库的形式进行了封装，方便调用和重载。

5.3.1 Arduino 的标准库和扩展类库

在 Arduino IDE 环境中已经内置了一个标准类库，所包含的类如图 5-14 所示。标准库是所有的 Arduino 开发板都必须支持的接口。

Standard Libraries

- EEPROM - reading and writing to "permanent" storage
- Ethernet / Ethernet 2 - for connecting to the internet using the Arduino Ethernet Shield, Arduino Ethernet Shield 2 and Arduino Leonardo ETH
- Firmata - for communicating with applications on the computer using a standard serial protocol.
- GSM - for connecting to a GSM/GRPS network with the GSM shield.
- LiquidCrystal - for controlling liquid crystal displays (LCDs)
- SD - for reading and writing SD cards
- Servo - for controlling servo motors
- SPI - for communicating with devices using the Serial Peripheral Interface (SPI) Bus
- SoftwareSerial - for serial communication on any digital pins. Version 1.0 and later of Arduino incorporate Mikal Hart's NewSoftSerial library as SoftwareSerial.
- Stepper - for controlling stepper motors
- TFT - for drawing text , images, and shapes on the Arduino TFT screen
- WiFi - for connecting to the internet using the Arduino WiFi shield
- Wire - Two Wire Interface (TWI/I2C) for sending and receiving data over a net of devices or sensors.

The Matrix and Sprite libraries are no longer part of the core distribution.

图 5-14 Arduino 的标准库

从源代码分析中可以看出，为了支持 Arduino 框架，伽利略开发板的底层文件全部被重写，伽利略系统支持硬件的标准库接口也移植到了 Linux 系统实现。当选中伽利略开发板后，标准库就被加载到了 IDE 环境中。Windows 10 系统中基本接口的源代码存放在安装

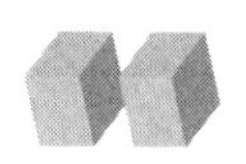

路径下的目录为\Arduino15\packages\intel\hardware\i586\1.6.7+1.0\cores\arduino。在 IDE 环境中载入一个伽利略标准库应用，重载的伽利略开发板标准库文件路径就可以从 Arduino IDE 环境的“项目→显示项目文件夹”中获得，库文件目录下的库种类如图 5-15 所示。

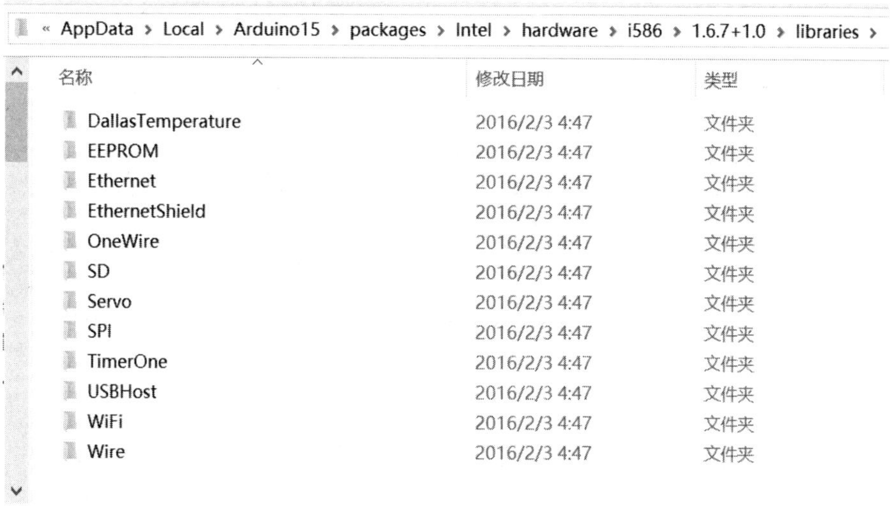

« AppData › Local › Arduino15 › packages › Intel › hardware › i586 › 1.6.7+1.0 › libraries ›
名称
修改日期
类型
DallasTemperature 2016/2/3 4:47 文件夹
EEPROM 2016/2/3 4:47 文件夹
Ethernet 2016/2/3 4:47 文件夹
EthernetShield 2016/2/3 4:47 文件夹
OneWire 2016/2/3 4:47 文件夹
SD 2016/2/3 4:47 文件夹
Servo 2016/2/3 4:47 文件夹
SPI 2016/2/3 4:47 文件夹
TimerOne 2016/2/3 4:47 文件夹
USBHost 2016/2/3 4:47 文件夹
WiFi 2016/2/3 4:47 文件夹
Wire 2016/2/3 4:47 文件夹

图 5-15　伽利略开发板标准库目录

5.3.2　库管理器的使用

除了 Arduino 标准库，Arduino 社区还提供了大量扩展库应用，这些扩展库以开源协作的方式提供，任何开发者都可以在开源平台上增加扩展库。Arduino IDE 提供了一个库管理器对种类繁多的扩展库进行查找和部署。通过“项目→加载库→管理库...”可以打开库管理器，如图 5-16 所示。

WiFiWebServer | Arduino 1.8.6 Hourly Build 2018/01
文件 编辑 项目 工具 帮助
验证/编译 Ctrl+R
上传 Ctrl+U
使用编程器上传 Ctrl+Shift+U
导出已编译的二进制文件 Ctrl+Alt+S
显示项目文件夹 Ctrl+K
加载库
添加文件...
管理库... Ctrl+Shift+I
添加一个 .ZIP 库...
Arduino 库
Bridge
Esplora
Ethernet
Firmata
Keyboard
LiquidCrystal

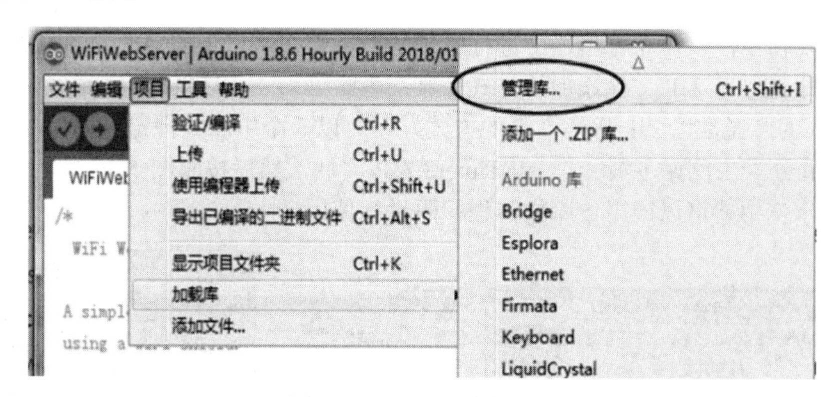

图 5-16　Arduino 库管理器

例如，在应用开发中需要用到一个温湿度传感器 DHT11。打开库管理器，在输入栏中输入“DHT11”进行搜索，即可在库管理器窗口中搜索到所有与 DHT11 相关的库，如图 5-17 所示。选择一个库后单击“安装”按钮即可将该库成功加载到 IDE 中，可以通过调用示例来使用该传感器。

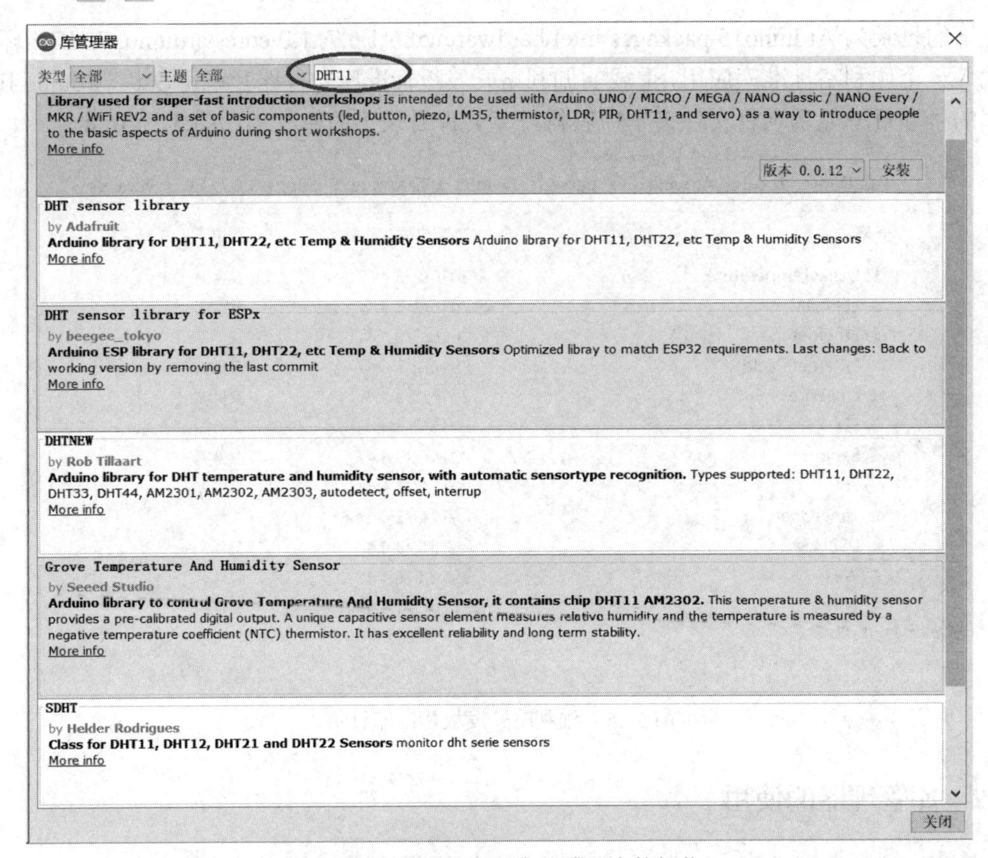

图 5-17 DHT11 温湿度传感器库的加载

全部已注册的库的明细列表可以通过链接 https://www.arduinolibraries.info/libraries 查看。

5.3.3 手动加载库

如果需要使用没有在库管理器中进行管理的库，那么可以采用 Arduino IDE 手动添加库的方法，即直接以 ZIP 文件添加的方式来添加库。

Arduino 的库通常以 ZIP 压缩文件的方式发布。以一个中断处理定时器库的加载为例，首先从 Arduino 参考网站下载一个 MSTimer2.ZIP 文件，然后按照图 5-18 中的方式进行安装，接着在示例中就可以调用该库的例程代码进行使用。

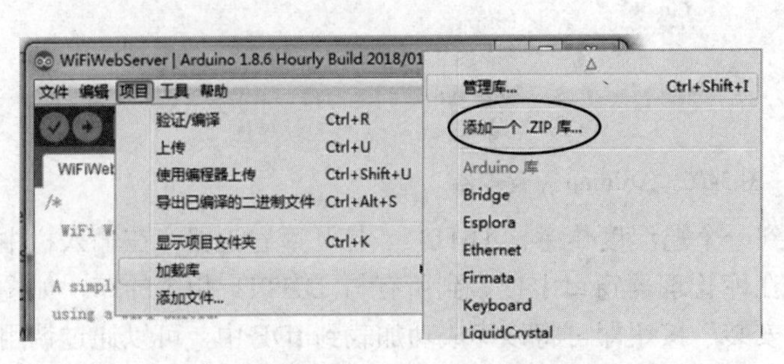

图 5-18 手动加载 ZIP 文件库

5.3.4 自定义 Arduino 库的规则

如果没有找到需要的类库，则 Arduino 允许开发者开发自定义 Arduino 类库。自定义类库的方法使用 Arduino 参考中提供的类函数，不仅可用 C 语法风格，直接在程序中设计驱动函数，也可以采用 C++ 语法进行 Class 类的设计，类声明和类实现分别建立.h 和.cpp 文件。这里用一个摩尔斯(Morse)码库的开发过程来介绍自定义库的过程。Arduino 参考网站也提供了一个建库手册的链接 https://www.arduino.cc/en/Hacking/LibraryTutorial 以供参考。

一个简单摩尔斯码产生程序描述发送一个 SOS 信号的过程。dot()函数发送一个 250 ms 的短亮信号，dash()函数发送一个 1000 ms 的长亮信号，两者结合使用可以发送 Morse 编码。这里用自定义库的形式来封装摩尔斯码，并方便地对库进行调用和更新。具体代码如下：

```
int pin = 13;
void setup()
{
  pinMode(pin, OUTPUT);
}
void loop()
{
  dot(); dot(); dot();
  dash(); dash(); dash();
  dot(); dot(); dot();
  delay(3000);
}
void dot()
{
  digitalWrite(pin, HIGH);
  delay(250);
  digitalWrite(pin, LOW);
  delay(250);
}
void dash()
{
  digitalWrite(pin, HIGH);
  delay(1000);
  digitalWrite(pin, LOW);
  delay(250);
}
```

当摩尔斯码产生程序运行时，会先调用 pinMode()函数将引脚 13 初始化为输出模式，并在该引脚发出一个 SOS 的 Morse 码信号，函数使用 pin 变量来决定使用哪个引脚。这个代码有几个不同的部分，需要把它们放到 Morse 库中，包括用来执行实际的闪烁操作的 dot()

和 dash()函数。下面就开始建立一个 Morse 类库。一个 C++ 库至少需要包括头文件(.h)和源文件(.cpp)两个文件。头文件进行类库定义，基本上包括全部类属性和类行为的列表，而源文件有类型为函数的代码。这里将类库命名为“Morse”，头文件则为 Morse.h，在头文件中定义了 Morse 类，代码如下：

```
#ifndef Morse_h
#define Morse_h
#include "Arduino.h"
class Morse
{
  public:
    Morse(int pin);
    void dot();
    void dash();
  private:
    int _pin;
};
#endif
```

Morse 类定义的函数和变量可以是 public 的，即可以被其他类对象访问，也可以是 private 的，即只能从类的内部进行访问。私有变量_pin 名称的开头添加下画线是一种惯例，用来说明变量是私有的。每个类中都有一个特殊函数(称为构造函数)，用于创建类实例。构造函数具有与类相同的名称，且没有返回类型。在头文件中的 #include Arduino.h 语句允许代码访问 Arduino 语言的标准类型和常量(这将自动添加到 Sketch 中)。

源文件中定义 Morse 类的行为函数的功能。Morse.cpp 文件首先需要包含需要的头文件，其次定义类的构造函数，然后定义其他功能函数。源文件的编写就是标准的 C++ 语法，代码如下：

```
#include "Arduino.h"
#include "Morse.h"
Morse::Morse(int pin)
{
  pinMode(pin, OUTPUT);
  _pin = pin;
}
void Morse::dot()
{
  digitalWrite(_pin, HIGH);
  delay(250);
  digitalWrite(_pin, LOW);
  delay(250);
}
```

```
void Morse::dash()
{
  digitalWrite(_pin, HIGH);
  delay(1000);
  digitalWrite(_pin, LOW);
  delay(250);
}
```

在类构造函数 Morse::Morse()中，用 pinMode()设置引脚模式，并用参数 pin 给私有变量_pin 赋值，构造函数会在类对象的实例化开始的时候用来进行 Morse 对象的初始化。后面的 Morse::dot()函数和 Morse::dash()函数都是前面 Sketch 中的对应函数移植过来的。至此，一个 Morse 库就已经建立完成了。下面需要编写库的使用例程，看看自定义的库应该如何使用。

一个发送 SOS 信号 Morse 码的例程可以修改成使用上面 Morse 库来完成全部工作。首先，例程中添加一个#include Morse.h 的语句，这样源码编译的时候会与 Morse 库一起编译并下载到板上；其次，创建一个 Morse 类实例对象 morse，并在该实例中初始化引脚 13。这一过程实际上就是调用 Morse 类的构造函数并传递这里给出的参数(即 13)；最后，要调用 morse 实例的行为函数 dot()和 dash()函数来完成 SOS 信号的发送。修改后的例程代码如下：

```
#include <Morse.h>
Morse morse(13);
void setup()
{ }
void loop()
{
  morse.dot(); morse.dot(); morse.dot();
  morse.dash(); morse.dash(); morse.dash();
  morse.dot(); morse.dot(); morse.dot();
  delay(3000);
}
```

通过使用的实例名称，可以有多个 Morse 类的实例同时使用，每个实例都存储在该实例的_pin 私有变量中。通过调用特定实例上的函数，应用可以指定在调用函数期间应该使用哪个实例的变量。这也就是使用 C++ 语言来创建自定义库的好处。例如，可采用下面的类实例化方法：

```
Morse morse(13);
Morse morse2(12);
```

同时在两个引脚上发送 Morse 码，实例化对象 morse 和 morse2 的私有变量_pin 的值分别为 13 和 12。

在实例代码中，库名称和库函数没有被 Arduino IDE 环境识别并以颜色高亮显示。这是因为 Arduino 软件中无法自动识别在库中定义的函数。因此，在与 Morse 库一同发布时，在 Morse 目录中会创建一个名为 keywords.txt 的文件，其形式如下：

```
Morse    KEYWORD1
dash     KEYWORD2
dot      KEYWORD2
```

其中，每一行都有关键字的名称，一个制表符(不是空格)后跟关键字的类型。类应该是 KEYWORD1，并且是橙色的；函数应该是 KEYWORD2，并且是棕色的。必须重新启动 Arduino 环境，才能使其能够识别新的关键字。

上面的示例代码能够与库文件一起发布，为此可以在 Morse 目录中创建一个示例目录，然后将在上面编写例程的目录复制到示例目录。将 Morse 目录压缩成 ZIP 文件进行发布，就可以采用 5.3.3 节中介绍的手动加载方式进行部署和使用了。图 5-19(a)为自定义库文件目录，图 5-19(b)为自定义库示例的调用方式。

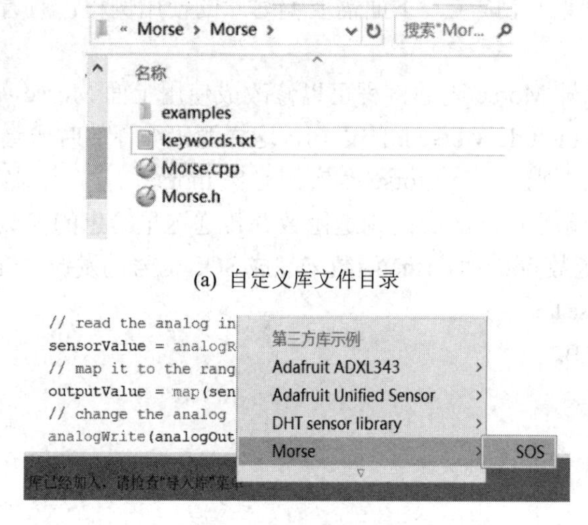

(a) 自定义库文件目录

(b) 自定义库示例调用

图 5-19 自定义库文件目录和调用方式

自定义 Arduino 库实际上是利用了 C++ 的类封装的能力，为 Arduino 用户提供方便的硬件设备使用方式。从创建过程和部署应用方式可以更加深入地了解和认识 Arduino 开发工具的原理及使用方式。

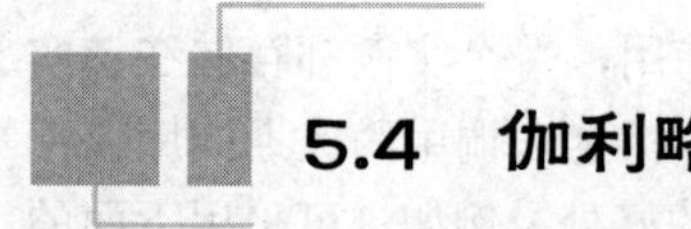

5.4 伽利略开发板的 Arduino 网络应用

5.4.1 通过 Arduino 程序配置伽利略开发板的网络

在第四章介绍了通过串口设置伽利略开发板的 IP 地址和 Telnet 服务，并通过远程网络访问开发板的方法。在 Arduino IDE 也有一个很方便的方法来设置伽利略开发板的网络参数，并且不必连接控制台串口。

首先将主机的 Arduino IDE 环境与伽利略开发板连接并按照 5.1 节的方法正确配置。然后新建一个空的 Arduino 程序。在 setup()函数中使用 system()函数调用 Shell 命令进行网络

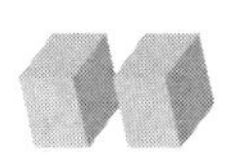

设置。添加的语句为以下代码中加粗显示部分：

```
void setup( ) {
        //Galileo 板上启动 Telnet 服务
        system("telnetd -l /bin/sh");
        //分配 1P 地址 192.168.2.100
        system("ifconfig eth0 192.168.2.100 netmask 255.255.0.0 up");
    }
    void loop() {
      //代码留空
    }
```

编译成功后将程序下载到伽利略开发板上，程序自动运行后对伽利略开发板启动 Telnet 服务并设置 IP 地址。如果使用的是 SD 卡启动，则已经配置好了 SSH 服务功能，通过上述程序配置好 IP 地址后，就可以直接采用 SSH 工具来安全地访问伽利略开发板。

5.4.2　Internet 的客户–服务器连接模式

Arduino 编程中提供了丰富的网络类库用来实现 Web 访问功能。图 5-20 展示了 Arduino 网络类库的类说明，可以看到 Client(客户)类和 Server(服务器)类不仅能够作为 Server 提供 Web 服务，也能作为 Client 进行 Web 访问。伽利略开发板针对这两个类的实现重写了代码，包括 TCP/IP 协议处理的所有 Socket 功能。

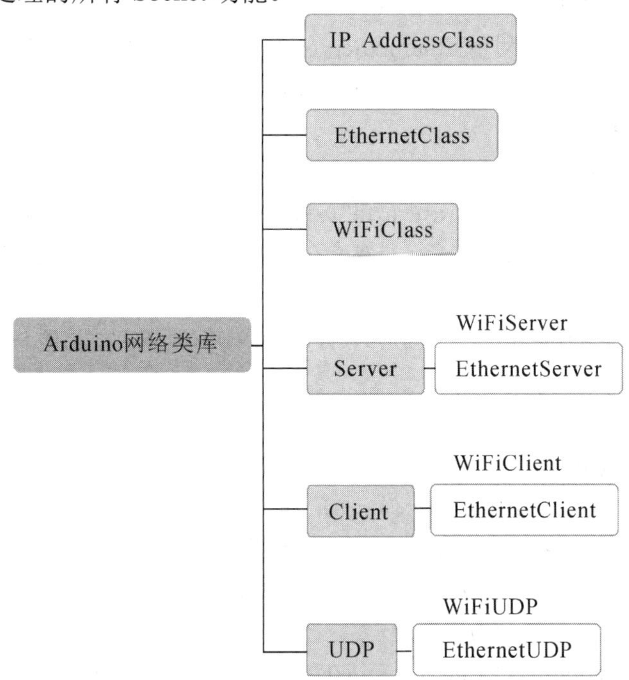

图 5-20　Arduino 网络编程类库

为了更好地利用伽利略开发板上提供的以太网和 WiFi 资源，Arduino 还提供了以太网和 WiFi 网络两类网络通信方式，并且在 Server 和 Client 类中封装了客户—服务器模式的网络服务器访问方法。这两个类被重载后分别定义了以太网类和 WiFi 类，下面分别介绍在 Arduino 中如何使用这两个类进行网络访问。

伽利略开发板按照 Arduino 协议中的规定实现了几个网络类，包括 Ethernet、EthernetClient、EthernetUDP、IPAddress 和 Server(使用 EthernetServer)。通过 Ethernet 类来配置以太网适配器，例如使用 DHCP 连接配置以太网接口等，也可通过 EthernetServer 类或 EthernetClient 在伽利略开发板上建立一个 Web 服务器或 Web 客户端。

1. 建立以太网 DHCP 连接

在 Arduino 中可以通过 Ethernet.begin()方法建立一个 DHCP 连接。首先确定伽利略开发板网卡的 MAC 地址。每个伽利略开发板有一个唯一的以太网卡 MAC 地址值，被标注在开发板上面，可以检查并获取该MAC 地址。当 begin()方法只带有 MAC 地址参数时，Ethernet 类就会采用 DHCP 的方式动态分配一个 IP 地址给伽利略开发板。如果网络中没有 DHCP 服务器，分配不到 IP 地址，则返回一个错误提示。建立 DHCP 连接的 Arduino 代码如下：

```
#include <Ethernet.h>
byte mac[] = { 0xDE, 0xAD, 0xBE, 0xEF, 0xFE, 0xED };
if (Ethernet.begin(mac) == 0) {
    Serial.println("Failed to configure Ethernet using DHCP");
    for(;;) ;
}
```

2. 建立静态 IP 地址的 Web 服务器

在伽利略开发板上可以利用 EthernetServer 类和 EtherneClient 类建立一个 Web 服务器，并提供信息 Web 发布功能。这个示例可以在 Arduino IDE 示例中找到，程序如下：

```
#include <SPI.h>
#include <Ethernet.h>
byte mac[] = { 0xDE, 0xAD, 0xBE, 0xEF, 0xFE, 0xED };   //输入板的 MAC 地址
IPAddress ip(192,168,1,177);        //设置板的静态 IP，IP 值需与路由器同网段

EthernetServer server(80);          //用 HTTP 的 80 端口初始化以太网的 Server 对象
void setup() {
   Serial.begin(9600);              //打开调试串口
   while (!Serial) { ; }            //等待串口连接成功
  // 连接以太网，启动服务器：
  Ethernet.begin(mac, ip);  //设置伽利略开发板以太网口的静态 IP
  server.begin();           //启动 Web 服务器的侦听状态
  Serial.print("server is at ");
  Serial.println(Ethernet.localIP());     //打印伽利略开发板 Web 服务器的本机 IP 地址
}
```

首先要在初始化部分进行网络设置和 Web 服务器的启动。mac[]为伽利略开发板上以太网的 MAC 地址，需要查询后用实际的 MAC 地址值进行赋值。ip 对象是需要设置的伽利略

开发板的 IP 地址，Web 服务器将使用这个地址的 80 端口来监控客户端发来的连接请求。Web 服务器需要用静态 IP 地址，因此用 Ethernet.begin(mac, ip)语句进行伽利略开发板的静态 IP 地址的设置。接下来 server.begin()函数启动服务器处于侦听状态，等待接收来自客户端的 Web 请求。

loop()部分的代码用来完成服务器与客户端的连接建立和网页传送过程代码如下：

```
void loop() {
  EthernetClient client = server.available();   //侦听并获得有请求的 Client
  if (client)
  {
    Serial.println("new client");
    boolean currentLineIsBlank = true;         //http 请求以空行结束
    while (client.connected()) {               //检查客户端是否连接
      if (client.available()) {                //返回 Server 收到从 Client 发来的可读字节数
        char c = client.read();                //读取从服务器收到 Client 发来的下一个字节
        Serial.write(c);
       //如果读取到换行字符并且是一个空行，说明已读到该行末尾，则 http 请求已经结束
       //发回复
        if (c == '\n' && currentLineIsBlank)
        {
          //以下为发送一个标准 http 网页格式的内容到客户端
          client.println("HTTP/1.1 200 OK");  //将带回车换行的数据发送到 Client 端
          client.println("Content-Type: text/html");
          client.println("Connection: close");
          client.println();
          client.println("<!DOCTYPE HTML>");
          client.println("<html>");
          //添加 meta refresh 标记，每隔 5 s 会向浏览器推送一次
          client.println("<meta http-equiv=\"refresh\" content=\"5\">");
          //for 循环读出每个模拟引脚的值并发送到客户端浏览器
          for (int analogChannel = 0; analogChannel < 6; analogChannel++)
          {
            int sensorReading = analogRead(analogChannel);
            client.print("analog input ");
            client.print(analogChannel);
            client.print(" is ");
            client.print(sensorReading);
            client.println("<br />");
          }
          client.println("</html>");          //HTTP 协议中的网页结束标志
```

```
            break;
        }   // if (c == '\n' && currentLineIsBlank)
        if (c == '\n') {
            currentLineIsBlank = true;         //如果读到的是换行符，则开始一个新行
        } else if (c != '\r')
        {
            currentLineIsBlank = false;        //获得一个字符，不为空行
        }
      }// if (client.available())
    } //while
      delay(1);                                //留出时间让浏览器接收数据
      client.stop();                           //关闭连接
      Serial.println("client disonnected");
  } //if( client)
} //loop
```

当服务器侦听到一个来自客户端的网页请求时，用 server.available()函数获取客户端信息并保存在 client 对象中。用 client.connected()检查连接是否建立，如果是则继续通过 client.read()读取客户端发送过来的字符。如果读取的字节是回车换行符并且发送过来一个空行，没有其他信息，则说明客户端只是请求当前网页，于是就用 client.printIn()函数将一个标准的 HTML 格式的网页发送到客户端。如果读入的字符不是“\n”而是”\r”，则说明客户端发送的信息不为空，还有其他数据，因此将 currentLineIsBlank 标志置为 False，这时就不会直接发送网页数据。当网页发送完毕后，关闭客户端的连接，服务器会继续处理获得下一个 client 信息。

5.4.3 WiFi 类的 API 使用

采用 4.3.2 节中的方法正确安装和识别 WiFi 网卡后，就可以进行 WiFi 应用程序的开发。本节中将介绍两个 WiFi 类的 API 应用函数，其中一个用于扫描无线网络，另一个使用 WPA 或 WEP 连接到网络。

1. 常用的 WiFi 类的 API 函数

1) WiFi.begin([ssid]|[ssid, pass]|[ssid, keyIndex, key])

初始化 WiFi 库的网络设置时，需要提供当前状态的 4 种参数方式：参数 ssid 为要连接到的无线网络 SSID 名称；keyIndex 是 WEP 加密网络密钥，最多可以保存 4 个 WEP 密钥 key，这个 keyIndex 用于确定将使用哪个 key；key 是十六进制字符串，用作 WEP 加密网络的安全码；pass 为 WPA 加密网络使用字符串形式的密码以保证安全性。

函数的返回值返回两个网络状态值：WL_CONNECTED 表示已连接到网络；WL_IDLE_STATUS 表示未连接到网络，但已通电。

2) WiFi.status()

该函数返回当前的网络状态，WiFi 网络设定的状态标识如表 5-1 所示。

表 5-1　WiFi 网络状态标识

网络状态标识	描　述
WL_CONNECTED	连接到 WiFi 网络
WL_NO_SHIELD	没有 WiFi 模块
WL_IDLE_STATUS	调用 WiFi.begin()时分配的临时状态，并保持活动状态，直到尝试次数过期(导致 WL_CONNECT_FAILED)或建立连接(导致 WL_CONNECTED)
WL_NO_SSID_AVAIL	没有发现 SSID
WL_SCAN_COMPLETED	扫描网络完成
WL_CONNECT_FAILED	多次尝试连接后网络连接失败
WL_CONNECTION_LOST	连接丢失
WL_DISCONNECTED	从网络断开

3) WiFi.macAddress(mac)

该函数获得伽利略开发板的 WiFi 模块的 MAC 地址，并且地址存放到 mac 变量中。

4) WiFi.scanNetworks()

该函数扫描可用的 WiFi 网络并返回发现的 WiFi 网络的数目。

5) WiFi.SSID([wifiAccessPoint])

该函数获得并返回网络的 SSID，wifiAccessPoint 为指定的网络编号。

6) WiFi.BSSID(bssid)

该函数获取所连接的路由器的 MAC 地址，bssid 是一个 6 字节的数组，保存所连接路由器的 MAC 地址。

7) WiFi.encryptionType([wifiAccessPoint])

该函数获得当前网络的加密类型。wifiAccessPoint 为扫描到的 WiFi 网络的序号，返回值为 byte 类型的加密类型表达，用数值代表不同的加密类型：2 表示 TKIP (WPA)；5 表示 WEP；4 表示 CCMP (WPA)；7 表示无加密 NONE；8 代表 AUTO 类型。

8) WiFi.localIP()

该函数返回 WiFi 模块当前配置的 IP 地址。

2. 扫描无线网络示例

从“文件→示例→WiFi(Galileo)→ScanNetwork”中打开 WiFi 类的扫描网络例程。该例程的 Setup()中设置监控串口，检查 WiFi 模块的安装状态，调用自定义函数 printMacAddress() 打印 WiFi 的 MAC 地址，用 listNetworks()函数扫描并列出已有 WiFi 网络，代码如下：

```
#include <SPI.h>
#include <WiFi.h>
void setup() {
  //初始化串口，等待端口打开
  Serial.begin(9600);
```

```
    while (!Serial) {    ;}
    //检查 WiFi 模块是否安装
    if (WiFi.status() == WL_NO_SHIELD) {
      Serial.println("WiFi shield not present");        //没有安装则程序不再继续
      while(true);
    }
    String fv = WiFi.firmwareVersion();
    if( fv != "1.1.0" )
        Serial.println("Please upgrade the firmware");
    printMacAddress(); //打印 WiFi 的 MAC 地址
    Serial.println("Scanning available networks...");
    listNetworks();   //扫描并列出已有 WiFi 网络
  }
  void loop() {
    delay(10000);
    Serial.println("Scanning available networks...");
    listNetworks();
  }
```

代码中的自定义函数 printMacAddress()调用 WiFi.macAddress(mac)获得开发板上 WiFi 模块的 MAC 地址，然后输出到调试串口显示输出，函数代码如下：

```
  void printMacAddress() {
    byte mac[6];    //保存 MAC 地址
    //打印 WiFi 模块的 MAC 地址
    WiFi.macAddress(mac);
    Serial.print("MAC: ");
    Serial.print(mac[5], HEX);
    Serial.print(":");
    Serial.print(mac[4], HEX);
    Serial.print(":");
    Serial.print(mac[3], HEX);
    Serial.print(":");
    Serial.print(mac[2], HEX);
    Serial.print(":");
    Serial.print(mac[1], HEX);
    Serial.print(":");
    Serial.println(mac[0], HEX);
  }
```

自定义函数 listNetworks()中调用了 WiFi.scanNetworks()函数来获取收集到的 WiFi 网络的信息，再分别调用相应函数获得其 SSID 号、信号强度和安全加密类型等信息，并通过调试串口打印显示，函数代码如下：

```
void listNetworks() {
  Serial.println("** Scan Networks **");
  //扫描附近的 WiFi 网络
  int numSsid = WiFi.scanNetworks();
  if (numSsid == -1)
  {
    Serial.println("Couldn't get a wifi connection");
    while(true);
  }
  //打印发现网络列表
  Serial.print("number of available networks:");
  Serial.println(numSsid);
  //打印发现的网络号和名称
  for (int thisNet = 0; thisNet<numSsid; thisNet++) {
    Serial.print(thisNet);
    Serial.print(") ");
    Serial.print(WiFi.SSID(thisNet));
    Serial.print("\tSignal: ");
    Serial.print(WiFi.RSSI(thisNet));
    Serial.print(" dBm");
    Serial.print("\tEncryption: ");
    printEncryptionType(WiFi. (thisNet)); }
}
```

上述代码中又调用自定义函数 printEncryptionType()显示 WiFi 网络的安全加密类型。这一信息利用 WiFi 类的 encryptionType()方法获得。通过 numSsid 参数对所有的 WiFi 网络的安全类型进行遍历，代码如下：

```
void printEncryptionType(int thisType) {
  //读取加密类型并打印名称
  switch (thisType) {
  case ENC_TYPE_WEP:
    Serial.println("WEP");
    break;
  case ENC_TYPE_TKIP:
    Serial.println("WPA");
    break;
  case ENC_TYPE_CCMP:
    Serial.println("WPA2");
    break;
```

```
    case ENC_TYPE_NONE:
      Serial.println("None");
      break;
    case ENC_TYPE_AUTO:
      Serial.println("Auto");
      break;
    }
      }
```

打印 ScanNetworks 例程的运行结果如图 5-21 所示。

```
MAC: 1E:56:A4:33:F7:C8
Scanning available networks...
** Scan Networks **
number of available networks:3
0) 55JW5        Signal: -89 dBm Encryption: None
1) PXDP6        Signal: -79 dBm Encryption: WPA2
2) WDJ36        Signal: -84 dBm Encryption: None
```

图 5-21 ScanNetworks 的输出

3. WiFi 连接示例(WPA 连接和 WEP 连接)

在“文件→示例→WiFi(伽利略)→ConnectWithWPA”中可以打开 WiFi 类的 WPA 方式安全连接例程。下面分析两种安全连接模式的使用区别。setup()和 loop()函数的代码如下：

```
#include <WiFi.h>
char ssid[] = "yourNetwork";          //使用的网络 SSID 号
char pass[] = "secretPassword";       //网络 WiFi 密码
int status = WL_IDLE_STATUS;          //无线 WiFi 的状态
void setup() {
  //初始化串口，等待端口打开
  Serial.begin(9600);
  while (!Serial) { ; }
  //检查是否有 WiFi 模块
  if (WiFi.status() == WL_NO_SHIELD) {
    Serial.println("WiFi shield not present");
    //停止继续执行
    while(true);
  }
  String fv = WiFi.firmwareVersion();
  if( fv != "1.1.0" )
    Serial.println("Please upgrade the firmware");
 //尝试连接 WiFi 网络
  while ( status != WL_CONNECTED) {
```

```
      Serial.print("Attempting to connect to WPA SSID: ");
      Serial.println(ssid);
      //连接到 WPA/WPA2 网络
      status = WiFi.begin(ssid, pass);

      //连接等待 10 s
      delay(10000);
    }
    //打印连接成功信息
    Serial.print("You're connected to the network");
    printCurrentNet();
    printWifiData();
}
void loop() {
    delay(10000);        //每 10 s 检查一下网络连接
    printCurrentNet();
}
```

程序在启动 WPA 方式的连接时，采用 WiFi.begin(ssid, pass)的方式。这里输入的参数是拟接入 WiFi 的 SSID 和网络密码参数。WiFi 类的 begin()函数可以决定 WiFi 网络的安全接入方式，如果采用 WEP 安全加密方式进行接入，则要在启动 WiFi 连接时采用 WiFi.begin(ssid, keyIndex, key)这一参数方式。其中，keyIndex 是需要连接网络的 key 索引值，key 为需要连接网络的密钥。

例程中的自定义函数 printCurrentNet()函数，用来打印当前已接入网络的参数。打印信息时，大部分函数与上一小节中介绍的 printMacAddress()函数类似，只是增加了一个 WiFi.BSSID(bssid)函数来获取所连接路由器的 MAC 地址。代码如下：

```
void printCurrentNet() {
  //打印连接到网络的 SSID
  Serial.print("SSID: ");
  Serial.println(WiFi.SSID());

  //打印 MAC 地址
  byte bssid[6];
  WiFi.BSSID(bssid);
  Serial.print("BSSID: ");
  Serial.print(bssid[5], HEX);
  Serial.print(":");
  Serial.print(bssid[4], HEX);
  Serial.print(":");
  Serial.print(bssid[3], HEX);
```

```
    Serial.print(":");
    Serial.print(bssid[2], HEX);
    Serial.print(":");
    Serial.print(bssid[1], HEX);
    Serial.print(":");
    Serial.println(bssid[0], HEX);

    //打印接收的信号的强度
    long rssi = WiFi.RSSI();
    Serial.print("signal strength (RSSI):");
    Serial.println(rssi);

    //打印加密类型
    byte encryption = WiFi.encryptionType();
    Serial.print("Encryption Type:");
    Serial.println(encryption, HEX);
    Serial.println();
}
```

printWifiData()函数的功能是显示连接成功后 WiFi 模块 IP 地址和 MAC 地址信息，其中的 WiFi.localIP()函数返回 WiFi 模块的当前 IP 地址，WiFi.macAddress(mac)返回当前 WiFi 模块的 MAC 地址。代码如下：

```
void printWifiData() {
    //打印 WiFi 模块的 IP 地址
    IPAddress ip = WiFi.localIP();
    Serial.print("IP Address: ");
    Serial.println(ip);
    Serial.println(ip);

    //打印 MAC 地址
    byte mac[6];
    WiFi.macAddress(mac);
    Serial.print("MAC address: ");
    Serial.print(mac[5], HEX);
    Serial.print(":");
    Serial.print(mac[4], HEX);
    Serial.print(":");
    Serial.print(mac[3], HEX);
    Serial.print(":");
```

```
        Serial.print(mac[2], HEX);
        Serial.print(":");
        Serial.print(mac[1], HEX);
        Serial.print(":");
        Serial.println(mac[0], HEX);
    }
```

将例程编译并下载运行，则能够打印显示程序 ConnectWithWPA 的运行结果。

5.4.4　物联网页的建立

万维物联网(Web of Thing, WoT)是为物联网创建的一个服务层。WoT 的出现是为了将现实世界集成到应用程序中，从而大大缩小现实世界的传感器和应用程序之间的媒体差距。其具体的实现方式是在标准互联网页面的基础上，将物联网页与 IoT 设备的状态进行关联。接下来通过一个 WoT 的简单例子介绍如何通过 Web 来控制 IoT 设备。

本例程在 EthernetWebServer 基础上修改，通过网页来控制引脚 13 的 LED 灯的亮灭。为了能够在网页上进行操作，需要简要了解 Web 页面的 HTML 协议。

1. HTML 语言概述

为了让伽利略系统能够通过网络形式和外界交互，可以将其设置为嵌入式服务器，同时在服务器上运行一个网页。网页文件采用 HTML 语言，支持不同数据格式文件嵌入。图 5-22(a)为一个标准 HTML 网页。标记<html>和</html>用来说明一个 HTML 文件，以<head>和</head>表示头的开始和结尾，主体内容位于<body>和</body>之间的部分。在头部可以给网页添加一个标题，如“Intel Galileo”。在 Web 页中可以添加小的标题(用<hx>表示)，添加 1 号标题“HTML TEST”和 2 号标题“Galileo”。也可以在主体中添加图片，通过<img>标记插入图片的一个链接。网页在浏览器中的显示结果如图 5-22(b)所示。

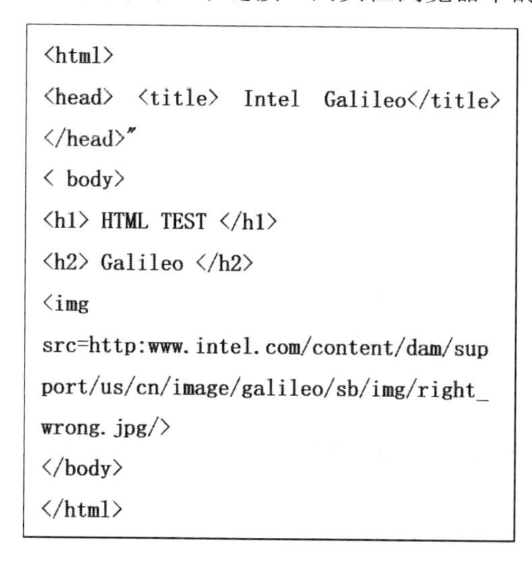

```
<html>
<head> <title> Intel Galileo</title>
</head>"
< body>
<h1> HTML TEST </h1>
<h2> Galileo </h2>
<img
src=http:www.intel.com/content/dam/sup
port/us/cn/image/galileo/sb/img/right_
wrong.jpg/>
</body>
</html>
```

(a) HTML 源码

HTML TEST

Galileo

(b) 运行结果

图 5-22　简单 HTML 示例

2. 通过在地址栏中添加命令来从网页控制 LED

在浏览器地址栏中输入信息后，IP 地址及端口号指向网络上一台主机或服务器，而如果后续增加符号“/”及字符，则这些字符会作为请求信息的一部分发送给服务器。例如，在地址栏中输入“192. 168. 1. 104: 8080/hello”，在浏览器中显示的内容没有变化，但在串口监视窗口中就会显示出“hello”的信息，如图 5-23 所示。因此，可以通过这种方式实现对嵌入式系统硬件接口的控制。

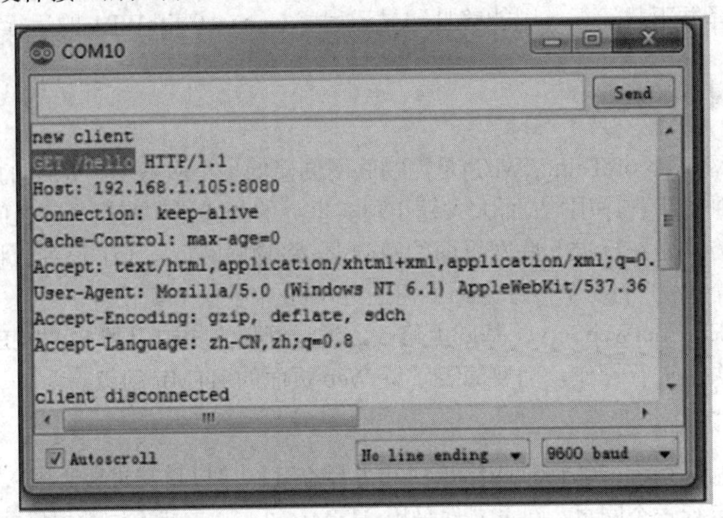

图 5-23　控制信息在串口监视器中显示

接下来对 5.4.2 节 WebServer 程序中的输入字符控制方式进行修改，以完成对引脚 13 上 LED 灯的控制。首先在 setup()函数中设置引脚 13 的工作模式，如下面代码的加粗部分：

```
void setup() {
  //打开串口通信，等待串口端口打开
  Serial.begin(9600);
   while (!Serial) { ; }
    pinMode( 13, OUTPUT)
  //连接以太网，启动 web 服务器
  Ethernet.begin(mac, ip);
  server.begin();
  Serial.print("server is at ");
  Serial.println(Ethernet.localIP());
}
```

在 WebServer 程序的 loop()函数中，添加代码来处理地址栏中输入的后续信息，这里可以定义接收到“On”时点亮板载 LED；而接收到“Off”时则熄灭 LED，代码如以下代码中加粗部分所示。处理后续信息的代码在每次有新的接收字符被添加到字符串变量 currentLine 时，就会判断控制命令是“GET/On”还是“GET/Off”，以此来控制 LED 的亮灭。具体代码如下：

```
void loop() {
    //侦听客户端
    EthernetClient client = server.available();
    if (client) {
        Serial.println("new client");
        //以空行结束的 HTTP 请求
        boolean currentLineIsBlank = true;
        String currentLine = " ";  //定义字符串来保持这些请求信息
        while (client.connected())
        {
            if (client.available())
            {
                char c = client.read();
                Serial.write(c);
                if (c == '\n') {
                if(currentLine.length() ==0){
                    //发送标准 http 响应头格式
                    ...
                    client.println("</html>");
                    break;
                }else{
                     currentLine = " ";
                } else if (c != '\r') {
                     //接收信息中过滤回车符
                     currentLine += c ; //将接收的字符串添加到 currentLine 中
                     if (currentLine. endsWith("GET /On"))
                     {   digitalWrite( 13, HIGH);    //收到 On 点亮 LED
                     }
                     if (currentLine. endsWith(" GET /Off"))
                     { digitalWrite( 13, LOW);       //收到 Off 熄灭 LED
                     }
                }
            } // if (client.available())
        } // while
        delay(1);          //延迟以便 Web 浏览器有时间接收数据
        client.stop();     //关闭连接
        Serial.println("client disonnected");
    }//if(Client)
}
```

将上述代码编译并下载到伽利略开发板上运行，假设开发板的 IP 地址设置为 192.168.1.177，在主机的浏览器中输入 192.168.1.177/On 后则可以点亮开发板上的 LED，如输入 192.168.1.177/Off 则熄灭 LED。

3. 通过网页超链控制 LED

如果觉得每次都从地址栏中输入命令比较麻烦，那么也可以采用网页超级链接(超链)的方式进行控制。这时就需要通过添加两个超链来对应 On 和 Off 动作，来代替每次从浏览器地址输入命令的方法。具体的实现是采用<a href> “” </a>来标识超链，不用将 IP 地址及端口号加在里面，只需要写“/On”或“/Off”即可。超链部分在标记符号<body></body>中添加如下代码：

```
if (c == '\n')
{
    //发送标准 http 响应头字符
    client.println("HTTP/1.1 200 OK");
    client.println("Content-Type: text/html");
    client.println("Connection: close");
    client.println();
    client.println("<!DOCTYPE HTML>");
    client.println("<html>");
    //添加一个刷新标志，让浏览器每隔 5 s 推送一次：
    client.println("<meta http-equiv=\"refresh\" content=\"5\">");
    //输出模拟输入引脚的值
    for (int analogChannel = 0; analogChannel < 6; analogChannel++)
    {
        int sensorReading = analogRead(analogChannel);
        client.print("analog input ");
        client.print(analogChannel);
        client.print(" is ");
        client.print(sensorReading);
        client.println("<br />");
    }
    //添加“On”和“Off”控制的超链
    client. println("< a href=\"/ On\"> turnon</ a> the LED< br>");
    client. println("< a href=\"/ Off\"> turnoff</ a> the LED< br>");
    client.println("</html>");
    break;
}
```

将上述修改后的代码编译并下载到伽利略开发板上运行，通过主机上的浏览器访问伽利略开发板，可以看到如图 5-24 所示的 Web 页，单击超链就可以控制 LED。

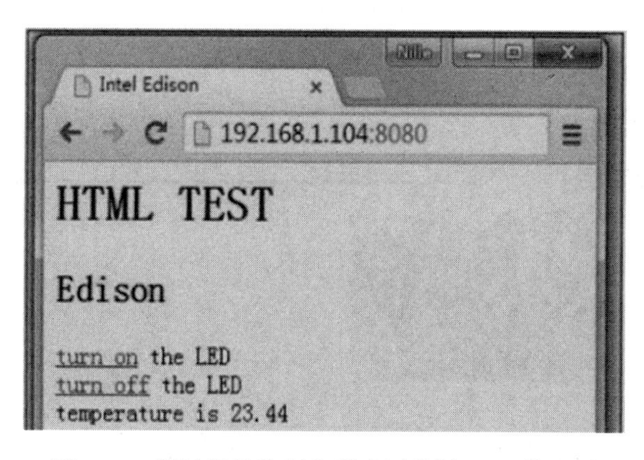

图 5-24　通过超链控制伽利略开发板 LED 的网页

5.5　远程花卉看护系统

本节介绍一个基于伽利略 Arduino 开发的远程监控花卉看护系统设计过程。该系统要求提供检测环境温湿度的能力，不仅能够监控土壤的湿度，还能够监控环境光照强度的变化，同时可根据土壤湿度情况控制浇水灌溉。所有信息及继电器控制都可通过 Web 界面从公网操作，系统用伽利略开发板实现。

5.5.1　远程花卉看护系统功能描述

家庭中花卉等植物的看护需要考虑花盆的土壤湿度、温度和光线强度等参数，这些参数可用数字或者模拟引脚接入多种传感器得到。市场上有各种各样的传感器，包括中子湿度计传感器、频域传感器、容量传感器和电极传感器等可供选用。电极传感器由两个电极组成，第一个电极接收电压，另一个连接到模拟端口，其原理是土壤导电性能与土壤湿度成比例关系。如果土壤中水分充足，则电流导通良好；土壤干燥意味着电流导通能力差。这里出于演示的目的，简化了其他会影响土壤电导率的因素，如土壤中盐分和养分含量等。本项目只测试土壤是否有足够的水供室内植物生长，并没有测量任何关于土壤类型、水类型或矿物浓度的细节。花卉维护包括自动化灌溉的功能，当花盆中的土壤过于干燥时，系统能够启动水泵对花卉进行浇水。

为了能够远程监控，由伽利略开发板提供 WiFi 网络连接和 WebServer 的功能，建立一个物联网页来实时获取土壤湿度和环境参数，并对花卉看护系统进行远程监控和维护操作。

在硬件方面，利用伽利略开发板接入传感器进行信息采集；浇水灌溉可以通过控制继电器接通浇水系统实现；以太网和 WiFi 模块可以提供网络接入接口，并且提供的 Arduino 接口和控制功能满足本系统要求。基本结构考虑采用如图 5-25 所示的系统架构。

在软件方面，考虑本项目是基于 Arduino IDE 开发实现的，因此可以通过修改例程快速建立系统原型，并调用各种传感器硬件库以及网络应用类的 API 库来加速 IoT 系统的开发。

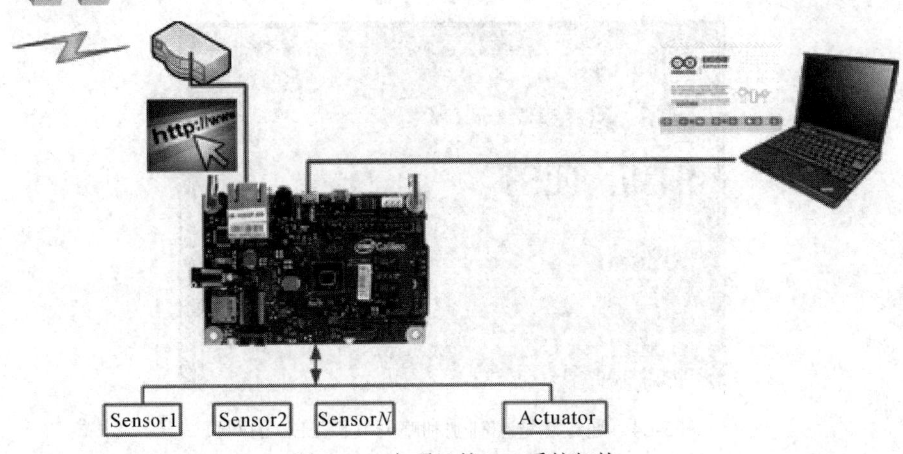

图 5-25 本项目的 IoT 系统架构

5.5.2 远程花卉看护系统硬件结构

1. 传感器和激励器选型

本项目中需要土壤湿度传感器、环境光敏传感器、温度传感器和继电器模块，系统中采用了继电器模块来模拟打开和关闭水泵的灌溉功能。市场上有种类繁多的基于 Arduino 开发的传感器与激励器模块可供选择。

1) 常用的光敏传感器

Grove-Light 传感器模块集成了一个光敏二极管(依赖光强调整电阻)来检测光强。当光强度增加时，光电阻的电阻值降低。板上的双运算放大芯片 LM358 产生与光强度相对应的电压(基于电阻值)。输出信号为模拟值，亮度越亮，值越大。Grove-Light 传感器模块的外形与传感器测量电路如图 5-26 所示。该模块工作电压为 3～5 V，工作电流为 0.5～3 mA，响应时间为 20～30 ms，工作峰值波长为 540 nm，图 5-26(a)中使用的光电三极管的型号为 GL5528。

(a) Grove-Light 传感器　(b) Grove-Light 传感器电路

图 5-26 光敏传感器模块

2) 常用温度传感器

这里介绍两种常用的温度传感器，即模拟输出的温敏三极管 LM35 和数字输出的 DHT11 温湿度传感器。温敏三极管 LM35 是一种精密温度传感器，具有温度范围宽、测量精度高、线性度好等特点。LM35 传感器的接口与电路连接关系如图 5-27 所示，(a)为传感器外观，(b)为基本测量电路连接方式，电压输出与温度呈线性关系，温度每升高 1℃，电

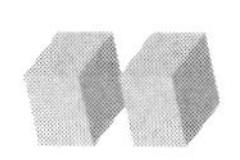

压将升高 10 mV，(c)为全温度范围的测量电路，测量范围为 -55～150℃。

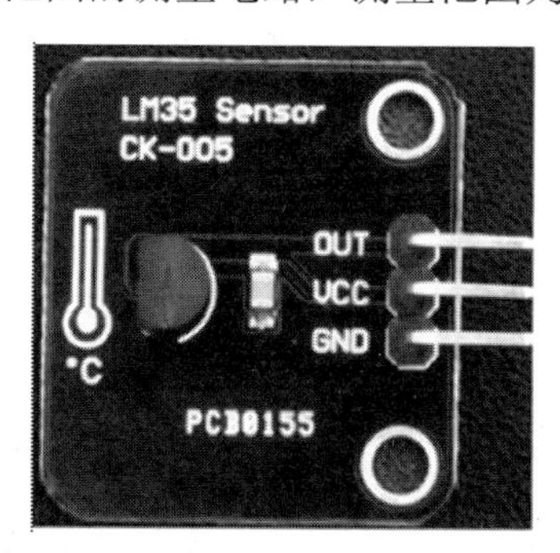

(a) 传感器外观

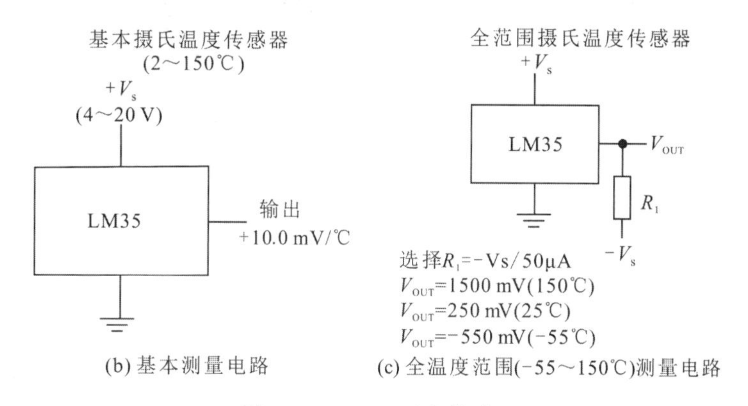

(b) 基本测量电路　　(c) 全温度范围(-55～150℃)测量电路

图 5-27　LM35 温度传感器

DHT11 数字温湿度传感器是一款含有已校准数字信号输出的温湿度复合传感器，采用专用数字模块采集和温湿度传感技术，具有高可靠性和长期稳定性。传感器包括一个电阻式感湿元件和一个负温度系数(NTC)测温元件，并连接一个高性能 8 位单片机。DHT11 传感器进行校准后将校准系数以数据的形式存在 OTP 内存中，传感器内部在检测信号的处理过程中要调用这些校准系数。采用单线制串行接口，易于集成并且功耗极低。产品为 4 针单排引脚封装，工作电压为 3.3～5 V，采用数字输出方式，连接方便。DHT11 传感器模块的外观与电路连接关系图如图 5-28 所示(其中 3 号引脚 NC 为空脚)。

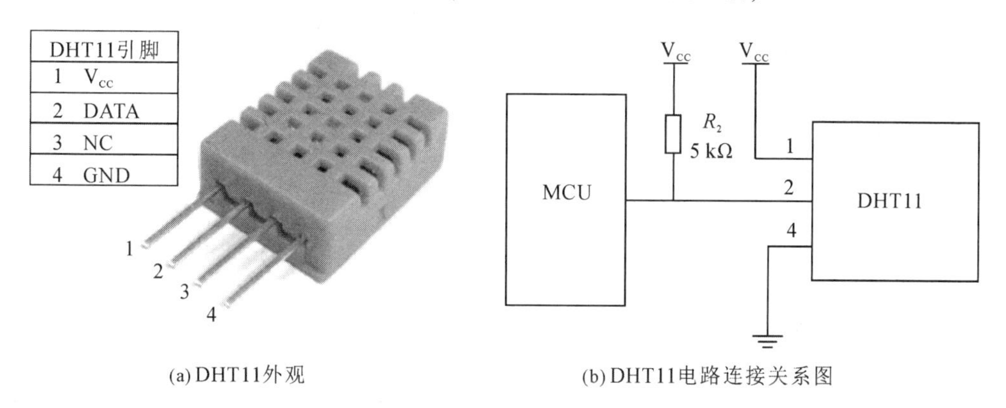

(a) DHT11外观　　(b) DHT11电路连接关系图

图 5-28　DHT11 温湿度传感器

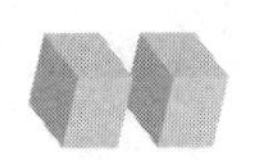

3) 继电器

单路 5 V 继电器模块用来控制水泵等设备，通过高低电平控制继电器的吸合和断开。常用的 5 V 继电器的引脚关系如图 5-29 所示。V_{DD} 连接伽利略开发板的+ 5 V，GND 连接开发板的 GND，信号端 EN 连接到伽利略开发板的数字引脚，继电器的 NO 是常开端，NC 是常闭端，COM 是公共端。

(a) 单路 5 V 继电器外观

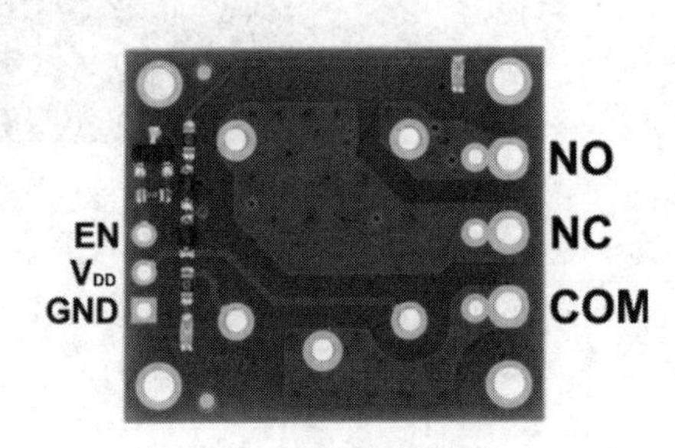

(b) 继电器引脚定义

图 5-29 单路 5 V 继电器

4) 土壤湿度传感器

土壤湿度传感器与 LM393 运算比较器一同构成一款低成本电极传感器，通过电极间电流的大小来估计土壤的湿度情况。传感器电路连接方式如图 5-30 所示。(a)图中的灵敏度调节电位器用于土壤湿度的阈值调节，数字量输出 DO 用于连接开发板的数字引脚。模块在土壤湿度达不到设定阈值时，DO 口输出高电平，当土壤湿度超过设定阈值时，DO 口输出低电平。数字量输出 DO 口也可以直接驱动继电器、蜂鸣器模块等，组成一个土壤湿度报警系统。模拟量输出端 AO 可用于与模拟输入端相连，通过 A/D 转换获得更精确的土壤湿度数值。

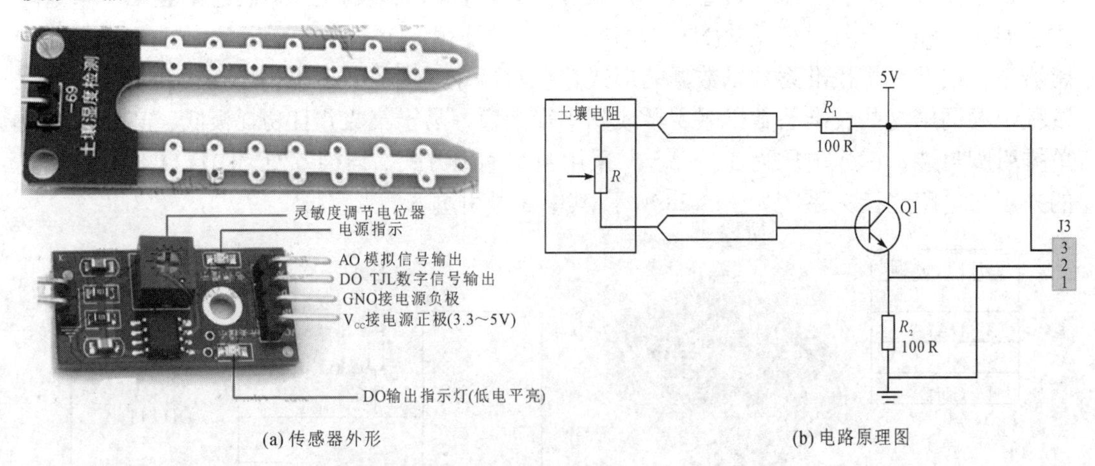

(a) 传感器外形　　　　(b) 电路原理图

图 5-30 土壤湿度传感器及电路原理图

2. 伽利略开发板与传感器连接

本例中采用伽利略开发板的模拟接口连接所有的传感器，数字引脚连接继电器模块。温度传感器连接到 A0 口，采用 LM35 高精度传感器；光敏传感器连接到 A1 口，采用光敏二极管模块；土壤传感器连接到 A2 口，采用电极传感器；继电器连接到数字引脚 8，采用

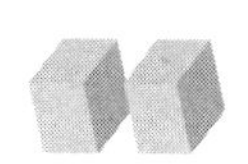

单通道 5 V 继电器进行控制。具体电路原理图如图 5-31 所示。

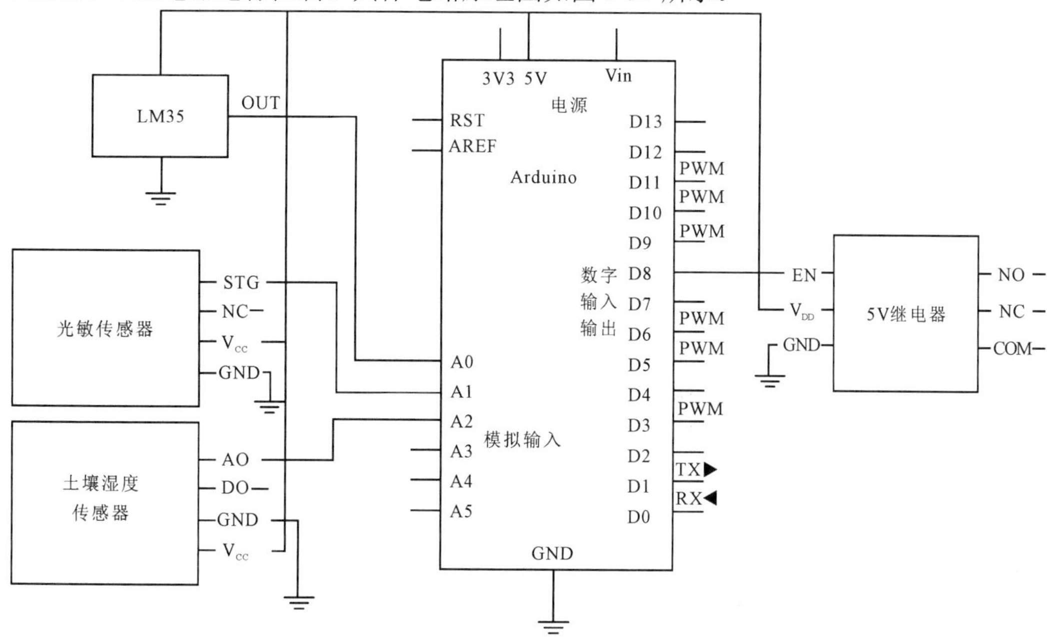

图 5-31　花卉智能看护系统电路原理图

5.5.3　程序软件实现

软件部分采用 Arduino 程序进行实现。WiFi 网络连接和 Web 服务器功能建立在 WiFiWebServer 例程的基础上。从文件→示例→WiFiWebServer 中打开例程并进行代码修改，例子中加粗斜体为改动的代码。WiFiWebServer 例程中建立 WiFi 连接的过程和 API 的使用与 5.4.3 节中的方法类似，这里不再赘述，仅重点介绍对 Web 服务功能的改进。

首先，修改 setup()函数，添加对继电器引脚的配置，代码如下：

```
void setup() {
  //初始化串口，并等待端口打开
  Serial.begin(9600);
  while (!Serial) { ; }
  //添加数字引脚 8 的配置：
  pinMode( 8, OUTPUT);
  //检查 WiFi 网卡是否正常
  if (WiFi.status() == WL_NO_SHIELD) {
    Serial.println("WiFi shield not present");
    // don't continue:
    while(true);
  }
...
}
```

其次，修改 loop()函数中网页显示、数据采集和继电器控制功能。修改代码如下：

```
void loop() {
  WiFiClient client = server.available();        //侦听呼入的客户端
  if (client) {
    Serial.println("new client");
    boolean currentLineIsBlank = true;        //HTTP 请求以空行结束
    String currentLine = "";                  //保存输入命令字符串
    while (client.connected()) {
      ...
        if (c == '\n' && currentLineIsBlank) {
          //发送一个标准 http 响应头字符
            client. println("< html>");
            client. println("< head>"); //网页 标题
            client. println("< title> Xidian Garden </ title>");
            client. println("< meta http- equiv=\" refresh\" content=\" 10; url-/\">");
            client. println("</ head>");
            client. println("< body>");
            client. println("< h1> Environment</ h1>");       //环境信息
            client. print(" temperature is ");
            float valueTemp = analogRead( A0);
            valueTemp = valueTemp *125 /256;
            client. println( valueTemp );
            client. println("< br />");
            client. print(" light Sensor Value: ");
            valueTemp = analogRead( A1); client. println( valueTemp );
            client. println("< br />");
            client. println("< br />");
            client. println("< h2> Plant A</ h2>");
            client. print(" Moisture Sensor Value: ");  //土壤湿度
            valueTemp = analogRead( A2);
            client. println( valueTemp );
            client. println("< br />");
            client. println("< a href=\"/ On\"> turn on</ a> the     pump< br>");
            client. println("< a href=\"/ Off\"> turn off</ a> the     pump< br>");
            client. println("< br />");
            client. println("</ body>");
            client. println("</ html>");
            client. println();
            break;
        } //语句“end if (c == '\n' && currentLineIsBlank)”结束
```

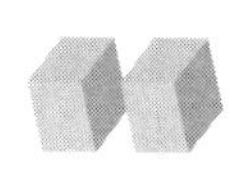


```
...
        if (c == '\n') {
          //如果只有换行符，则当前行为空
          currentLineIsBlank = true;
         currentLine = "";
        }
        else if (c != '\r') {
          //获得一个当前行中的字符
          currentLineIsBlank = false;
         currentLine += c;
             if (currentLine. endsWith(" GET /On")) {
                   digitalWrite( 8, HIGH);      //收到 On 则接通继电器
             }
             if (currentLine. endsWith(" GET /Off")) {
                   digitalWrite( 8, LOW);       //收到 Off 则断开继电器
            }
        }
      }
    }
    delay(1);            //延迟 1 ms，让浏览器接收数据
    client.stop();       //关闭连接
    Serial.println("client disonnected");
  }
}
```

将代码编译、下载到伽利略开发板，等待连接 WiFi 网络，然后打开浏览器登录到伽利略开发板的 Web 页面，就能看到如图 5-32(a)所示的页面以及如图 5-32(b)所示的把土壤湿度传感器插入到花盆的土壤中的整体效果。

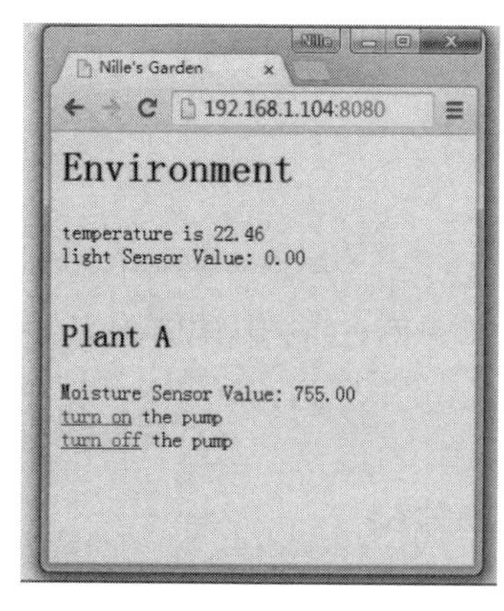

(a)

(b)

图 5-32　Arduino 程序运行效果与实物展示

5.5.4　虚拟服务器的远程公网访问

在广域网中实现上述功能时，在广域网中应该能够访问到家庭中的伽利略系统。例如，192.168.1.104 是伽利略开发板在局域网中的内部地址，也是路由器的内部局域网的 DHCP 服务器动态分配的地址。这个 IP 是无法在公网上访问的，需要借用路由器上的虚拟服务器设置功能进行一些设置。不同的路由器有不同的设置方法，这里用一款家用 D-Link 无线路由器为例进行设置，如图 5-33 所示。在高级配置→端口映射中进行配置，外部端口和内部端口均设置成 Web 访问端口 8080；内部地址设置成伽利略开发板的 IP 地址。广域网端口设置为空，允许所有 IP 访问伽利略开发板。

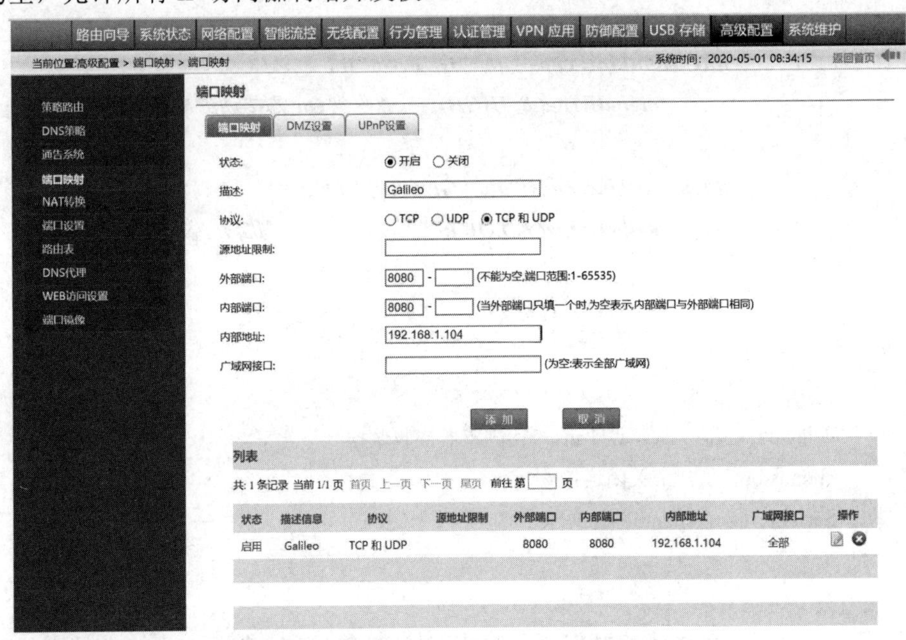

图 5-33　D-Link 路由器中端口映射的设置

接下来通过搜索引擎检查路由器的公网 IP 地址，如图 5-34 所示。

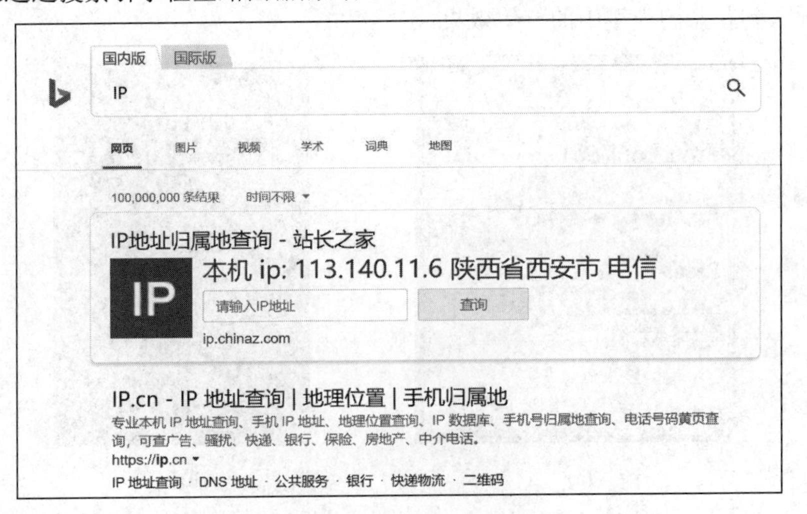

图 5-34　公网 IP 地址获取

由此获得路由器公网 IP 地址。当从公网中访问在内部网中的伽利略系统时，就要使用公网 IP 地址和进行映射的 Web 端口了，如图 5-35 所示。可以打开 IoT 网页，通过 IoT 网页上的“turn on”和“turn off”控制继电器的打开或关闭。

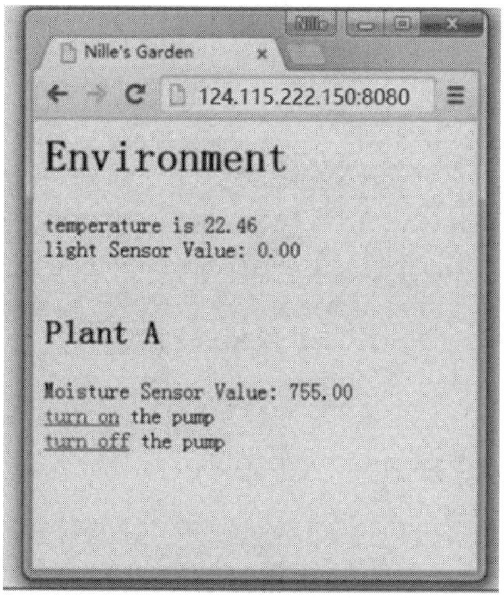

图 5-35　从公网访问伽利略开发板 IP 地址

5.6　物联网的结构扩展

除了本身作为 IoT 节点获取传感器信息之外，伽利略开发板还可以作为整个 IoT 系统的网关节点构成 IoT 的子网系统。目前基于物联网通信技术的协议和标准非常丰富，涵盖了网络协议的各个层次，图 5-36 展示了部分的 IoT 应用的通信协议。

图 5-36　IoT 的网络通信协议

例如，伽利略开发板可以作为网关节点与 ZigBee 节点配合，构成一个 IoT 子网，通过 ZigBee 协议，IoT 设备之间可以相互通信，通过网关节点接入互联网，这样能够简化 IoT 的设计并降低节点功耗，如图 5-37 所示。

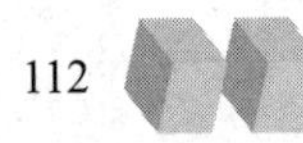

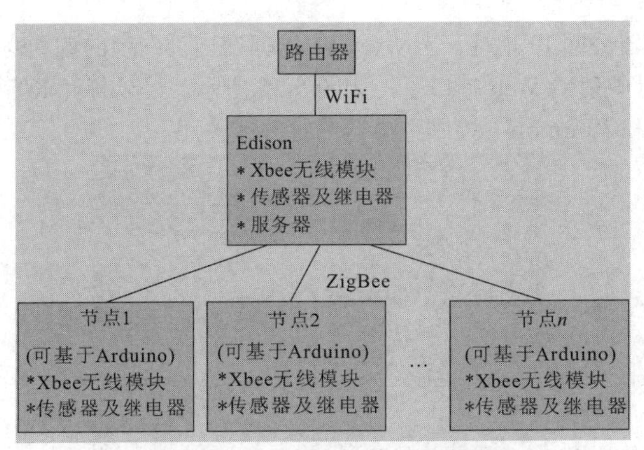

图 5-37 IoT 的 ZigBee 子网结构

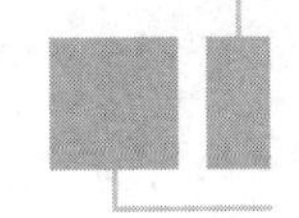

5.7 实验设计

5.7.1 固件升级与 Arduino 工具环境安装与运行

一、实验目的

掌握 Arduino 工具环境安装，并学习使用。

二、实验内容

(1) 伽利略开发板 Arduino IDE 环境下载与安装。

(2) Arduino IDE 的伽利略开发板配置，掌握通过 Arduino IDE 软件登录 Linux 和通过 PuTTy 登录 Linux 的方法。

(4) Arduino IDE 测试。

三、实验设备及工具

PC(Windows)，MicroSD，伽利略 1 代板(电源适配器 5 V)或者伽利略 2 代板(电源适配器 12 V)，音频转串口线，USB-RS232 转换器，MicroUSB 接口数据线，网线，内存卡。

四、实验步骤

1. 伽利略开发板 Arduino IDE 环境下载与安装

读者可以按照 5.1 节的 Arduino IDE 下载与安装过程进行操作。

2. Arduino IDE 的伽利略开发板配置

(1) Arduino IDE 安装以后，需要安装开发板工具包。连接电源线、音频线、USB Client 线和网线，单击工具→开发板→开发板管理器，在搜索框中输入“intel”后开始安装伽利略开发板工具包 Intel i586 Boards，如图 5-38 所示。

(2) 伽利略开发板加电，插入音频线，单击工具→端口菜单来设置正确的 COM 口，在工具→串口监视器中将看到 Linux 登录界面。COMx 端口用来登录 Linux，COMx(Intel

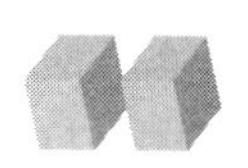

Galileo)端口用来上传程序。

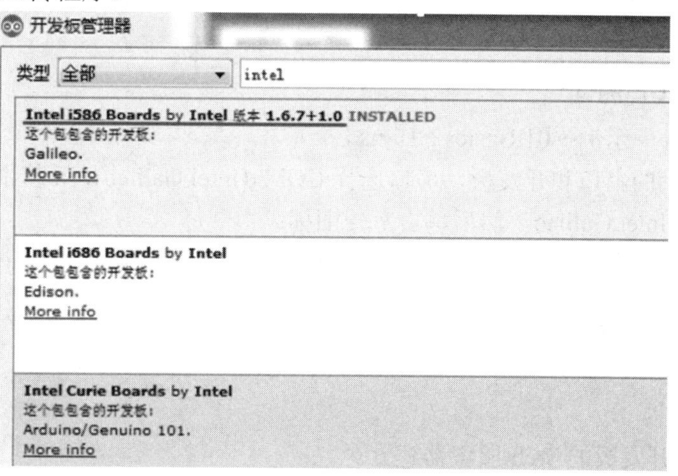

图 5-38　开发板管理器页面

(3) 串口监视器下端设置回车换行方式和波特率为 115 200，在输入框输入 root 进行登录，即可进入 Linux 系统。

(4) 用 PuTTy 登录 Linux 系统。首先单击网络与共享中心→本地连接→详细信息，查看自动分配 IPv4 地址，可以给开发板分配地址为 169.254.1.1，可使用 ifconfig eth0 169.254.1.1 up 命令分配 IP 地址，ifconfig 命令检查分配的 IP 地址；用网线连接主机和伽利略开发板，在计算机端打开命令行终端，输入 ping 169.254.1.1 命令来检查网络连接。

(5) 在 Arduino IDE 中把端口改为 COMx(Intel Galileo)，然后在工具→开发板中选择 Intel Galileo，单击文件→新建新建一个文件，按照图 5-39 所示修改内容，并单击上传图标，上传成功会出现 transfer complete，注意将文件中的 IP 地址改为自己设置的。

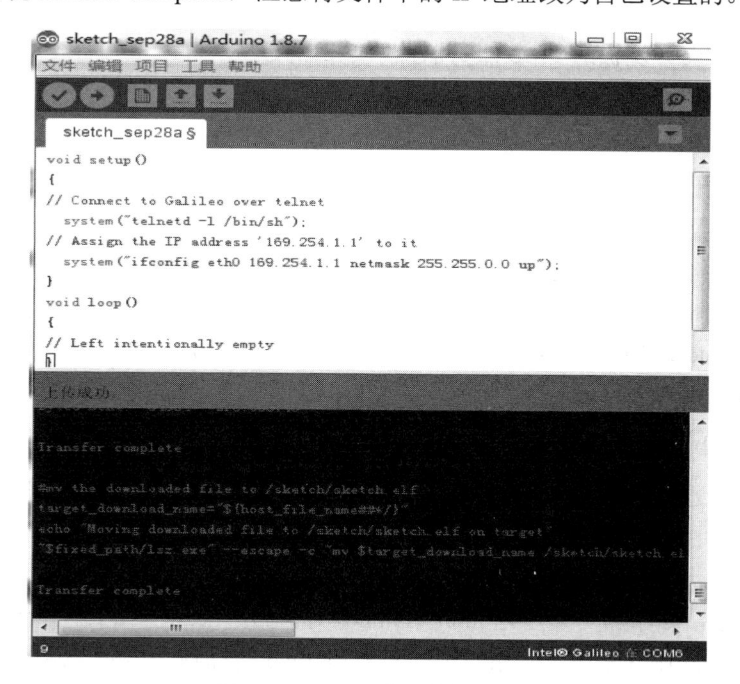

图 5-39　Sketch 代码上传界面

程序上传完成后会在开发板上自动运行起来，此时即可通过 PuTTy 用 SSH 方式登录伽利略开发板。

3. Arduino IDE 测试

(1) 打开文件→示例→01.Basics→Blink。

(2) 选择正确的串口和开发板，串口选择 COMx(Intel Galileo)，x 值根据实际的值进行选择；板型号为 Intel Galileo，然后单击上传图标。

(3) 上传完成后，会看到一个微小的绿色 LED 指示灯闪烁，说明 Arduino IDE 工作正常。

5.7.2 Web 服务器建立与传感器使用

一、实验目的

基于伽利略开发板的 Web 服务器建立。

二、实验内容

(1) 利用 Sketch 程序建立一个 TCP 连接和监听端口。

(2) 利用 Sketch 程序建立 Web 显示界面，采用 HTML 文本格式，包括文字和图像。

(3) 编译并上传 Sketch 程序后，在伽利略开发板上测试运行 Web 服务器程序。

三、实验设备及工具

PC(Windows)，MicroSD，伽利略 1 代板(电源适配器 5 V)或伽利略 2 代板(电源适配器 12 V)，音频转串口线，USB-RS232 转换器，MicroUSB 接口数据线，RJ45 网线，温度传感器 LM35，继电器，内存卡。

四、实验步骤

1. 基于伽利略开发板的 Web 服务器监听端口的建立

本实验中需要使用两个 Arduino 拓展库，分别为：

(1) <SPI.h>：可以使用串行外围接口总线与设备通信。

(2) <Ethernet.h>：可以使用 Arduino 进行 Web 服务器的创建，并进行以太网连接。

Web 服务器监听端口的建立过程，可参考 5.4.3 小节的介绍，建立起服务器—客户模式的服务器端的网络连接。这里设置的 MAC 地址和 IP 地址代码如下：

```
byte mac[] = { 0x98, 0x4F, 0xEE, 0x01, 0x3D, 0x40 };     //修改 MAC 地址
IPAddress ip(169, 254, 1, 1);                              //修改 IP 地址
EthernetServer server(80);                                 //http 服务端口
```

2. 建立 Web 服务器的显示界面

为了能够让远端客户访问伽利略系统采集到的信息，需要在开发板上建立一个 Web 主页。这个主页采用标准的 HTML 文件格式，用<html></html>字段进行标记。主页的头部以<head></head>表示开始和结尾，主体以<body></body>表示开始和结尾；头部中可以给网页添加一个标题，如添加一个标题 Intel Galileo，代码为<head> <title> Intel Galileo</title> </head>；<h2> Galileo </h2>说明添加一个名为 Galileo 的标题；<img src=图片地址>为主体中添加图片；
表示换行。以如下代码为例：

```
void loop() {
  EthernetClient client = server.available();           //监听用户访问
  if (client) {
    Serial.println("new client");
    boolean currentLineIsBlank = true;                  // http 请求的结束标志
    while (client.connected()) {
      if (client.available()) {
        char c = client.read();
        Serial.write(c);
        //如果已达行末尾(收到一个换行符)且该行为空，则 http 请求已结束，可以发送回复
        if (c == '\n' && currentLineIsBlank) { //发送标准 http 响应信息
          client.println("HTTP/1.1 200 OK");
          client.println("Content-Type: text/html");
          client.println("Connection: close");
          client.println();
          client.println("<!DOCTYPE HTML>");
          client.println("<html>");                      //说明一个 HTML 文件的开始
          //头部以< head> </ head>表示开始和结尾
          client.println("<head> <title> Intel Galileo</title> </head>");
          client.println("<body>");                      //以< body></ body> 表示开始和结尾
          client.println("<h1> HTML TES </h1>");  //添加 1 号和 2 号标题
          client.println("<h2> Galileo </h2>");
          client.println( “guohaitao” );                  //添加文字
          client.println("<br />");                      //换行
          //添加图片
          client.println("<img
               src=http://img4.imgtn.bdimg.com/it/u=2899142879, 4043532548&fm=27
               &gp=0.jpg>");
          client.println("</body>");
          client.println("</html>");
          break;
        }
        if (c == '\n') {                                 //开始一个新行
          currentLineIsBlank = true;
        }
        else if (c != '\r') {                            //从当前行获得一个字符
          currentLineIsBlank = false;
        } } }
    delay(1);                                            //给浏览器留出时间来接收数据
```

```
            client.stop();                              //关闭连接
            Serial.println("client disonnected");
        }
    }
```

3. 运行与调试

本实验的程序编译成功后，即可上传伽利略开发板运行调试。首先修改 MAC 地址，再修改 IPAddress ip 中的地址为开发板分配的地址，注意地址中的各部分之间是用逗号隔开而不是点号；Serial.begin 中设置波特率为 9600。

网页命名为“Intel 伽利略”，1 号标题为“HTML TEST”，2 号标题为“伽利略”，网页文本为“guohaitao”，然后换行，网页地址为一张网络图片的地址。

将客户端 PC 用网线与开发板相连，并且设置 IP 地址与伽利略开发板的 IP 地址，两者不同但须在同网段。然后在浏览器中输入访问地址 169.254.1.1/80，最终显示结果如图 5-40 所示。

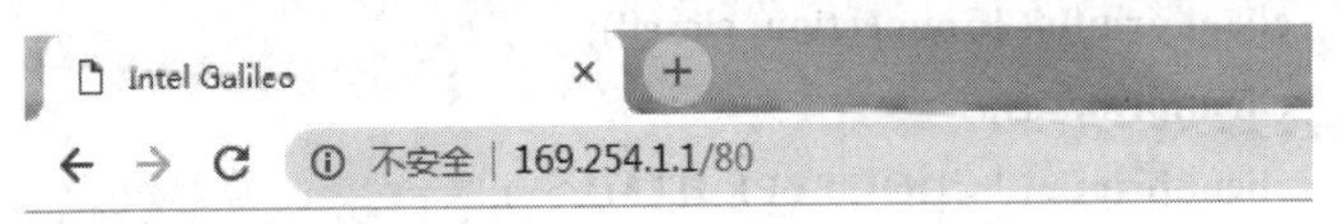

HTML TEST

galileo

guohaitao

图 5-40　伽利略开发板 Web 服务器页面

3. 通过网页控制继电器和读取温度传感器数据

在这个练习中设计了一个能够显示环境温度的网页，并且能够通过网页点击加亮部分来进行控制信号的输出。温度传感器采用 LM35，将传感器的 V_{CC}、GND 端与伽利略开发板的电源相连接，LM35 模块的 A0 端与模拟输入 A0 端口相连，使其读取环境温度的数值；将继电器模块的正负电极分别与伽利略开发板的电源相连接，S 端接数字输出端口 8 用以控制继电器开合。硬件连接完成后，开始修改 Sketch 程序。

首先，按照 5.4.3 小节的介绍修改 MAC 地址，此地址贴在伽利略开发板网口处。修改

IP 地址为给伽利略开发板分配的地址。同时在函数 Serial.begin()中设置波特率为 9600。在 setup()函数中，需要将引脚 8 设置成输出模式，代码如下：

```
Void setup(){
    ...
    Serial.begin(9600);          //启动串口，波特率为 9600
    ...
    pinMode( 8, OUTPUT);         //设置 8 号引脚输出
}
```

其次，在 loop()函数中接收传感器数据，并设置带有按钮的网页进行显示。用函数 client.read()从客户端获取数据并存放到变量 c 中。如果 c 为空值，说明按键没有被点击，则只显示网页信息；如果 c 的值为“GET/on”，则说明第一个“Here”被点击，接通继电器的命令被发出。如果第二个“Here”被点击，则说明接收到的 c 值为“GET/off”。代码如下：

```
vold loop() {
    EthernetClient client = server.available();
    int pump = digitalRead(8);                //初始化继电器状态变量 pump
    if (client) {
        Serial.println("new client");
        String currentLine = "";           //一个空行结束的 HTTP 请求信息
        while (client.connected()) {
            if (client.available()) {
                char c = client.read();      //从请求中读取信息
                Serial.write(c);
            }
            //如果收到换行符（已达行末尾）且值为空，则在请求结束时可直接回复如下信息
            if (c == '\n') {
                if(currentLine.length() == 0) {
                    client.println("HTTP/1.1 200 OK");
                    client.println("Content-Type: text/html");
                    client.println();
                    client.println("<!DOCTYPE HTML>");
                    client.println("<html>");
                    client.println("<head><title> 英特尔 伽利略</title> </head>");
                    client.println("<body>");
                    client.println("<h1>xidian 伽利略 <h1>");
                    //输出温度采样值
                    client.print("Temperature Value:");
                    float test_value=analogRead(A0);
                    test_value=test_value*125/256;
```

```
                client.println(test_value);
                client.println("<br />");
                //可点击的控制继电器开关
                client.println("Click <a href=\"/on\">here</a> turn on the pump <br>");
                client.println("Click <a href=\"/off\">here</a> turn off the pump<br>");
                client.print("pump_state:");          //显示继电器状态
                if(pump==1){
                    client.println("<strong>ON</strong>");
                }
                else if(pump ==0)
                {
                    client.println("<strong>OFF</strong>");
                }
                client.println("<br />");
                client.println("</body>");
                client.println("</html>");
                break;
                }else { //收到一个新行，清空 currentLine 变量
                    currentLine = "";
                }
            }else if (c != '\r') {  //如果不是结束符，也不是回车符，则将字符加到 currentLine 末尾
                currentLine += c;
            }
            //检查请求中是否有"GET /on"或者"GET /on"的信息
            if (currentLine.endsWith("GET /on")) {  //收到"on"则接通继电器
                digitalWrite(8, HIGH);
                pump=1;
            }
            if (currentLine.endsWith("GET /off")) {  //收到"off"则关闭继电器
                digitalWrite(8, LOW);
                pump=0;
            }
        }
    }
    delay(1);                  //延迟 1 ms，保证浏览器可靠接收数据
    client.stop();             //关闭连接
    Serial.println("client disconnected");
  }
}
```

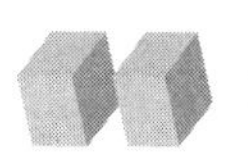

网页显示如图 5-41 所示，正常显示温度，单击“here”会打开或关闭继电器。

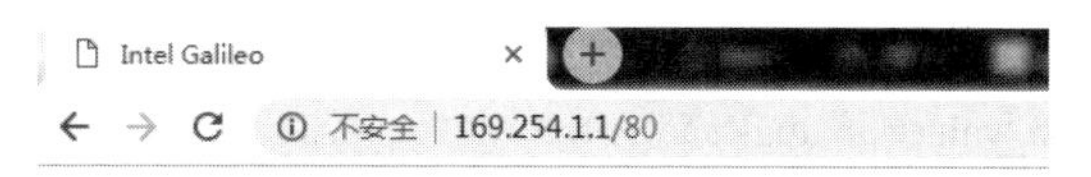

xidian Galileo

Temperature Value:0.49
Click here turn on the pump
Click here turn off the pump
pump_state:OFF

图 5-41　温度显示与继电器控制 Web 页面

5.7.3　远程花卉看护系统设计

一、实验目的

基于伽利略开发板设计一个物联网节点的花卉看护系统。

二、实验内容

该物联网节点系统包含温度传感器、土壤湿度传感器和光敏传感器以及一个继电器。通过这三个传感器获取花卉生存环境的信息，利用以太网将信息传递到浏览器界面，再根据实际环境控制继电器进行浇水、增加光照等操作。

三、实验设备及工具

PC，MicroSD 卡，伽利略开发板 Gen 1(5 V 电源)或 Gen 2(12 V 电源)，音频转串口线，USB-RS232 转换器，MicroUSB 接口数据线，网线，内存卡，LM35 温度传感器，土壤湿度传感器，光敏传感器，继电器。

四、实验步骤

首先通过温度传感器、土壤湿度传感器和光敏传感器获取花卉生长的环境参数，并在浏览器网页上显示所采集到的实时参数。看护人员可以通过远程方式在网页上操控继电器开关，进行浇水或增加光照等操作。整个系统采用 Arduino IDE 开发环境，编写 Skecth 代码进行实现。在硬件设置上，伽利略开发板的 A0 口用来采集环境温度数据，A1 口采集光照强度，A3 口采集土壤湿度；数字引脚 8 用来连接继电器。代码在实验 2 的基础上进行修改。

首先，在 Web 页面中添加传感器数值显示部分的代码，修改部分代码如下：

```
void loop() {
    ...
    while (client.connected()) {
        if(currentLine.length() == 0) {
            ...
            //显示花卉周围环境信息
            client.println("<h2>Enviroment<h2>");
```

```
            //显示温度信息
            client.print("Temperature Value:");
            float test_value=analogRead(A0);
            test_value=test_value*125/256;
            client.println(test_value);
            client.println("<br />");
            //显示土壤湿度
            client.print("Moisture Sensor Value:");
            test_value=analogRead(A3);
            client.println(test_value);
            client.println("<br />");
            //显示光强度信息
            client.print("Light Sensor Value:");
            test_value=analogRead(A1);
            client.println(test_value);
            client.println("<br />");
            ...
        }
    }
}
```

其次，其他部分的代码保持不变，将代码编译并上传到伽利略开发板，花卉看护系统开始运行，图 5-42 为页面显示结果。

xidian Galileo

Enviroment

Temperature Value:32.71
Moisture Sensor Value:638.00
Light Sensor Value:452.00
Click here turn on the pump
Click here turn off the pump
pump_state:ON

图 5-42　花卉看护系统的 Web 页面显示

第六章　伽利略系统的进阶开发

Arduino 开发环境是基于单片机系统构建的一套 C++ 库工具，目的是简化单片机开发过程。在 Arduino 开发环境中，伽利略开发板也被看作单片机来使用，因而发挥不出 Linux 系统和 Quark 处理器强大的处理能力。本章介绍面向工业级系统开发的伽利略开发板进阶开发方法，分析基于 Linux 系统下 Arduino 编程的内部机理，并进一步介绍 Yocto 开源嵌入式 Linux 系统编程技术。

6.1　伽利略开发板软件层次结构

第三章中简介了英特尔物联网平台的软件层次结构。根据不同平台固件的加载，其软件架构能够支持不同物联网底层硬件，涵盖了 Quark SoC、Atom 和 Core2 等处理器平台。伽利略开发板的软件层次结构如图 6-1 所示。

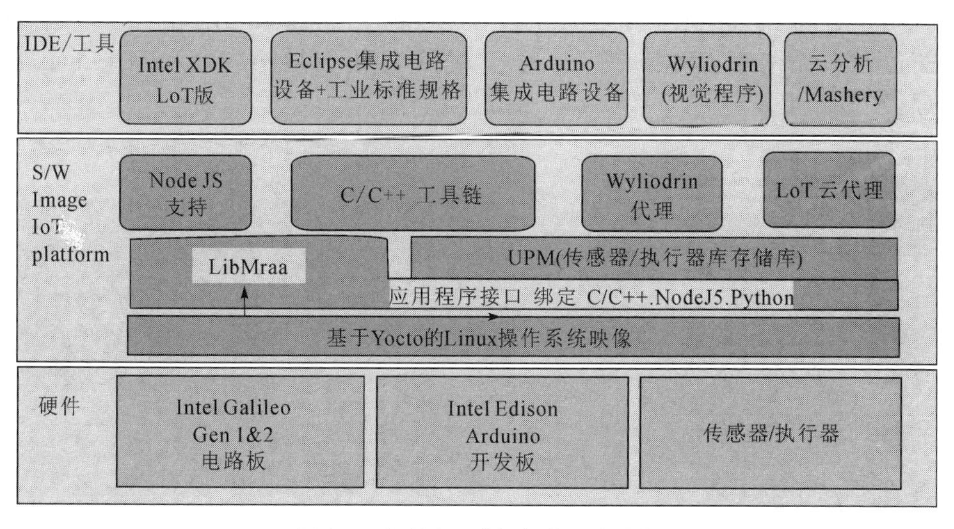

图 6-1　伽利略开发板软件层次结构

图 6-1 中展示了三个部分的结构层次。首先，最底层的硬件层包含了不同处理器平台、开发板的固件(Firmware)以及板级支持包(BSP)，这一部分主要由平台厂家提供。

其次，物联网平台层提供操作系统以及相关的库工具，为用户使用的各种开发工具提供支持，可以看到这个层次基于 Yocto 的 Linux 定制操作系统映像，面向物联网的传感器和激励器应用提供了基本外设接口库 Mraa 和传感器库 UPM，为物联网应用开发提供支持。关于 Mraa 和 UPM 库的使用将在第八章进行介绍。基于 Linux 内核的软件映像层为 NodeJS、C/C++ 和 Wyliodrin 等开发工具提供 API 调用的支持，使开发者能够方便使用底层硬件。统一内核服务与 API 调用接口使开发环境保持统一，并且能够通过内核定制获得良好的可扩展性。

IDE 工具层也提供了多种物联网应用开发工具。Arduino IDE 实际上就是一个基于 Linux 的应用端程序，所有对开发板硬件接口的操作都是通过 Linux 提供的设备 API 来进行的，如图 6-2 所示。

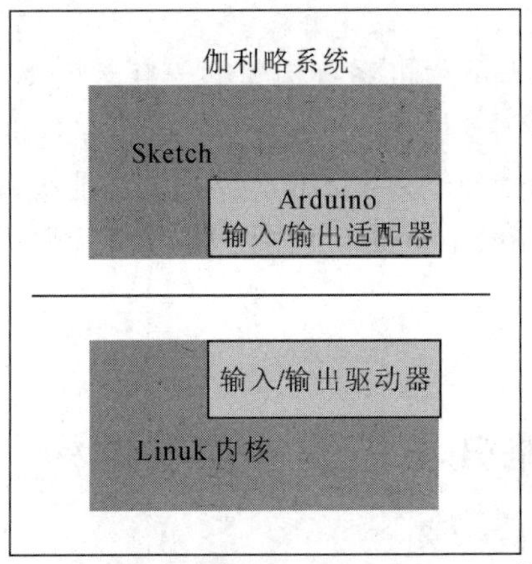

图 6-2　伽利略软件系统中 Arduino 与 Linux 的关系

与 AVR 单片机不同，伽利略开发板的 Arduino 是建立在 Linux 内核操作基础上的，Arduino 的 I/O 访问要利用 Linux 内核的 I/O 操作方式，不能直接对硬件进行操作，Arduino 引脚和复用功能与 Linux I/O 设备的关系如图 6-3(a)所示，图 6-3(b)为伽利略开发板提供的两种 Linux 操作系统对应用层的支持方式。下面先介绍伽利略开发板上基于 Linux 的编程机制以及 API 调用。

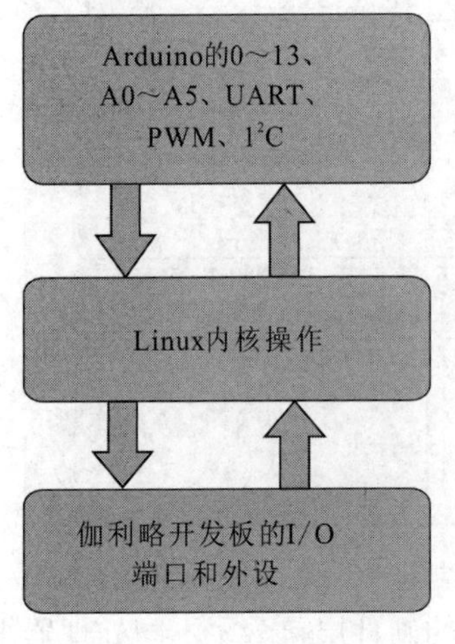

(a) Arduino接口调用方式

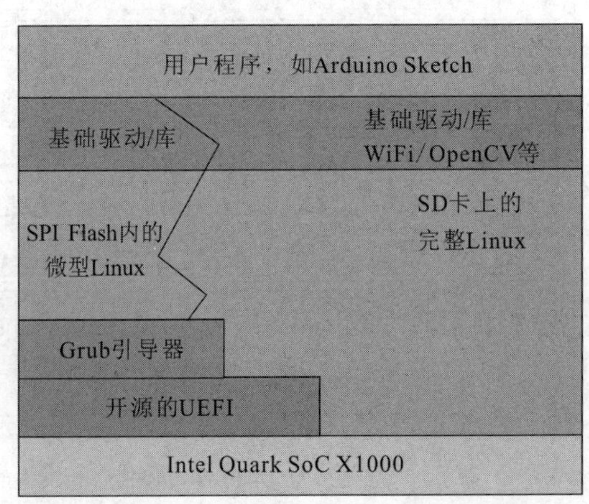

(b) Linux系统的两种应用支持方式

图 6-3　基于 Linux I/O 设备的接口调用方式

Arduino 提供了有限的传感器和激励器接口用来简化物联网系统的开发，但是面对产品级的应用开发，更多时候仍需要采用原生开发的方式进行更为底层的编程。英特尔提供了另一个集成了 C/C++ 工具链、Eclipse 环境与其他功能的开发工具 System Studio Edition，用于面向物联网以及边缘计算应用开发。

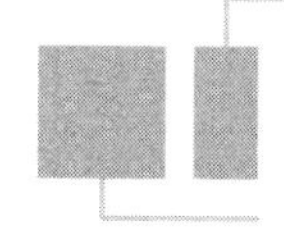

6.2 Linux 内核基于 sysfs 的设备管理

6.2.1 Linux 设备模型

随着系统整体拓扑结构越来越复杂，Linux 内核设计者用“设备模型”的概念，对系统结构进行统一的抽象描述。设备模型用类的思想将具有相似功能的设备放到一起管理，动态分配主从设备号，有效解决设备号的不足。面向用户时，用 sysfs 文件系统对设备模型进行操作，它以文件的方式让本是抽象复杂而又无法捉摸的结构清晰可视起来。同时也为用户空间程序使用内核设备驱动提供了操作接口。设备模型通过提供一个流程模板，有效减少了开发者设计过程中不必要的错误，提高 Linux 操作系统的稳定性和可维护性。

设备模型的基本数据结构包括 device、driver、bus 和 class 四种，四者相互链接并形成 sysfs 文件系统。对这些设备模型结构的说明如表 6-1 所示。

表 6-1　Linux 设备模型

类型	所包含的内容	内核数据结构	对应/sys 项
设备 (Devices)	设备是此模型中最基本的类型，以设备本身的连接按层次组织	stuct device	/sys/devices/*/*/…/
驱动 (Drivers)	在一个系统中安装多个相同设备，只需要一份驱动程序的支持	struct device_driver	/sys/bus/pci/drivers/*/
总线 (Bus)	在整个总线级别对此总线上连接的所有设备进行管理	struct buts_type	/sys/bus/*/
类别 (Classes)	按照功能进行分类组织的设备层次树，如 USB 接口和 PS/2 接口的鼠标都是输入设备，都会出现在/sys/class/input/下	struct class	/sys/class/*/

6.2.2 Linux 设备文件系统 sysfs

sysfs 是一个内存文件系统，用于将内核信息以文件方式提供给用户程序。它包含所有系统硬件层次视图，类似于 proc 文件系统，不过 sysfs 是描述系统设备和总线组织的分级文件，可以在用户空间存取，向用户空间导出内核的数据结构以及它们的属性。sysfs 包含设备驱动模型中各组件的层次关系，其顶级目录包括 block、bus、drivers、class、power 和 firmware 等。sysfs 文件系统的核心目录结构如表 6-2 所示。

表 6-2　sysfs 文件系统目录结构

/sys 子目录	所 包 含 的 内 容
/sys/devices	内核对系统所有设备分层表达模型，也是/sys/文件系统管理设备的最重要的目录结构
/sys/dev	按字符设备和块设备的主次号码(major:minor)链接到真实的设备(/sys/devices 下)的符号链接文件
/sys/bus	内核设备按总线类型分层放置的目录结构，它也是构成 Linux 同一设备模型的一部分
/sys/class	按照设备功能分类的设备模型，如系统所有输入设备都会出现在/sys/class/input 之下，而不论它们是以何种总线连接到系统，它也是构成 Linux 统一设备模型的一部分
/sys/block	系统当前所有块设备的目录结构，在 2.6.26 内核中已正式移到/sys/class/block，为了向后兼容保留存在，但其内容已经变为指向它们在/sys/devices/中真实设备的符号链接文件
/sys/fs	用于描述系统中所有文件系统，包括文件系统本身和按文件系统分类存放的已挂载点，但目前只有 fuse，gfs2 等少数文件系统支持 sysfs 接口，一些传统的虚拟文件系统(VFS)层次控制参数仍然在 sysctl(/proc/sys/fs)接口中
/sys/module	这里有系统中所有模块的信息
/sys/power	系统中电源选项，该目录下的文件可以用于控制机器电源状态，如写入控制命令使关机、重启等

6.2.3　Linux 对 GPIO 的访问

Linux 系统中用户对 GPIO 设备调用是通过 sysfs 系统进行管理的。通过对 sysfs 文件系统操作来使用底层硬件的 GPIO。GPIO 设备的 I/O 端口到 sysfs 文件系统的映射是通过子目录 /sys/class/gpio 来实现的。该目录包含的子目录如下：

(1) /sys/class/gpio/export：用于通知系统需要导出控制的 GPIO 引脚编号。

(2) /sys/class/gpio/unexport：用于通知系统取消导出。

(3) /sys/class/gpio/gpiochipX：保存系统中 GPIO 寄存器的信息，包括每个寄存器控制引脚的起始编号 base、寄存器名称和引脚总数等信息。

在 Linux 中使用 GPIO 引脚需要按照一定的步骤进行。在 Linux 中如果希望使用芯片的某一个 GPIO 引脚，首先需要计算此引脚的 Linux 编号，计算公式如下：

引脚编号 = 控制引脚的寄存器基数 + 控制引脚寄存器位数

通过查阅嵌入式处理器的手册，能够获得上述信息并得到该引脚在 Linux 中的编号。

其次，在获得编号以后，向文件系统 /sys/class/gpio/export 目录的文件中写入此编号，这可以在 Linux Shell 通过 echo 命令实现。例如，要操作 12 号引脚，用 echo 命令写入成功后就会生成一个 /sys/class/gpio/gpio12 目录，并包括了该引脚的多个属性，其中两个最基本的文件(direction 文件和 value 文件)用来说明该引脚的 I/O 方向和具体数值信息：

(1) direction 文件：定义输入输出方向，接受的参数包括 in、out、high 和 low。

(2) value 文件：定义端口的数值，值为 1 或 0。

下面通过 Linux Shell 对 GPIO 进行操作来举例说明。例如，要在编号为 12 的 GPIO 引脚输出高电平，命令行操作的步骤主要就包括三步：① 导出相应的 GPIO 接口；② 设置相应 GPIO 接口的方向(in 或者 out)；③ 设置相应 GPIO 的值。具体的操作如下：

(1) 开始导出 GPIO 12：

```
# cd /sys/class/gpio
# echo 12 > export
```

(2) 设置 GPIO 为输出(设置 direction 为 out)：

```
# cd /sys/class/gpio/gpio44
# echo out > direction
```

(3) 查看 GPIO 的方向参数，在当前目录下输入：

```
# cat direction
```

(4) 设置并查看输出：

```
# echo 1 > value
# cat value
```

(5) 取消 GPIO 导出：

```
# echo 44 > unexport
```

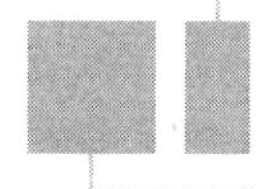

6.3　伽利略开发板的引脚映射与操作

6.3.1　Arduino 引脚功能访问机制

伽利略开发板上所有针对外设和 GPIO 的操作都需要通过 Linux 调用来完成。在伽利略开发板上操作 Arduino 引脚时，实际上是在后台由 IDE 把代码中对 Arduino 引脚和复用功能的操作转换到对 Linux 设备接口的操作。由于伽利略开发板有很多复用功能，如 PWM、SPI 和 I^2C 通信等，都是由开发板上外接引脚扩展芯片和 A/D 转换芯片等扩展而来，因此操作时不仅要通过 Linux 设置 I/O 引脚的输入/输出模式，还要设置引脚复用功能的选择。为了深入理解 Arduino 程序是如何完成这些功能操作的，本节首先介绍 Arduino 编程引脚与 Linux 设备文件之间的关系，然后介绍在 shell 命令行下，Linux 系统是如何通过 sysfs 文件系统来操作这些功能的。

Arduino 的 I/O 和引脚复用功能对应到伽利略开发板的 I/O 设备之间的映射关系可参见第三章的表 3-1。

例如，利用 Arduino 函数 pinMode(13，output)的实际功能就是导出 Linux 的 GPIO39 (Arduino ID IO13)，并将其 direction 属性设置为 out。

6.3.2　伽利略开发板上操作 GPIO

这里用数字引脚 7 的设置方式来举例说明伽利略开发板是如何通过 Linux 的 sysfs 设备文件系统操作 GPIO 的。Linux 中可以使用命令行和 C 调用两种方式来进行 I/O 控制，这里先介绍命令行方式，以便让读者能够更好地理解 sysfs 的文件系统操作模式。

前面介绍的伽利略开发板的登录方法，通过串口或者网络方式登录到伽利略开发板，在 PuTTy 窗口内通过命令操作设置数字引脚 7 为输出方式。

首先，检查伽利略开发板 GPIO 的使用情况，可以输入如下命令：

```
root@clanton:~# cat /sys/class/gpio
```

其次，查阅第三章的表 3-1 可知数字引脚 7 对应到 GPIO27，将该端口导出，使其在 sysfs 可控，命令如下：

```
root@clanton:~# echo -n "27" > /sys/class/gpio/export
```

然后，设置 GPIO 端口方向，并设置 GPIO 端口驱动方式，命令如下：

```
root@clanton:~# echo -n "out" > /sys/class/gpio/gpio27/direction
root@clanton:~# echo -n "strong" > /sys/class/gpio/gpio27/drive
```

最后，可以开始读写 GPIO 端口，当 GPIO 配置成 input，可以读取其值命令如下：

```
root@clanton:~# cat /sys/class/gpip/gpio27/value
0
```

如果 GPIO 设置成 output，可以写入该 GPIO 端口，命令如下：

```
root@clanton:~# echo -n "1" > /sys/class/gpip/gpio27/value
root@clanton:~# echo -n "0" > /sys/class/gpip/gpio27/value
```

一个在伽利略开发板上的 shell 命令的操作情况如图 6-4 所示。

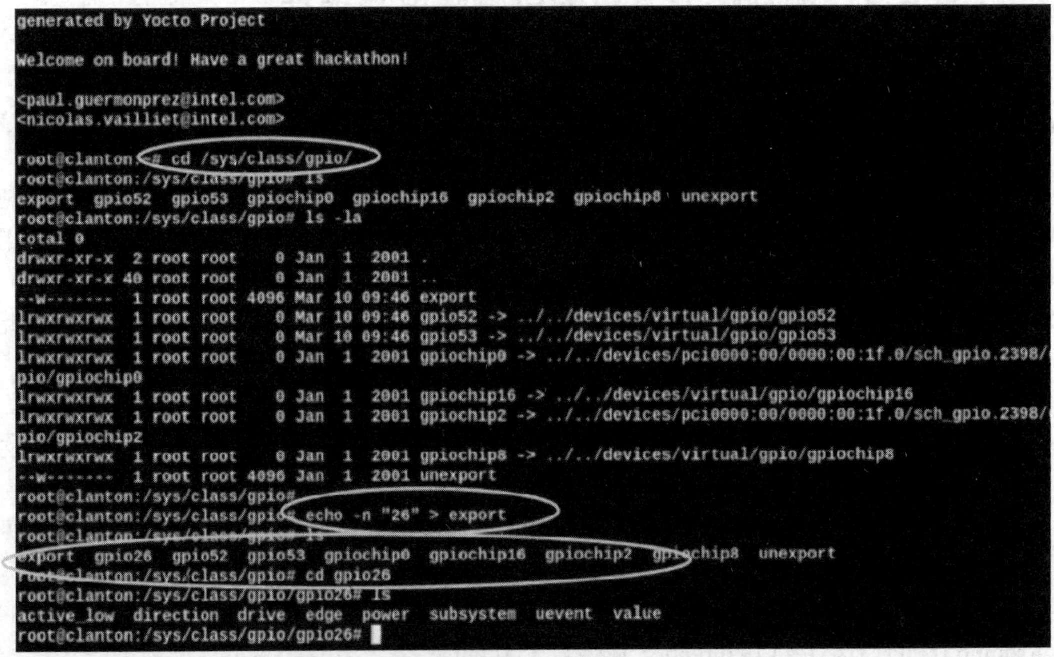

```
generated by Yocto Project

Welcome on board! Have a great hackathon!

<paul.guermonprez@intel.com>
<nicolas.vailliet@intel.com>

root@clanton:~# cd /sys/class/gpio/
root@clanton:/sys/class/gpio# ls
export  gpio52  gpio53  gpiochip0  gpiochip16  gpiochip2  gpiochip8  unexport
root@clanton:/sys/class/gpio# ls -la
total 0
drwxr-xr-x  2 root root    0 Jan  1  2001 .
drwxr-xr-x 40 root root    0 Jan  1  2001 ..
--w-------  1 root root 4096 Mar 10 09:46 export
lrwxrwxrwx  1 root root    0 Mar 10 09:46 gpio52 -> ../../devices/virtual/gpio/gpio52
lrwxrwxrwx  1 root root    0 Mar 10 09:46 gpio53 -> ../../devices/virtual/gpio/gpio53
lrwxrwxrwx  1 root root    0 Jan  1  2001 gpiochip0 -> ../../devices/pci0000:00/0000:00:1f.0/sch_gpio.2398/
pio/gpiochip0
lrwxrwxrwx  1 root root    0 Jan  1  2001 gpiochip16 -> ../../devices/virtual/gpio/gpiochip16
lrwxrwxrwx  1 root root    0 Jan  1  2001 gpiochip2 -> ../../devices/pci0000:00/0000:00:1f.0/sch_gpio.2398/
pio/gpiochip2
lrwxrwxrwx  1 root root    0 Jan  1  2001 gpiochip8 -> ../../devices/virtual/gpio/gpiochip8
--w-------  1 root root 4096 Jan  1  2001 unexport
root@clanton:/sys/class/gpio#
root@clanton:/sys/class/gpio# echo -n "26" > export
root@clanton:/sys/class/gpio# ls
export  gpio26  gpio52  gpio53  gpiochip0  gpiochip16  gpiochip2  gpiochip8  unexport
root@clanton:/sys/class/gpio# cd gpio26
root@clanton:/sys/class/gpio/gpio26# ls
active_low  direction  drive  edge  power  subsystem  uevent  value
root@clanton:/sys/class/gpio/gpio26#
```

图 6-4　伽利略开发板通过 shell 命令操作 GPIO

6.3.3　伽利略开发板上操作 PWM 功能

在操作伽利略开发板所提供的功能复用时，要参考第三章的表 3-2，首先将该引脚多路选择器设置为 0，选择相应的复用功能，然后再进行该功能的后续编程操作。这一点与 C/C++ 驱动编程的过程类似，只不过在 Arduino 中这一初始化设置过程均已进行了类封装，极大地简化了外设的操作。与 GPIO 的使用相同，复用功能的操作实质上仍然是对 Linux sysfs 设备文件系统的操作。下面就从几个举例中分别给大家做一介绍。

脉冲宽度调制(PWM)是一种使用数字信号以一定间隔重复开关切换来获得模拟输出信号的技术。它被广泛用于调节 LED 的强度，或控制直流电动机的速度等。

伽利略开发板上的 PWM 输出是使用 CY8C9540A 输入输出扩展芯片实现的，伽利略开发板上使用了其中 6 个 PWM 通道，如图 6-5 所示。

Arduino数字引脚号	PWM通道
3	3
5	5
6	6
9	1
10	7
11	4

(a) 对应关系

(b) 开发板引脚

图 6-5　伽利略开发板 PWM 通道

图中数字引脚对应开发板上的数字引脚编号，PWM 通道对应的就是扩展芯片的 PWM 通道号。在第三章的表 3-1 中对应 Linux 中 PWM 设备编号，可以通过这个设备编号来操作 PWM 设备。如希望设置引脚 3 为 PWM 功能，并设置该 PWM 输出的占空比为 50%。首先，用 cat 命令检查 PWM 通道是否可用，命令如下：

```
root@clanton:~# cat /sys/class/pwm/pwmchip0/npwm
8
```

如果 npwm 文件中为 8，则说明有 8 个 PWM 通道。

其次，导入 PWM 通道 3 到 sysfs，采用与 GPIO 类似的命令如下：

```
root@clanton:~# echo -n "3" > /sys/class/pwm/pwmchip0/export
```

上述命令能够在目录/sys/class/pwm/pwnchip0/建立 PWM3 设备文件目录。接下来就可以采用下面的命令启动 PWM3 端口：

```
root@clanton:~# echo -n "1" > /sys/class/pwm/pwmchip0/pwm3/enable
```

设置 PWM3 周期，以 ns 为单位，命令如下：

```
root@clanton:~# echo -n "1000000" > /sys/class/pwm/pwmchip0/pwm3/period
```

设置 PWM 占空周期，以 ns 为单位，占空比为 50%，命令如下：

```
root@clanton:~# echo -n "500000" > /sys/class/pwm/pwmchip0/pwm3/duty_cycle
```

当完成上述步骤设置后，引脚 3 的 PWM 输出开始工作。

6.3.4 伽利略开发板上设置 ADC 功能

伽利略开发板的模拟输入是采用 AD7298 模数转换芯片实现的，该芯片 8 个通道中有 6 个被伽利略开发板使用。每个模数转换通道的分辨率为 12 位，采集的数值在 0～4095 之间，0 代表输入电压为 0 V，4095 为输入 5 V。A0～A5 引脚是数字和模拟功能复用的引脚，特别是 A4 和 A5 同时与 GPIO 和 I^2C 接口进行三路复用。从第三章的表 3-1 和表 3-2 中，区分不同功能是通过使用不同的 Linux 设备编号来完成的。例如，如要使用 A0～A5 引脚的 GPIO 功能即数字引脚的功能，就要在 sysfs 中使用 Linux 的 GPIO 编号为 45～49 的引脚；如使用模拟输入功能，就要使用 Linux GPIO 编号 20～23 和 36～37；如果要在 A4 和 A5 使用 I^2C 串口通信功能，则可以使用 Linux GPIO 29。

模拟输入从/sys/bus/iio/devices/iio:device0/in_voltageX_raw 文件中读取。在使用时需要先设置模拟输入模式，命令如下：

```
root@clanton:~# echo -n "37" > /sys/class/gpio/export
root@clanton:~# echo -n "out" > /sys/class/gpio/gpio37/direction
root@clanton:~# echo -n "0" > /sys/class/gpio/gpio37/value
```

一旦模拟端口被连接，其值就可以从 sysfs 中进行读取，命令如下：

```
root@clanton:~# cat /sys/bus/iio/devices/iio\:device0/in_voltage0_raw
2593
```

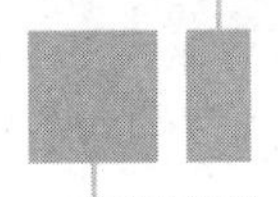

6.4 基于 Linux 的 Arduino 程序运行

实际上，在 Arduino 编程中，GPIO 和多种复用功能也是通过 Linux 系统调用的方式实现对 sysfs 文件操作的。下面结合 Arduino 程序的相关函数来说明利用系统调用来使用伽利略设备的方法。

6.4.1 Arduino 程序执行机制

伽利略开发板与单片机 Arduino 系统不同，后者在硬件上直接运行应用程序，但 Linux 操作系统才是伽利略硬件的实际操作者，Arduino 应用只是一个独立的用户态程序，它是没有权限去直接操作硬件的。因此首先要解决用户态下 Sketch 程序被下载到开发板后如何自动运行、如何操控底层硬件以及如何进行显示输出等问题。这些问题在伽利略开发板的 Arduino IDE 环境中都已经被很好地解决。

Arduino IDE 是通过把源代码编译成标准的 Linux 可执行程序，然后下载到开发板上运行的，并在 Linux 系统的 Systemd 服务配置中设置自启动模式。利用输出串口重定向到虚拟终端设备来重定向程序的输出信息，使开发者能够在调试主机的串口监视器中观察调试信息输出。应用程序可以利用 Linux 直接操作 sysfs 或直接操作 MMIO 来操控硬件设备。

6.4.2　Linux 可执行程序实现形式

在 Arduino IDE 中编译并下载一个应用程序后，登录 Linux 系统查看程序运行状态。在 Linux 中运行查看进程命令 ps 可以查看当前进程运行状态，图 6-6 中的加亮行显示出 sketch.elf 程序已经被运行，并且附带有输出设备重定向参数。可以看到，Arduino 编译的程序都用统一的 sketch.elf 来命名，扩展名表明该程序为嵌入式可执行程序。

```
188 root      3280 S    /usr/sbin/bluetooth_rfkill_event
190 root      6652 S    /usr/sbin/wpa_supplicant -u -c/etc/wpa_supplicant/wp
193 pulse    92964 S <  /usr/bin/pulseaudio --system --resample-method=src-s
194 root      2404 S    {launcher.sh} /bin/sh /opt/edison/launcher.sh
195 root      2220 S    /opt/edison/clloader --escape --binary --zmodem --di
196 root     28016 S    /sketch/sketch.elf /dev/pts/0
213 messageb  3004 S    /usr/bin/dbus-daemon --system --address=systemd: --n
218 root      2732 S    /lib/systemd/systemd-networkd
219 root      2672 S    /lib/systemd/systemd-logind
236 root      4608 S    /usr/lib/bluez5/bluetooth/bluetoothd
241 root      2644 S    -sh
```

图 6-6　伽利略开发板进程运行状态

继续用文件属性查看命令(file 命令)来检查 sketch.elf 的属性，显示如图 6-7 所示，即所编译执行的程序为 32 位可执行程序，编译为 80386 程序，即伽利略的 Quark 处理器的指令集环境，并使用动态链接库连接共享库程序。

```
root@ edison:/ sketch# file sketch. elf
sketch. elf: ELF 32- bit LSB executable, Intel
80386, version 1 (SYSV), dynamically linked (uses
shared libs), for GNU/ Linux 2. 6. 16,
BuildID[ sha1]= b30
de42445217f9383d7181f7353bccfe2a33d05,
stripped
```

图 6-7　文件属性查看

Linux 还提供查看调用库的命令 ldd，可以进一步查看 Sketch 程序调用的运行库，如图 6-8 所示。可以看出，Sketch 程序实际上就是一个标准的 Linux 用户态可执行程序程序，使用标准应用程序软件库。

```
root@edison:/sketch# ldd sketch.elf
        linux-gate.so.1 (0xb774f000)
        libpthread.so.0 => /lib/libpthread.so.0 (0x4ec15000)
        libstdc++.so.6 => /usr/lib/libstdc++.so.6 (0x4eecc000)
        libm.so.6 => /lib/libm.so.6 (0x4ec33000)
        libgcc_s.so.1 => /lib/libgcc_s.so.1 (0x4eca5000)
        libc.so.6 => /lib/libc.so.6 (0x4ea9d000)
        /lib/ld-linux.so.2 (0x4ea70000)
```

图 6-8　可执行程序的链接库

6.4.3　Arduino 执行程序的自启动

为了安全起见，Linux 中下载的可执行程序是没有可执行权限的，必须通过 chmod 命令对可执行程序进行权限更新后，才能手动启动该程序。那么 Arduino IDE 是怎样使下载的程序自动启动的呢？这里就需要介绍一下 Linux 的 Systemd 服务。

Systemd 是 Linux 系统工具，用来启动守护进程，已成为大多数软件发行版的标准配置。它的设计目标是为系统的启动和管理提供一套完整的解决方案。根据 Linux 惯例，字母 d 是守护进程(daemon)的缩写。Systemd 的含义就是要守护整个系统。Systemd 并不是一个命令，而是一组命令，涉及系统管理的方方面面。systemctl 是 Systemd 的主命令，用于管理系统包括重启和关闭系统、停止 CPU 运行等。Systemd 默认从目录 /etc/systemd/system/读取配置文件。但是，里面存放的大部分文件都是符号链接，指向目录 /usr/lib/systemd/system/，即真正存放配置文件的目录。

当伽利略开发板上 Linux 内核启动以后，后续的启动工作由被启动服务程序 Systemd 控制完成，包括前期用户开发的 Sketch 程序都会被启动服务程序控制加载。通过进入伽利略开发板的 /lib/system/目录可以查看各系统服务的配置的信息。

伽利略开发板上 Sketch 程序的自启动也是依靠 Systemd 提供的服务。Sketch 程序的下载和启动由另外一个守护程序 Clloader 服务来完成，该程序的主要功能是从串口获取程序后并执行该程序。Clloader 服务进程并非专门为 Ardunio 设计，只是通过修改来实现 Arduino 程序的下载和启动运行。在伽利略开发板的 BSP 代码包中可找到 Clloader 的源码。从位于开发板上的 /lib/systemd/system 目录中的 Systemd 服务配置中对启动服务进行设置，通过在系统启动时自动加载服务配置文件 clloader.service，该服务用于提供对 Sketch 的加载自启动权限设置。服务配置文件 clloader.service 的内容如图 6-9 所示。

```
[Unit]
Description=Daemon to handle arduino sketches
After=syslog.target

[Service]
ExecStart=/opt/edison/launcher.sh

[Install]
WantedBy=multi-user.target
```

图 6-9 开启启动的服务配置文件

开发板启动时，Systemd 将 Clloader 进程启动，即如图 6-10 所示的 launcher.sh 进程，准备从主机接收 Sketch 执行程序。在 IDE 需下载新 Sketch 时将正运行的 Sketch 关闭，通过串口设备向 Arduino IDE 获取新 Sketch 程序，并将其拷贝到目标板 Linux 的 /sketch/sketch.elf 目录下，再执行新的 Sketch 程序。

```
190 root      6652 S    /usr/sbin/wpa_supplicant -u -c/etc/wpa_supplicant/wp
193 pulse    92964 S <  /usr/bin/pulseaudio --system --resample-method=src-s
194 root      2404 S    {launcher.sh} /bin/sh /opt/edison/launcher.sh
195 root      2220 S    /opt/edison/clloader --escape --binary --zmodem --di
```

图 6-10 目标板的 Clloader 守护进程

6.4.4 Sketch 程序的输出重定向

从图 6-6 中可知，Arduino 程序作为应用进程运行时带有/dev/pts/0 的参数，即重定向到了伪终端设备，其目的是能够在 Arduino IDE 内观察到程序的输出。

Linux 在 /dev/目录下对多种终端设备进行管理，可以通过 toe-a 命令查看系统支持的终端类型。Linux 终端一般分为控制台终端 tty1-6 和伪终端。控制台终端可以使用 tty 命令进行查看，tty1-6 一般为 Linux 系统直接连接了键盘和显示器，其他情况下使用都属于伪终端，包括运行在用户态的软件仿真终端。Linux 目录 /dev/ttyS*是串行终端设备，/dev/pts 是远程登录后创建的控制台设备文件所在的目录。由于可能有非常多的用户登录，所以 /dev/pts 其实是动态生成的，比如第一个用户登录使用的设备文件即为 /dev/pts/0。

Arduino 的串口类要对应到串口终端的使用。伽利略系统的 Arduino 编程与调试继承了其串口类，并将其修改为基于 Linux 的实现。对这些串口类的管理采用如下方式：

(1) Arduino 的 Serial 类对应板上的 USB Client 接口，使用的 Linux 串口设备/dev/ttyGS0，也是 Arduino IDE 中串行控制台的默认端口。

(2) Serial1 类使用通用 TTL 接口，对应 Arduino 板的 0 (RX)和 1 (TX)引脚。使用的 Linux 串口设备 /dev/ttyMFD1。使用这个端口可以在 0 和 1 引脚上创建一个到外部设备 TTL 串行接口。

(3) Serial2 类是 Linux 内核调试端口。对应 Arduino 板 USB Client 的连接引脚，使用的是设备/dev/ttyMFD2。这是一个非常有用的调试端口，尤其是在调试系统引导问题时。PuTTy 控制台终端就是使用的这个串口设备。当 Serial2 对象用 Serial2.begin()函数初始化后，该端口将由应用程序控制，直到调用 Serial2.end()结束对该串口的使用。

(4) 虚拟端口 VCP(Virtual Communications Port)只在 USB 串行设备连接时才出现，它对应到伽利略开发板上的 USB Host 接口。Linux 设备名为 /dev/ttyACMx 或 /dev/ttyUSBx。只有当合适的设备插入 USB Host 连接口，并加载适当的驱动程序时，该端口才会被加载。通过这个端口可以连接 USB 集线器，就可以连接多个 USB 接口上的串行设备以获得多个端口。

下面举例说明 Arduino 程序输出重定向的方法，在使用 Serial 类输出信息时，所有 Arduino 串口打印信息可通过调试串口在 IDE 环境中观察，代码如下：

```
void setup() {
    //在此填入初始化代码，仅运行一次
    Serial.begin(115200);
}
void loop() {
    //在此填入主程序代码，将循环执行
    Serial.println("A");
    delay (1000);
}
```

编译、下载该程序到伽利略开发板，可以看到其在 Arduino 环境中的输出显示。这时启动 PuTTy 控制台串口，Kill 掉这个 Sketch 进程，后手动启动该程序，但是修改重定向终端至 /dev/ttyMFD2 串口，即指向 PuTTy 串口控制台设备，可以看到输出已经被重定向到了控制台串口了，如图 6-11 所示。

图 6-11 重定向举例

因此，Arduino 程序的串口显示与调试串口的使用，均是建立在 Linux 串口终端设备和虚拟终端重定向使用的基础之上的。实际上从 Arduino 开源的源代码中，也能够看到这种重定向方式的使用。为了能够更清晰地了解 Arduino 程序是如何提供重定向的，从安装路径 \packages\intel\hardware\i586\1.6.7+1.0\cores\arduino\中查看 main()函数的调用过程，代码如下：

```
int main(int argc, char x argv[])
{
    char *platform_path =NULL;
    struct stat s;
    int err;

    //Install a signal handler
    //make ttyprintk at some point
    stdout = freopen("/tmp/log.txt", "w", stdout);
    if (stdout == NULL){
        fprintf(stderr, " unable to remap stdout !\n");
        exit(-1);
    }
    fflush(stdout);

    stderr = freopen("/tmp/log_er.txt", "w", stderr);
    if (stderr == NULL){
        printf("Unable to remap stderr !\n");
        exit(-1);
    }
    fflush(stderr);
    //Snapshot time counter
    if(timeInit() <0)
        exit(-1);

        //debug for the user
    if(argc<2){
        fprintf(stderr, "./sketch tty0\n");
```

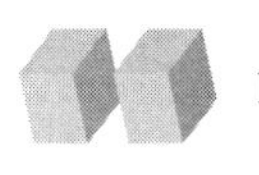

```
        return -1;
    }
    printf("started with binary=%s Seria2=%s \n", argv[0], argv[1]);
    fflush(stdout);
    // check if we're running on the correct platform and refuse to run if no match
    …
    //TODO: derive trace level and optional IP from command line
    trace_init(VARIANT_TRACE_LEVEL, 0);
    trace_target_enable(TRACE_TARGET_UART);

    //Call Arduino init
    init(argc, argv);

    //Init IRQ layer
    //Called after init() to ensure I/O permissions inherited by pthread
    interrupt_init();

    #if defined(USBCON)
        USBDevice.attach();
    #endif
    setup()
    for (;;){
        loop();
        //if(serialEventRun)serialEventRun();
    }
}
```

从上述对 main()函数的源代码跟踪分析可以看到，程序启动时通过 init(argc，argv)函数对 Arduino 环境进行初始化，按照命令行提供的参数将 Serial.print 类的函数输出重定向到 Arduino IDE 中去。

至此已经对 Arduino 程序的下载与自启动方式以及重定向调试信息显示的方法进行了分析。那么 Arduino 程序中又是怎样实现 GPIO 与其他外设的调用呢？一种方式是利用 C 语言提供的 system()函数功能，可以调用前面介绍的 Linux 命令进行接口的使用；另一种方式就是采用用户态直接操作硬件的编程方法。

6.4.5　在用户态直接操作硬件

Linux 编程提供了用户态系统调用函数用于操作底层硬件，这些函数被封装到 Arduino 语言函数中。例如 Arduino 操作引脚一般要通过 pinMode()函数来设置引脚状态。该函数存在于 Arduino 源代码的 wiring_digital.c 文件中。pinMode(pin, mode)函数的核心代码如下：

```
void pinMode(uint8_t pin, uint8_t mode)
{
    …
    p=&g_APinDescription[ardPin2DescIdx[pin]];
    gpio = pin2gpio(pin);
    ...
    switch (mode) {
      case INPUT:
        …
        /* Cover alternate gpios too */
        for (; p; p = p->pAlternate){
              /* Hi-Z */
              trace_debug ("%s: setting gpio%u to input_hiz", _func_, p->ulGPIOId);
              sysfsGpioSetDrive(p->ulGPIOId, GPIO_DRIVE_HIZ);
              sysfsGpioDirection(p->ulGPIOId, 0, NONE);
        }
        break;
      case INPUT_PULLUP:
        …
        break;
      case OUTPUT_FAST:
        …
        /* Refresh pin2gpio */
        sysfsGpioDirection(pin2gpio(pin), 1, 0);
        break;
      case INPUT_FAST:
        …
        break;
      default:
        …
        break;
    }  //switch mode 结束
    g_APinState[pin].uCurrentAdc = 0 ;
} //pinMode 结束
```

在 pinMode()函数中的数字引脚设置是调用 sysfs 文件的系统函数来实现的。首先将 Arduino 引脚号转换到 Linux 的 GPIO 编码，这一转换由函数 pin2gpio(pin)来完成，返回值为 GPIO 的 Linux ID；然后用 sysfsGpioSetDrive(p->ulGPIOId, GPIO_DRIVE_HIZ) 来配置 GPIO 的驱动状态，其功能等同于 echo 命令 echo -n "strong" > /sys/class/gpio/gpioxx/drive。

函数 sysfsGpioDirection(p->ulGPIOId, 0, NONE)用来定义接口的方向，其功能等同于

echo 命令 echo "output" > /sys/class/gpio/gpio'gpio'/direction，即将指定编号的 GPIO 设备的方向定义为“output”。

同样，digitalRead() 函数也是 wiring_digital.c 中实现的。具体代码如下：

```
int digitalRead(uint8_t pin)
{   PinDescription *p = NULL;
    uint32_t idx = 0;
    int ret;
    int handle = pin2gpiohandle(pin);
    if (handle == PIN_EINVAL){
        trace_error("%s: pin %d out of range", _func_, pin);
        return -1;
    }
    idx = pinGetIndex(pin);
    p = &g_APinDescription[idx];
    pin2alternate(&p);
    if   (likely(p->ulFastIOInfo) ){
        return fastGpioDigitalRead(p->ulFastIOInfo) ? 1 : 0 ;
    }
    //trace_debug("%s; pin=%d, handle=%d",_func_, pin, handle);
    ret = sysfsGpioGet(handle);
    if (l = = ret) {
        return 1;
    }
    return 0;
} //end digitalRead 结束
```

Arduino 的 digitalRead()函数工作过程为：首先利用 pin2gpiohandle()函数将 Arduino 引脚 pin 转换成 Linux 的 GPIO ID 存放在变量 handle；然后通过 pinGetIndex(pin)函数获得引脚在 Arduino 引脚描述这一数组中的索引，查看该引脚是否开放快速 I/O 接口访问权限。如果开放，则采用 fastGpioDigitalRead()函数读取 pin 的数值；否则，调用 sysfsGpioGet()函数来获取 pin 的值。这里使用了两种访问 Linux GPIO 的方式，即用户模式访问和快速直接内存操作方式。

1. 通过 sysfs 文件操作硬件

在用户模式下访问 GPIO 时，首先通过 sysfs 文件读取数据的方式，采用 sysfsGpioGet()函数来完成。与 sysfsGpio 相关的硬件操作函数位于文件 sysfs.c 中，包括 sysfsGpioSet()、sysfsGpioDirection()和 sysfsGpioExport()等函数，正是对 sysfs 下设备文件进行读写操作从而实现对 GPIO 操作的。sysfsGpioGet()实际执行的操作就是对于文件的常规读取，代码如下：

```
int sysfsGpioGet(int handle)
{
```

```
    char get_value = 0;
    lseek( handle, 0, SEEK_SET);
    read(handle, &get_value, 1);       //文件读取
    return (get_value == '1');
}
```

由此可以看出，表面上Arduino是在应用层访问sysfs文件来操作硬件，但实际上是sysfs文件操作函数会通过 Linux 内核的底层硬件操作函数来访问硬件。进一步对伽利略开发板的 Linux 内核代码分析表明，上述 GPIO 的驱动代码位于内核代码树中 driver/ gpio/ gpio-langwell.c 文件中，该文件为内核驱动文件，提供了应用程序从 sysfs 文件中读取 GPIO 数据的相关函数实现。应用层从 sysfs 文件中读取 GPIO 数据的直接处理 flis_get_normal()函数以及最终从实际硬件中获取数据的 get_flis_value()函数，get_flis_value()函数中最核心的就是 readl(mem)语句，实质上就是从内存中读取外设数据。flis_get_normal()函数和get_flis_value()函数的代码如下：

```
static int flis_get_normal(struct gpio_control "control, void "private_data,   unsigned gpio)
{
    struct lnw_gpio *lnw = private_data;
    u32 offset, value;
    int num;
    if (lnw->type == TANGIER_GPIO) {
        if (WARN( oftset == EINVAL, "invalid pin %d\n", gpio))
            returm-l:
        value = get_flis_value( oftset );
        num = (value >> control -> shift ) & control->mask;
        if (nun < control->num)
            return num;
    }
    return -1;
}
u32 get_flis_value(u32 offset)
{
    struct intel_scu_flis_info *isfi = &flis_info;
    if (!isfi -> initialized || !isfi -> flis_base)
        return -ENODEV;
    mem = (void _iomem *)(isfi->flis_base + offset);
        return readl(mem);
}
```

由上述介绍可以知，从用户态 Arduino 程序到控制具体硬件的完整通路，一种方式是通过 sysfs 作为用户程序与内核程序标准接口，随后在内核中直接以 MMIO 方式操作真实的硬件；另一种方法则是直接使用 MMIO 方法访问硬件，通过 sysfs 操作底层硬件的流程

如图 6-12 所示。前者是用户态下访问 I/O 设备的常规方法，具有较好的安全性；后者则需要内容赋予直接访问权限，能够更高效地访问硬件。采用类似的方式，可以对其他硬件进行操作，如 PWM、ADC 等，有兴趣的读者可以自行研究。

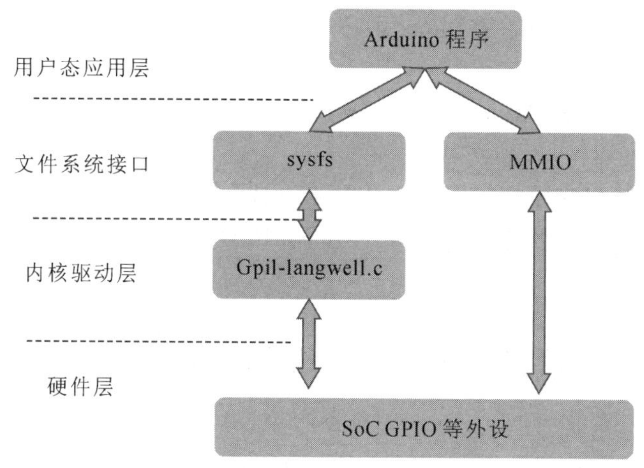

图 6-12 通过 sysfs 操作底层硬件流程

2. 直接内存操作进行快速硬件访问

基于 sysfs 文件进行硬件操作是以安全操作为前提的，同样 Linux 也提供了以高效操作为目的的方式，即采用 fastGpioDigitalRead()函数来进行操作。在 Arduino 库的文件 fast_gpio_pci.c 中，实现了直接在用户态程序里操作 MMIO 的 fastGpioDigitalRead()函数，代码如下：

```
/*位于 variant.h 文件
/*APIs for fast GPIO access*/
/********************/
#define fastGpioDigitalwrite(id, val)
    fastGpioSCDigitalWrite(QUARK_SC_GPIO_REG_OUT, GPIO_FAST_ID_MASK(id), va1)
//位于 fast_gpio_sc.c
uint8_t fastGpioSCDigitalRead(uint8_t reg_offset, uint8_t gpio)
{
    uint32_t regval;
    regval = *(volatile uint32_t*)(fgpio.regs + reg_offset);
    regval &= gpio;
    return regval;
}
```

代码与先前给出的 Linux 内核对于 GPIO 进行读取操作的代码类似，都直接通过内存读取的方式来实现对于 GPIO 的硬件操作。但由于用户态程序的特殊性，默认情况是不具备对 MMIO 的操作权限，这就需要内核程序授予这个操作权限。因此在第一次 GPIO 操作时，Arduino 库会使用 mmap()函数向内核申请将 GPIO 所对应的 MMIO 映射到自身用户态程序可以操作的范围内。

6.4.6 Arduino 程序运行机制概述

伽利略开发板上的 Arduino 程序运行方式，主要包括如下 4 个基本特征：

(1) Arduino 程序是普通的 Linux 用户态可执行程序，可以在 Linux 命令行下手动运行，但是需要输出重定向。

(2) Arduino 程序在 Arduino IDE 环境下的自动下载运行是在 clloader 服务程序的控制下完成的。

(3) Arduino 程序完整的实现框架是以 main()函数开始的一个 C++ 实现。

(4) Arduino 程序主要通过 sysfs 文件和 MMIO 两种方式对系统硬件进行访问。

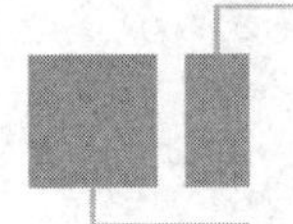

6.5 伽利略嵌入式系统的引导

嵌入式系统的一些设计细节可通过观察系统启动过程得以体现。系统启动首先是对系统硬件的初始化配置，这是一个底层软件到上层软件的逐层加载过程。伽利略嵌入式系统的启动过程也会经历类似 PC 启动的过程，只不过 PC 的启动过程是由 BIOS 来控制，嵌入式启动则采用了 Bootloader 程序。

6.5.1 伽利略嵌入式系统引导过程

伽利略嵌入式系统的引导过程如图 6-13 所示。初始化引导程序存放在开发板上集成的 SPI Flash 中。首先由统一可扩展固件接口(Unified Extensible Firmware Interface，UEFI)程序初始化硬件并进行自检；然后当自检完成后，UEFI 会加载多操作系统引导程序 Grub 使 Bootloader 进行后续的工作。Grub 程序也被预先存放在开发板上的 SPI Flash 中，负责从不同的位置动态加载操作系统内核。其加载顺序根据引导设备的不同来定义，默认状态从开发板上的 SPI Flash 中加载 Mini Linux 操作系统内核。如果检测到 SD 卡 Linux 操作系统被使用，则会优先从 SD 卡上启动完整版的 Linux 操作系统。最后由操作系统初始化各类硬件环境，并从文件系统加载构成整个操作系统的各类服务程序和组件，目标用户程序被最后加载执行。UEFI 程序可以进行扩展，以允许其他引导配置的加入，如图中虚线部分。

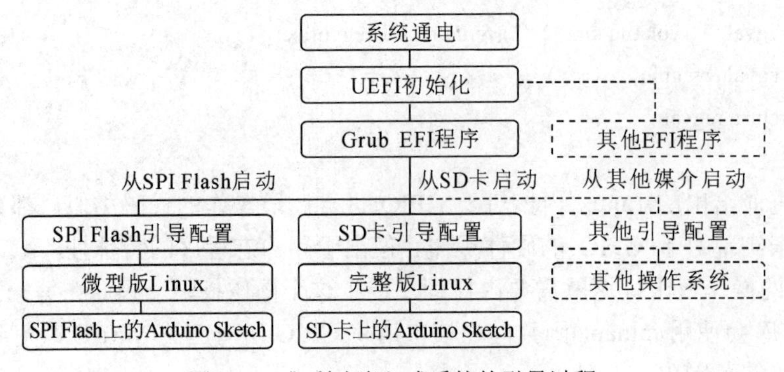

图 6-13 伽利略嵌入式系统的引导过程

从上图可以看出系统引导过程分成了 4 个主要步骤：

(1) 底层引导 ROM 中程序启动。这一阶段是 UEFI 程序启动，主要是加载板固件和 Flash 中多系统引导 Grub 程序。

(2) Grub 引导器工作阶段。Grub 程序用来加载 Yocto Linux 内核，其引导过程可以进行交互式的控制，可通过调试串口用任意键打断其加载，然后查看所有配置参数。

(3) Linux 内核启动。内核加载后，由 Linux 进行硬件设备驱动初始化的各项工作。可以通过 Dmesg 命令检查 Linux 内核启动日志，来分析内核启动过程。

(4) 通过 systemd 启动服务加载各系统服务。服务启动守护进程 systemd 根据服务配置文件的要求开始启动 Linux 提供的各项服务，其中包括以太网配置、连接 WiFi 和加载用户开发的 Sketch 程序等。

6.5.2　统一可扩展固件接口

UEFI 规范为个人电脑操作系统和平台固件之间的接口定义了一个新模型。UEFI 是用模块化、C/C++ 语言风格的参数堆栈传递方式，以及动态链接的形式构建的系统，更易于实现，容错和纠错特性更强，可以运行于 x86-64、IA32、IA64 等架构上，突破传统 16 位代码的寻址能力，达到处理器的最大寻址。基于 UEFI 的驱动模型可以使 UEFI 系统接触到所有的硬件功能，在操作系统运行以前浏览万维网站，实现图形化、多语言的 BIOS 设置界面，或者无需运行操作系统即可线上更新 BIOS 不再是天方夜谭，甚至实现起来也非常简单。因此，就 UEFI 和操作系统之间的区别而言，UEFI 在概念上非常类似于一个低阶的操作系统，并且具有操控所有硬件资源的能力，但是不会替代操作系统。

伽利略开发板采用 UEFI 启动方式，并负责固件的管理和操作系统引导器的加载。在第一次使用开发板时，通常要进行固件升级过程，实际上就是保证 UEFI 系统所带的底层驱动与开发板硬件的一致性，保证后续软件开发的正常工作。固件代码通常保存在 SPI Flash 中，可以利用英特尔提供的固件更新工具进行更新。为了能够更好地理解 UEFI 的更新过程，这里通过对人工实现固件更新的方式来说明基于 UEFI 的交互接口的使用方式。

6.5.3　手动更新固件的操作过程

第一次使用伽利略开发板时，需要对开发板固件进行更新以确保主板上的固件与 IDE 同步。采用手动更新时，需要首先从下载包 LITTLE_LINUX_IMAGE_FirmwareUpdate_Intel_Galileo_v0.7.5.7z(大小为 5.5 MB)中下载固件更新文件 sysimage_intel_galileo_v0.7.5.cap 和 CapsuleApp.efi。

CapsuleApp.efi 与 *.cap 文件是一对匹配的文件，每次使用时需要版本对应。更新前，将上述两个文件保存在 MicroSD 卡中。文件下载准备好以后，可以按照下面的步骤进行 SPI Flash 中的固件更新：

(1) 如上所述下载 SPI flash 映像 capusule 文件。

(2) 将 CapsuleApp.efi 和 sysimage_nnnnn.cap 拷贝到 MicroSD 卡并插入开发板上的插槽中。

(3) 通过 PuTTy 工具从主机连接到伽利略开发板的 COM 口，波特率设置为 115200。

(4) 伽利略开发板加电后，系统将显示一个 GNU GRUB 引导加载程序菜单，如图 6-14 所示。

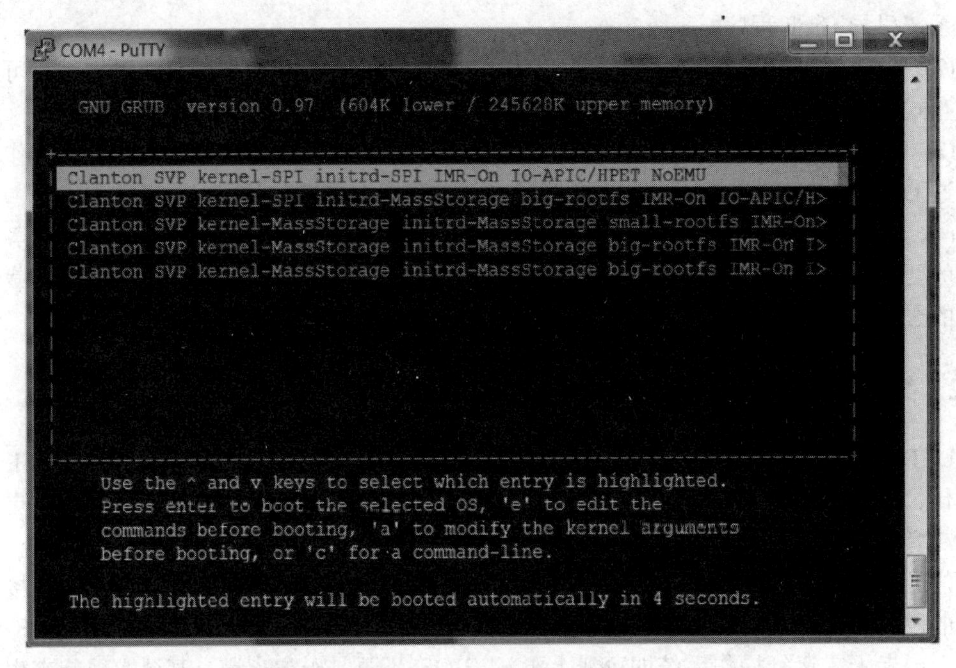

图 6-14　GRUB 操作进入界面

在上图的界面中输入 c 命令进入如图 6-15 所示的命令行操作，输入 quit 命令可退出该界面，系统继续下面的引导步骤。

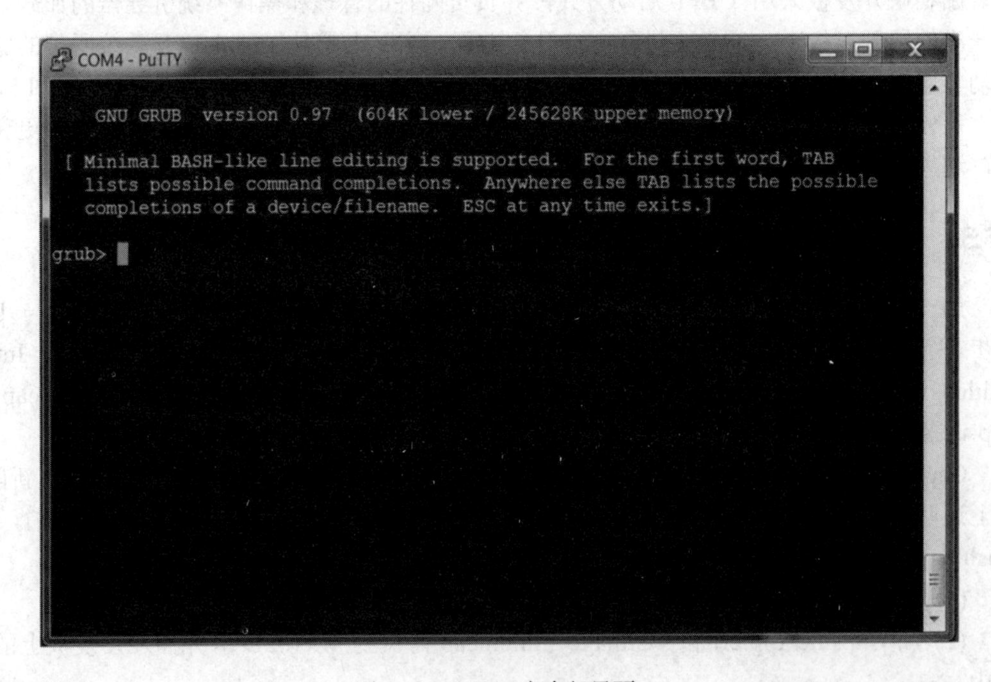

图 6-15　GRUB 命令行界面

(5) 在串口控制台显示的引导设备选择窗口中，选择 UEFI Internal Shell，如图 6-16 所示。

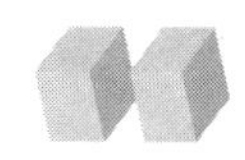

图 6-16　引导设备选择窗口

这时，则会显示如图 6-17 所示的界面。

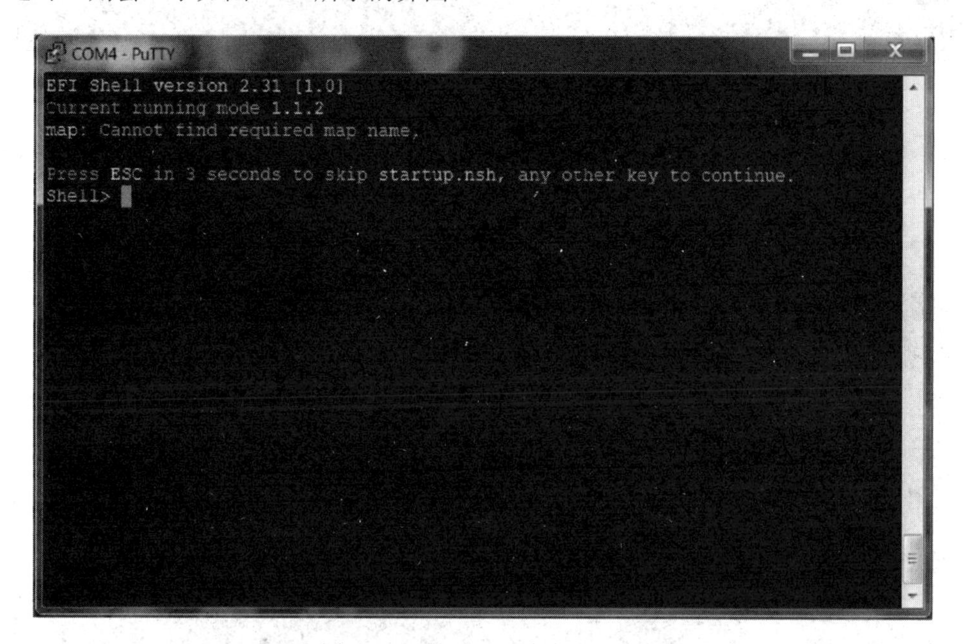

图 6-17　UEFI Shell 的操作界面

(6) 接下来会显示一系列的信息，其中的第一行会显示如下类似的信息：

fs0 :HardDisk - Alias hd7b blk0

其中，fs0 代表 SD 卡，要使用这个设备需要输入命令“fs0”来加载该设备。

(7) 用命令 CapsuleApp.efi -h 来检查使用的版本是否为 1.1 及以上版本。

(8) 输入以下命令开始更新：

CapsuleApp.efi sysimage_Intel_galileo_v0.7.5.cap

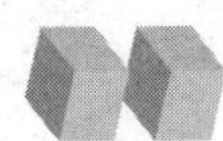

随后，即可看到如图 6-18 所示的输出信息，CapsuleApp 将更新 SPI Flash 中的映像文件，整个过程大概需要 2 min。

COM4 - PuTTY
Transfer mode write = 0x37
SendCommand: Command Index = 18
Transfer mode read = 0x37
Transfer mode write = 0x37
SendCommand: Command Index = 18
Transfer mode read = 0x37
Transfer mode write = 0x37
SendCommand: Command Index = 18
Transfer mode read = 0x37
Transfer mode write = 0x37
SendCommand: Command Index = 18
Transfer mode read = 0x37
Transfer mode write = 0x37
Read(LBA=00007A00, Buffer=0E3C6010, Size=00010000)
SendCommand: Command Index = 18
Transfer mode read = 0x37
Transfer mode write = 0x37
CapsuleApp: creating capsule descriptors at 0xF1DE310
CapsuleApp: capsule data starts at 0xD655410 with size 0x740190
CapsuleApp: capsule block/size 0xD655410/0x740190
CapsuleImage Address is 000D655410, CapsuleImage Size is 740190
CapsuleFragment Address is 000DFCFE90, CapsuleInfo Address is 000DFCFF10
Start to update capsule image!

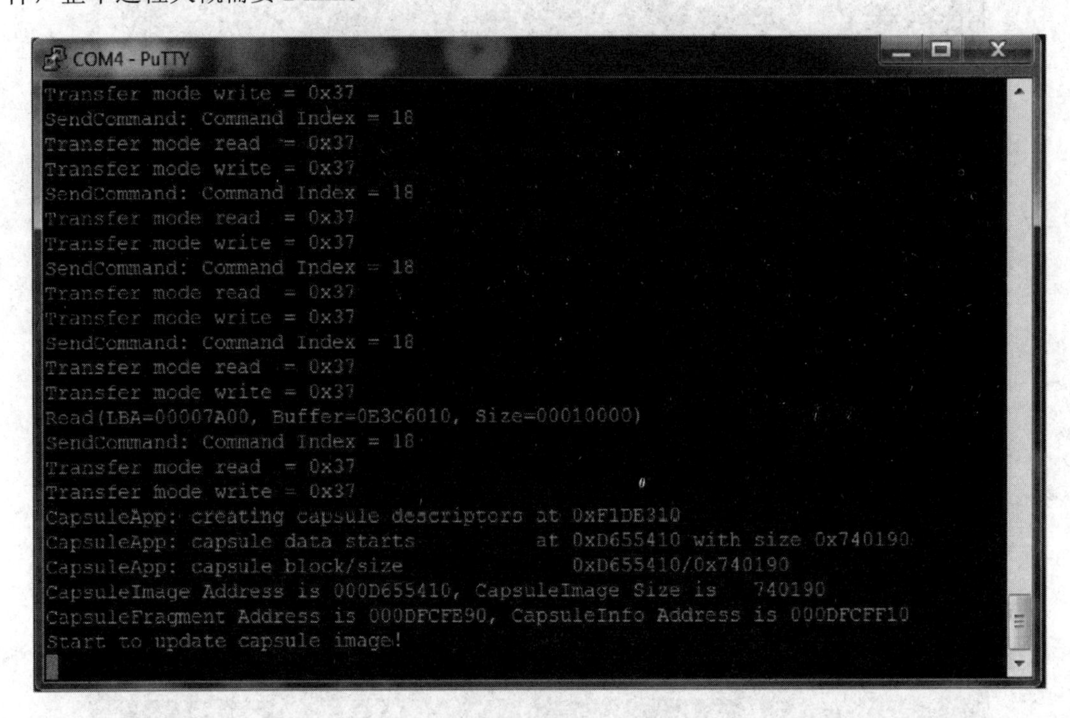

图 6-18　SPI Flash 映像更新过程

(9) 上述更新完成后，重新启动伽利略开发板，会显示如图 6-19 所示的 Linux 系统启动的过程。

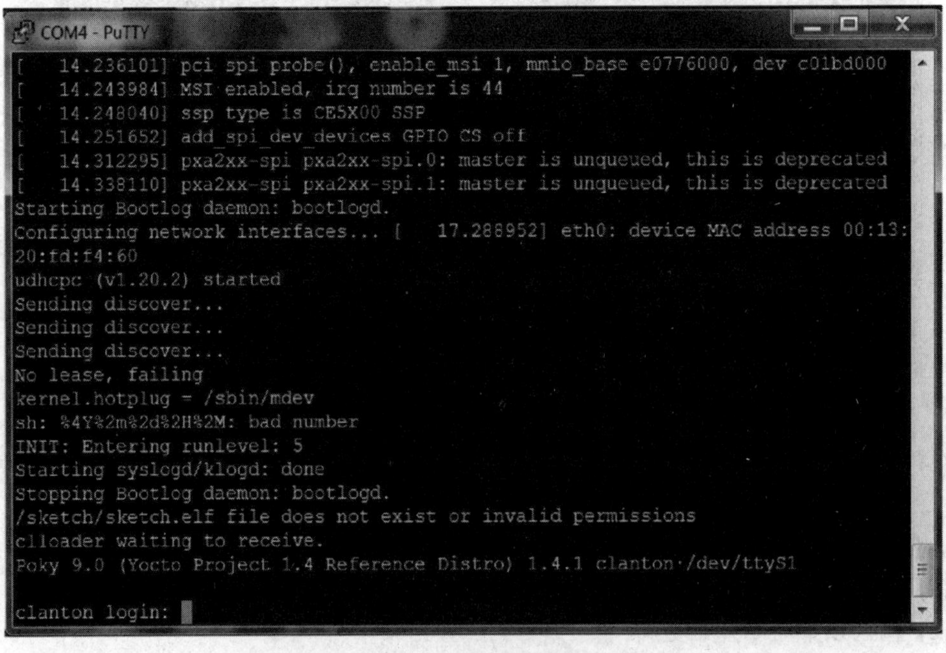

COM4 - PuTTY
[14.236101] pci spi probe(), enable_msi 1, mmio_base e0776000, dev c01bd000
[14.243984] MSI enabled, irq number is 44
[14.248040] ssp type is CE5X00 SSP
[14.251652] add_spi_dev_devices GPIO CS off
[14.312295] pxa2xx-spi pxa2xx-spi.0: master is unqueued, this is deprecated
[14.338110] pxa2xx-spi pxa2xx-spi.1: master is unqueued, this is deprecated
Starting Bootlog daemon: bootlogd.
Configuring network interfaces... [17.288952] eth0: device MAC address 00:13:20:fd:f4:60
udhcpc (v1.20.2) started
Sending discover...
Sending discover...
Sending discover...
No lease, failing
kernel.hotplug = /sbin/mdev
sh: %4Y%2m%2d%2H%2M: bad number
INIT: Entering runlevel: 5
Starting syslogd/klogd: done
Stopping Bootlog daemon: bootlogd.
/sketch/sketch.elf file does not exist or invalid permissions
clloader waiting to receive.
Poky 9.0 (Yocto Project 1.4 Reference Distro) 1.4.1 clanton /dev/ttyS1
clanton login:

图 6-19　重新启动的伽利略系统登录界面

6.6　实验设计：伽利略开发板嵌入式 Linux 设备文件操作

一、实验目的

通过本实验熟悉伽利略开发板上 Arduino 引脚与 GPIO 的映射关系，掌握用 Linux 命令访问 Arduino 引脚的方法，熟悉 Arduino Sketch 程序的执行机制。

二、实验内容

在伽利略嵌入式 Linux 环境下使用 Linux 命令操作 sysfs 设备文件，完成 Arduino 引脚的多种功能，主要包括：

(1) 将数字引脚 7 设置为 GPIO 输出。

(2) 将数字引脚 3 设置为 PWM 模式，周期为 1 ms，占空比为 50%。

(3) 配置模拟接口 A0，并进行数据读取。

三、实验设备及工具

PC(Windows)，MicroSD 卡，伽利略 Gen1 板或者伽利略 Gen2 板，音频转串口线，USB-RS232 转换器，MicroUSB 接口数据线，网线。

四、实验步骤

本实验利用 Linux 命令对伽利略开发板的 GPIO、PWM 和模拟输入 3 种设备进行访问，完成 Arduino 库函数对引脚的 GPIO 功能及复用功能的基本操作。

1. Linux 下的 GPIO 操作

在 Arduino 编程中使用标准接口时，仅需要知道 Arduino 引脚标号即可使用，Arduino IDE 会将 I/O 口操作转换成 Linux 操作。因此，伽利略开发板 GPIO 功能实质是通过 Linux 的 sysfs 接口进行 C 调用，也可以使用 shell 命令方式实现同样的功能，步骤如下：

(1) GPIO 信息检查：root@clanton:~# cat /sys/kernel/debug/gpio。

(2) 导出 GPIO 端口到 sysfs：root@clanton:~# echo -n "27" > /sys/class/gpio/export。

注意：导入一次之后，再次导入就会显示设备正忙。

(3) 设置 GPIO 端口方向：root@clanton:~# echo -n "out" > /sys/class/gpio/gpio27/direction。

(4) 设置 GPIO 端口驱动器配置：root@clanton:~# echo -n "strong" > /sys/class/gpio/gpio27/drive。

(5) 读写 GPIO 端口。当 GPIO 配置成 Input 时，可以通过 root@clanton:~# cat /sys/class/gpio/gpio27/value 读取其值。

当 GPIO 配置成 Output，可以通过 root@clanton:~# echo -n"1"> /sys/class/gpio/gpio27/value root@clanton:~# echo -n "0" > /sys/class/gpio/gpio27/value 写入该 GPIO 端口。

2. Linux 下的 PWM 操作

PWM 是一种使用数字信号以一定间隔重复开关切换来获得模拟输出信号的技术。它被广泛用于调节 LED 的强度及控制直流电动机的速度等。利用 Linux 命令设置 PWM 工作模式的步骤如下：

(1) 检查 PWM 通道：root@clanton: ~# cat /sys/class/pwm/pwmchip0/npwn。

(2) 将要操作的 PWM 通道导入 sysfs，比如 root@clanton: ~#echo -n "3" > /sys/class/pwm/pwmchip0/export 为使用通道 3 的 PWM 功能。

(3) 设置 PWM 周期参数，以 ns 为单位：root@clanton:~# echo -n "1000000" > /sys/class/pwm/pwmchip0/pwm3/period。

(4) 设置 PWM 占空周期，以 ns 为单位，root@clanton:~# echo -n "500000" > /sys/class/pwm/pwmchip0/pwm3/duty_cycle 将设置占空比为 50%。

(5) 使能 PWM：root@clanton:~# echo -n "1" > /sys/class/pwm/pwmchip0/pwm3/enable。

3. Linux 下数模转换模拟输入功能的配置

如前所述，伽利略开发板的模拟输入是采用模数转换芯片 AD7298 实现的。在 sysfs 系统中，模拟输入从 /sys/bus/iio/devices/iio:device0/in_voltageX_raw 文件中读取。由于模拟输入引脚 A4 和 A5 与 GPIO 和 I^2C 进行了 3 路复用，因此在使用模拟引脚 A0～A5 之前，要先设置模拟输入功能状态。使用 Arduino 引脚 A0 进行数据读取的实验步骤如下：

(1) 初始化模拟端口 A0，对应的 Linux GPIO 编号为 37，其命令如下：

```
root@clanton:~# echo -n "37" >  /sys/class/gpio/export
root@clanton:~# echo -n "out" >  /sys/class/gpio/gpio37/direction
root@clanton:~# echo -n "0" >  /sys/class/gpio/gpio37/value
```

(2) 一旦模拟端口被连接，其值就可以从 sysfs 中进行读取，其命令如下：

```
root@clanton:~# cat /sys/bus/iio/devices/iio:device0/in_voltageX_raw
```

通过本实验介绍的方法，在 Linux 系统下可以用命令行的方式实现 Arduino 引脚的多种复用功能，从而能够更深入地理解 Arduino 编程的工作原理。

第七章　伽利略系统的 SDK 开发与应用

为了能够深入使用和开发伽利略开发系统，就需要熟悉伽利略开发平台的内部构造和实现方法，从而更好地发挥出平台自身优势。同时，在原型系统产品化的开发过程中，使用 SDK 工具开发是必由之路。基于 C/C++ 的开发方式称为原生(Native)开发，开发原生应用是发挥伽利略系统平台优势的最直接手段，可以直接使用操作系统或者板级 BSP 提供的底层 API 函数，编程效率更高。

在伽利略开发板上基于 C/C++ 的原生开发具有很多优点，比如作为最通用程序语言，程序员可以使用更多 C/C++ 第三方库，提供更高的程序性能。Quark SoC 提供强大的 CPU 数据处理能力，包括传感器、音频及视频流，具备本地数据处理能力，并且具有与 Pentium 处理器相同指令集，代码开发更加容易。伽利略嵌入式系统采用基于 Yocto 的开发，有强大丰富的应用库可用。

有两种基于 C/C++ 的原生开发方式可以应用于伽利略开发板，一种是基于开发板上的本机 GCC 的开发方式，另一种是基于交叉编译工具链的开发方式，下面分别进行介绍。

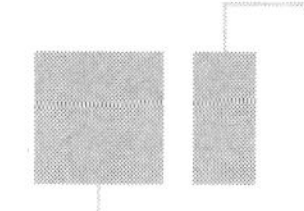

7.1　伽利略系统的在板 C/C++ 编译开发

7.1.1　基于开源的在板开发工具应用举例

伽利略开发板 Linux 系统中已经集成所必需的 GCC 工具用于原生应用开发。原生应用开发过程在伽利略开发板上可直接进行。具体步骤如下：

第一步，要用 SD 卡的 Linux 系统启动伽利略开发板，因为这个版本中已经内置 GCC 工具。开发者从开发主机连接到伽利略 Linux 系统，并以 root 身份进行登录。这里可以采用 PuTTy 进行串口或者 Telnet 的方式进行连接，具体的方法参看前面章节的介绍。

第二步，检查在板 GCC 编译器的版本信息，可以采用如下命令：

```
# gcc -version
```

利用该命令能够检查伽利略 Linux 默认包含的 GCC 工具版本信息，如图 7-1 所示。

```
root@edison:~# gcc --version
gcc (GCC) 4.8.2
Copyright (C) 2013 Free Software Foundation, Inc.
This is free software; see the source for copying conditions.  There is NO
warranty; not even for MERCHANTABILITY or FITNESS FOR A PARTICULAR PURPOSE.
```

图 7-1　GCC 工具版本显示

第三步，使用 VI 编辑器进行应用程序编辑。VI 编辑器是一款 Linux 内置的文本编辑工具，可以方便地编写 C/C++ 源码程序。例如，要编写一个 Hello_Galileo 的 C++ 程序，可以通过命令行# vi Hello_Galileo.cpp 来开始一个 VI 编辑器的代码编写过程。编辑代码需要用到的一些编辑功能如表 7-1 所示。

表 7-1　VI 编辑器的命令字

命令功能键		功 能 描 述
编辑功能	i:	在光标前插入文本，按 ESC 键推出
	I:	在当前行开始插入文本
	a:	在光标后附加文本
	A:	在当前行末尾附加文本
	o:	在当前行后打开一新行加入文本
	O:	在当前行前打开一新行加入文本
	u	undo 操作
退出操作	:x	退出 vi，写保存文件
	:wq	同上
	:q	退出 vi
	:q!	退出 vi，不保存最新修改

利用上表给出的命令可在文本模式下编写程序源码，编写的一个简单程序如图 7-2 所示。

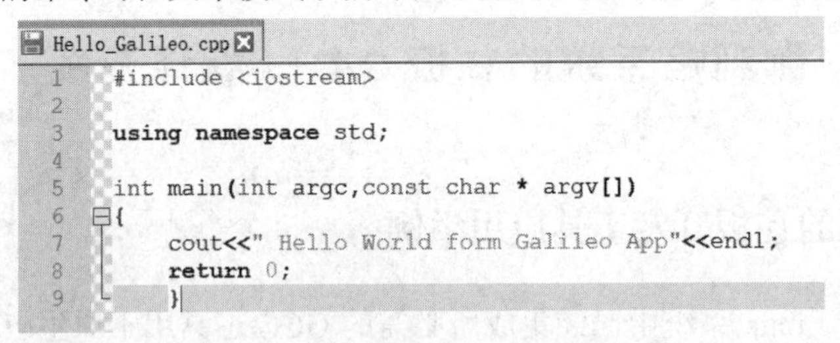

```
Hello_Galileo.cpp
1  #include <iostream>
2
3  using namespace std;
4
5  int main(int argc,const char * argv[])
6  {
7      cout<<" Hello World form Galileo App"<<endl;
8      return 0;
9  }
```

图 7-2　VI 编辑器编写 Hello_Galileo.cpp

第四步，对源码进行编译，代码编译使用如下命令：

```
# g++ Hello_Galileo.cpp -o Hello_Galileo
```

编译生成可执行程序 Hello_Galileo.elf。通过文件查看命令 file 可以查看文件属性，如图 7-3 所示。

```
root@edison:~# file hello_edison
hello_edison: ELF 32-bit LSB executable, Intel 80386, version 1 (SYSV), dynamically linked (uses shared
 libs), for GNU/Linux 2.6.16, BuildID[sha1]=798d1de0a72a65d3991a99fdbfa636c3c9a389ae, not stripped
```

图 7-3　可执行程序的属性查看

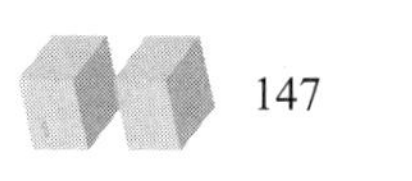

第五步，可以通过命令行方式执行该程序，具体命令如下：

```
# ./Hello_Galileo
```

当这一步完成后，一个原生应用程序的开发就完成了。

7.1.2 在板编译模式的缺点

虽然在伽利略 Yocto 中添加 GCC 和调试工具可以在伽利略开发板上直接编译调试程序，但由于伽利略嵌入式系统无法提供类似 PC 的友好人机交互界面，一般都是在命令行模式下进行开发。因此，对于上述简单的程序开发，这样的条件还可以接受，但是如果开发大型应用程序，就非常不方便。此外，一般嵌入式系统的内存空间也非常有限，对于诸如 Linux 内核编译的操作等中间结果需要消耗大量内存的应用方式就很难提供有效支持。另外，嵌入式系统的性能也没有主机快，对于大项目的编译非常不方便。

实际上，在嵌入式开发领域，更普遍的方式是在主机上编译链接代码，然后在伽利略开发板上去运行，即交叉编译方式。这样做的优点是不仅能够充分利用开发机的强大性能和便利的交互环境，同时也能够解决嵌入式目标板的压力。下面就介绍采用交叉编译方式的伽利略开发板的开发方式。

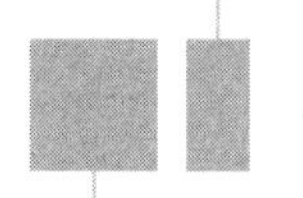

7.2 伽利略系统交叉编译环境使用

7.2.1 伽利略系统交叉编译工具链的产生

Yocto 项目的两个功能，不仅用来产生经过内核编译的 Linux OS 文件系统，还用来产生交叉编译开发环境及交叉编译工具链。Yocto 项目的编辑流程可用图 7-4 进行说明。Linux 的源代码、板级支持包(BSP)、第三方应用库、嵌入式设备的驱动等源代码在 Yocto 提供的编译框架中被裁剪和编译，输出定制的 Linux 以及用于定制硬件的 C/C++ 开发工具链。

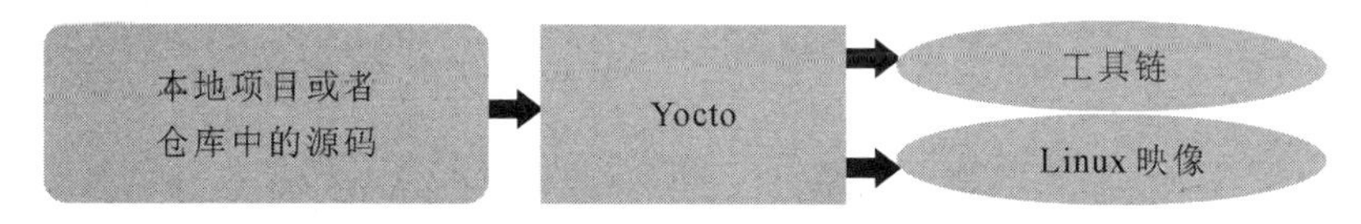

图 7-4　Yocto 项目的编译流程

包括 Quark SoC 在内的英特尔嵌入式平台的 Linux 开发系统都是基于 Yocto 项目来完成工具链生成和 Linux 操作系统定制的。在对 Quark 处理器平台如伽利略、爱迪生等开发板进行 Yocto 定制的时候，通常需要提供的软硬件条件如下：

(1) 板级支持包(BSP)的源码。

(2) 开发主机需要 100 GB 以上硬盘空间和尽可能快的 Internet 连接。

(3) 操作系统需 Ubuntu 12.04 以上。

(4) Yocto 编译根据 CPU 的不同，在重新编译完整的 Yocto OS 或者产生交叉编译工具链时需要的时间也不同，PC 需 8 h，而工作站最快只需 2 h。

Yocto 工具生成的交叉编译器运行在开发机上，C/C++ 源码在开发机上进行交叉编译，生成一个 Quark SoC 处理器的代码，得到的可执行程序再下载到嵌入式开发板上执行，其工作过程如图 7-5 所示。

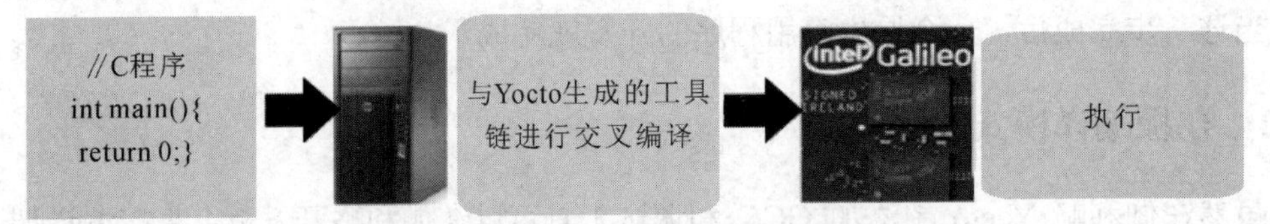

图 7-5 伽利略开发板的交叉编译过程

伽利略开发板所使用的 Linux 映像和交叉编译工具链可以从网站上直接下载使用，能够满足物联网的主要应用。当然也可以通过 Yocto 系统自行定制一个映像和开发工具链。下面介绍基于英特尔提供的交叉编译工具链的部署和使用方式，开发主机采用 Linux Ubuntu 系统。

7.2.2 伽利略开发板交叉编译工具链的部署

1. 交叉编译工具链的下载

伽利略嵌入式系统使用的交叉工具链可以从英特尔网站上进行下载，包含了不同操作系统平台下的开发工具链，如图 7-6 所示。

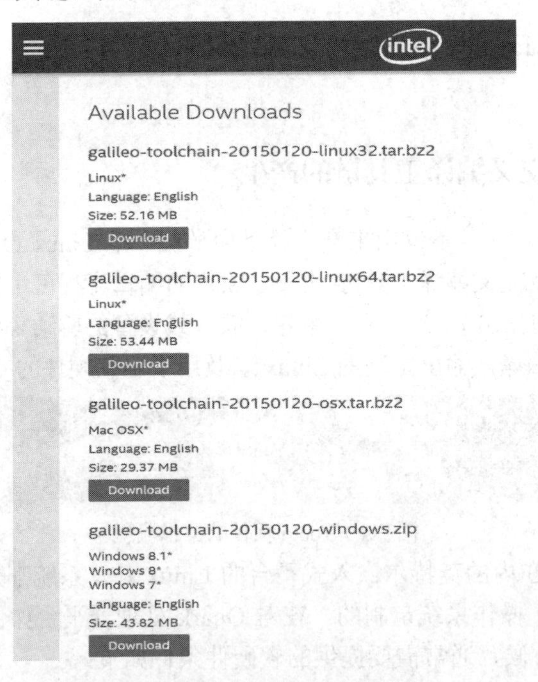

图 7-6 交叉编译工具链的下载

2. Linux 环境下交叉编译工具链的安装部署

在 Linux 开发主机中建立交叉编译环境时，要用到开源 GNU 的 Make 编译系统进行源码编译。因此安装与部署的主要步骤就要首先确保 Make 编译系统存在并正常工作，然后再把已下载的伽利略开发板的交叉编译工具链进行部署于环境变量的设置。由于已有预先做好的 Make 脚本文件，因此整个部署过程非常容易操作。基本的步骤如下：

(1) 进行 Linux 开发环境设置，安装 Make 编译系统的命令：

```
# sudo apt-get install make automakegcc g++ build-essential gcc-multilib
```

(2) 在 64 位 Linux 操作系统下，下载好的工具链开发包为压缩文件 galileo-toolchain-20150120-linux64.tar.bz2，利用如下命令对其进行解压：

```
# tar -jxvf galileo-toolchain-20150120-linux64.tar.bz2
```

(3) 解压之后得到的文件目录包含一个.sh 脚本文件，该文件为安装脚本文件。用管理员权限运行该安装脚本文件来安装交叉编译工具链，其命令如下：

```
# sudo install_script.sh
```

(4) 安装完成后，可以在安装目录中看到交叉编译工具链。在交叉编译工具软件的命名上，均在前面冠以 i586-poky-linux-uclibc 以示与本机编译工具的区别。

(5) 安装目录中的环境配置文件用来设置开发机默认的编译工具环境，其命令如下：

```
# source environment-setup-i586-poky-linux-uclibc
```

运行上述命令的主要目的就是将诸如$CC、$CXX 等环境变量设置成伽利略开发板对应的编译器和工具。当环境变量设置好了以后，就可以方便地开始编写程序进行交叉编译了。

7.2.3　Linux 环境下交叉编译工具的使用

1. 开发主机上进行源码编辑与编译

在交叉编译 SDK 环境部署配置完成后，可以在开发机上编译产生一个伽利略系统的原生应用，这里仍然使用 Hello World 程序来举例说明，编辑好的程序如图 7-7 所示。

```
Hello_Galileo.cpp
1  #include <iostream>
2
3  using namespace std;
4
5  int main(int argc,const char * argv[])
6  {
7      cout<<" Hello World form cross-compiled Galileo App"<<endl;
8      return 0;
9      }
```

图 7-7　例子程序的 C++ 代码

将编辑好的文件 Hello_Galileo.cpp 保存在用户目录，在用户目录下进行编译的命令如下：

```
# i586-poky-linux-g++ Hello_Galileo.cpp –o hello_galileo_cross
```

交叉编译使用的编译器是 i586-poky-linux-g++，这是专用于伽利略开发板的编译器。编译源文件 Hello_Galileo.cpp，输出的可执行程序为 hello_galileo_cross。

2. 上传可执行程序到嵌入式系统

编译完成后，在当前目录下就可以找到编译好的可执行文件 hello_galileo_cross.elf。该程序需要在目标开发板上运行，因此还需要一个代码上传与权限修改的操作过程。

伽利略开发板从 SD 卡启动后，默认包含了 SSH 服务。因此在 Linux 操作系统下，可执行程序的上传可通过网络方式来完成。首先将伽利略开发板的 IP 地址进行配置，这里将其配置成 192.168.1.122，然后就可以通过 SSH 方式上传程序。第一种方式可以在命令行下直接利用 SCP 工具进行，在包含上传程序的用户目录下，输入如下的命令：

scp hello_galileo_cross root@192.168.1.122 :/home/root

该命令将 hello_galileo_cross.elf 程序上传到伽利略开发板的 /home/root/ 目录下。当通过 root 用户登录伽利略开发板时，需要 root 账户设置密码。

在开发主机上，仍然可以采用其他的文件传输方式。这里介绍一个图形化操作界面的开源 FTP 工具 FileZilla FTP。从官网上下载后，直接打开运行，则进入如图 7-8 所示的登录界面。

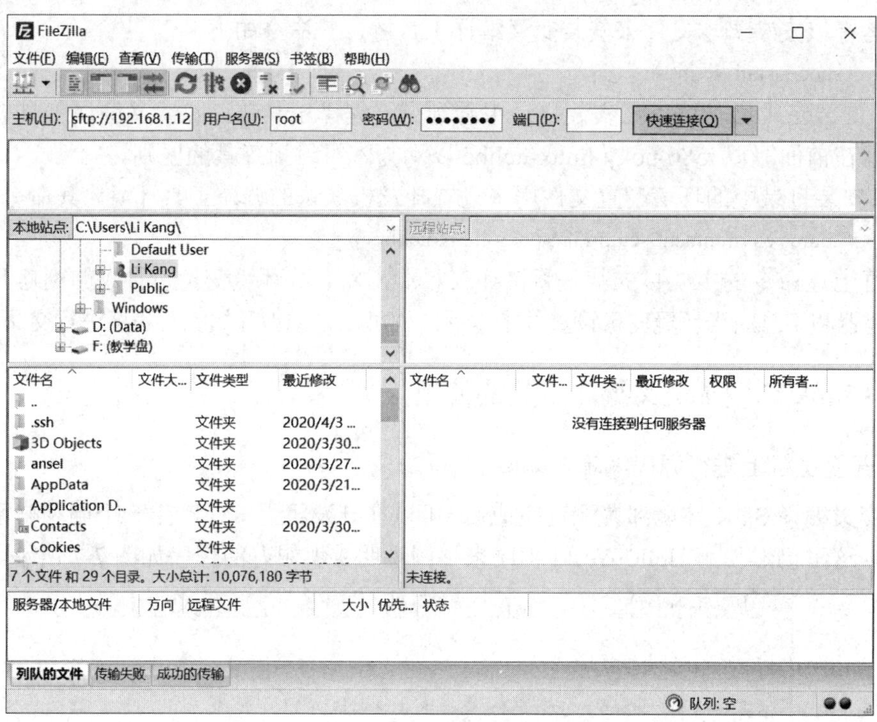

图 7-8 图形界面的 FTP 操作

3. 执行权限修改

由于下载到伽利略开发板上的程序没有可执行权限，因此其不能直接执行，如果直接执行则会出现如图 7-9 所示的提示。

```
root@edison:~# ./hello_edison_cross
-sh: ./hello_edison_cross: Permission denied
```

图 7-9 执行权限错误提示

该错误的原因是因为通过 SCP 或 SFTP 传输的程序默认没有可执行权限，需要为手动部署的程序增加权限，即需要利用如下命令对程序的属性进行修改：

chmod +x hello_galileo_cross

执行完上述命令，检查程序属性，可以看到 x 标记的可执行属性，如图 7-10 所示。

```
root@edison:~# ls -l hello_edison_cross
-rwxr-xr-x    1 root     root       5148672 Mar 24 17:08 hello_edison_cross
```

图 7-10 添加可执行属性

接下来就可以在开发板上运行该程序了，输入以下运行命令：

```
# ./hello_galileo_cross
```

4. 程序的运行和调试

可执行程序的正确运行需要进一步调试。Linux 下最经常用到的程序调试工具就是 GDB(GNU Debugger)。使用 GDB 进行调试，需要在 GCC/G++ 编译时使用 -g 参数，采用如下命令：

```
# i586-poky-linux-g++ Hello_Galileo.cpp -g -o gello_galileo_cross_debug
```

如上编译得到带有调试信息的可执行程序 hello_galileo_cross_debug，可以通过 SCP 或 SFTP 复制程序到开发板为程序增加可执行权限，然后就可以在伽利略开发板上的 GDB 环境中进行在板调试了。命令加载方式如下：

```
# gdb hello_galileo_cross_debug
```

有时候在开发主机上能够进行伽利略开发板上的程序调试会更方便，远程 GDB 调试工具能够满足这一要求。利用远程调试功能需要先在开发板上安装 gdbserver 工具。

交叉编译环境下，GDB 也可以通过远程的方式在主机端进行使用，源代码和调试器都在主机上，GDB 能够自动加载源代码辅助调试。可以使用 gdbserver 工具直接在开发主机上调试伽利略开发板的在板程序。其方法首先要在伽利略开发板启动 gdbserver 工具的远程调试会话功能，其命令如下：

```
# gdbserver :1234 hello_galileo_cross_debug
```

该命令表示在开发板上打开 1234 端口用于对 hello_galileo_cross_debug 代码的 gdb 远程调试。

然后，在开发机中直接输入 gdb 命令启动 GDB 工具，并在 GDB 环境中输入内部连接命令，命令如下：

```
# gdb
#(gdb) target remote 192.168.1.122:1234
```

这时主机上的 GDB 会出现与本机调试相同的界面，后续的调试过程与本机调试相同，这样就可以按照标准的 GDB 调试命令对代码进行调试了。

5. GDB 调试命令一览

GDB 是在 Unix 以及类 Unix 系统下的调试工具。功能极其强大，几乎涵盖了调试中需要的全部功能。GDB 主要提供 4 个方面的调试功能，包括可以在 GDB 中启动和单步运行程序，可以设置调试断点，可以任意检查程序的内存状态，可以动态改变程序的执行环境等。

GDB 工具在使用前要在 GCC/G++ 编译程序环节加入 -g 参数，以便在编译时加入 Debug 信息。-g 分 4 个等级，包括：

(1) -g0 等于不加 -g，即不包含任何信息。

(2) -g1 只包含最小信息，一般来说只有用户不需要 Debug 信息，而需要 backtrace 信息，并且真的很在意程序大小，或者有其他保密/特殊需求时才会使用 -g1。

(3) -g2 为 GDB 默认等级，包含绝大多数用户需要的信息。

(4) -g3 包含一些额外信息，例如包含宏定义信息。当用户需要调试宏定义时使用 -g3。

开始进入 GDB 调试环境时，可采用前面介绍的命令。当进入 GDB 环境后，可以采用不同的命令来对程序的运行过程进行直接的监控。GDB 常用的命令如表 7-2 所示。

表 7-2 GDB 常用命令

GDB 命令	功 能 描 述
运行指定程序	
run	用 gdb xxx.elf 命令进入 GDB，run(可简写为 r)命令运行指定程序
file 可执行程序名	用 GDB 命令进入 GDB，file ${用户的程序}命令载入指定程序，再运行
set args	用 file 载入指定程序后，可用 set args ${arg1} … ${argN} 命令设置程序运行参数，再运行
GDB 常用命令	
backtrace	显示栈信息，简写为 bt
frame x	切换到第 x 帧，其中 x 从 0 开始，0 表示栈顶，简写为 f
up/down x	往栈顶/栈底移动 x 帧，当不输入 x 时，默认为 1
print x	打印 x 的信息，x 可以是变量、对象或数组，简写为 p
print */&x	打印 x 的内容/地址
call	调用函数，注意此命令需要一个正在运行的程序
set substitute-path from_path to_path	替换源码文件路径，当编译机与运行程序的机器代码路径不同时，需要使用该指令替换代码路径，否则用户无法在 GDB 中看到源码
break x.cpp:n	在 x.cpp 的第 n 行设置断点，然后 GDB 会给出断点编号 m，命令可简写为 b，后面会对 break 命令进行更详细的解释
command m	设置程序执行到断点 m 时要看的内容
x /NFU ${addr}	打印 addr 的内容，addr 是合法地址表达式，例如 0x562fb3d，一个当前有效的指针变量 p，或者一个当前有效的变量 var 的地址&var NFU 是格式，N 表示查看的长度，F 表示格式(例如十六进制或十进制)，U 表示单位(例如单字节 b，双字 h，四字 w 等)
continue	继续运行程序，当前调试信息完成后，程序继续运行时使用，可简写为 c
until	until 执行到当前循环完成，可简写为 u
step	单步调试，步入当前函数，可简写为 s
next	单步调试，步过当前函数，可简写为 n
finish	执行到当前函数返回
info locals	打印当前栈帧的本地变量
return	强制函数返回，可以指定返回值

GDB 还提供了断点调试工具，包括监视点(Watchpoint)、断点(Breakpoint)和捕捉点(Catchpoint)三种调试模式。监视点用来监视内存中某个地址，当该地址的数据被改变(或者被读取)时，程序则会被中断并进入调试状态。监视点分为软件模式和硬件模式，GDB 在单步执行程序时使用软件监视点测试变量的值，会使执行程序的速度变慢。IA-32 指令的 x86 处理器提供了 4 个特殊调试寄存器用来方便程序调试，GDB 可以使用这些寄存器建立硬件监视点。硬件监视点总是会被优先使用，以保证不会减慢程序的执行速度。监视点的

典型操作命令是一组 watch 命令。断点与监视点不同，断点是指当执行到程序某一步时，程序交出控制权进入调试器，断点操作采用一组 break 命令。捕捉点是当某些事件发生时，程序交出控制权进入调试器，捕捉点命令是 catch，例如可以 catch 一个 exception、assert、signal 或 fork，甚至 syscall。GDB 的中断调试命令如表 7-3 所示。

表 7-3　GDB 中断调试命令

GDB 中断调试命令	功 能 描 述
	监视点(watchpoint)命令
watch	写监视。watch 命令还有两个变体命令 rwatch(读监视)和 awatch (读写监视)，其使用方式一致。watch 的命令格式有： (1) watch x：x 为变量名，当 x 的值改变/被读取时程序进入调试。 (2) watch 0xN：N 为有效地址，当该地址的内容变化/被读取时程序进入调试。 (3) watch *(int *)0xN：N 为一个有效地址，当该地址中的 int 指针指向的内容变化/被读取时进入调试
	断点(breakpoint)命令
break	break 的变体包括 tbreak、hbreak、thbreak 与 rbreak。tbreak 与 break 功能相同，只是所设置的断点在触发一次后自动删除，hbreak 是一个硬件断点，thbreak 是一个临时硬件断点。 注意硬件断点需要有硬件寄存器支持，某些硬件可能不支持这种类型的断点，rbreak 稍微特殊，会在匹配正则表达式的全部位置加上断点。Break 的命令格式有： (1) (t/h)break x.cpp:y：在代码 x.cpp 的第 y 行加入断点。x.cpp 若不指定，则会以当前执行的文件作为断点文件，若程序未执行，则以包含 main 函数的源代码文件作为断点文件，若 x.cpp 和 y 都不指定，则以当前 debugger 的点作为断点处。 (2) (t/h)break 0xN：在地址 N 处加入断点，N 必须为一个有效的代码段(code segment)地址。 (3) (t/h)break x.cpp:func：在 x.cpp 的 func 函数入口处加入断点，x.cpp 可以不提供直接使用 break func。 注意由于重载(overload)的存在，因此 GDB 可能会询问用户希望在哪个函数加上断点，用户也可以通过指定参数类型来避免该问题，如 break func(int, char *)。 (4) (t/h)break +/-N：在当前运行处的第 N 行后/前加入断点。 (5) rbreak REGEXP：在所有符合正则表达式 REGEXP 的函数入口加入断点，例如 rbreak EX_* 表示在所有符合以 EX_开头的函数入口处加入断点
	捕捉点(catchpoint)命令
catch	在调试的时候通常用 catchpoints 来捕获事件，如 C++ 的异常等。常用的捕捉点命令包括如下： (1) catch throw：捕获异常的扔出点(相当于在扔出异常的地方添加断点)。 (2) catch pthread_exit：捕获线程退出(相当于在线程退出的时候添加断点)。 (3) catch syscall [name | number]：为关注的系统调用设置 catchpoint，如 mmap 调用等

以上内容初步介绍了基于 Linux 的伽利略开发板交叉编译环境的部署与使用方法。同样基于 Windows 操作系统的开发工具链也可以从相同的英特尔网站下载，并且可采用类似

的过程进行使用。但更普遍的是与 Eclipse GUI 工具配合使用，以图形用户界面的方式方便开发者使用。英特尔为此专门开发了 SDK 工具，在下面的章节中进行介绍。

7.3 英特尔物联网系统 SDK 工具部署与应用

7.3.1 英特尔物联网系统 SDK 工具的部署流程

SDK 工具的安装过程包括如下几个步骤：

(1) 安装 JDK。JDK 是 Java 开发工具，用于提供工具的跨平台可移植性。

(2) 安装 Docker 引擎。针对不同的操作系统，可以安装不同版本 Docker 工具。

(3) 安装英特尔 System Studio IoT Edition。从英特尔网站下载 IoT Edition 安装包，自动解压安装。

(4) 运行 IoT Edition。伽利略的 SDK 开发工具需要使用 Docker 工具。Docker 是一个开源项目，用于将应用程序作为可在云上或本地运行的可移植、自给自足的容器进行自动化部署。Docker 的 Logo 如图 7-11 所示，图中的鲸鱼(或者货轮)代表操作系统，Docker 就好比集装箱(容器)。每一个软件工具(类似一个货物)都被放到集装箱里，这样大鲸鱼可以用同样的方式安放、堆叠集装箱。Docker 就是建立集装箱的这一整套机制。

图 7-11　Docker 的 Logo

Docker 可以理解成一个超轻量级虚拟机，也称为应用容器。它是在 LCX(Linux 容器)基础上进行的一种封装形式。Docker 和传统虚拟化方式的不同之处在于容器是在操作系统层面上实现虚拟化，直接复用本地主机的操作系统，而传统方式则是在硬件层面实现。相较于传统的 VM 虚拟化方法，Docker 的好处是启动速度快，资源利用率高，性能开销小。因此，Docker 的容器技术能够简化部署，优化运维管理方案，并且可以优化系统资源的使用，被越来越广泛地使用。

本节的 SDK 开发环境就是部署在 Docker 容器上，极大简化了开发环境的安装与配置过程。下面的内容为读者分别介绍在 Linux 操作系统和 Windows 操作系统下英特尔 System Studio IoT Edition 开发环境的安装与部署过程。

7.3.2 Linux 系统下 System Studio IoT Edition 工具的安装部署

安装 SDK 开发环境时，Linux 操作系统的建议为 Ubuntu 16.04 及以上版本，具备管理员访问权限。开发主机至少具备 5 GB 存储空间用于工具安装，具体过程可以参考如下流程。

1. JDK 环境准备

在开始安装之前，注意检查启动 BIOS 中的 Virtualization 功能。启动电脑后立刻按 F10 键进入 BIOS 启动模式，选中 Enable 英特尔 VT-x 或类似选项。

安装 64bit 的 Java SE Development Kit 工具，即 JDK version 1.8 开发环境。伽利略系统的 SDK 工具可使用版本 8 以上的 JDK 环境，下载地址为 https://www.oracle.com/java/technologies/javase-downloads.html。

同样，System Studio IoT Edition 也支持 OpenJDK 1.8 及更高版本，下载地址为 https://developers.redhat.com/products/openjdk/download。

如果这一步的 JDK 工具没有安装，或者安装失败，则在 SDK 安装过程中会有如图 7-12 所示的错误提示。

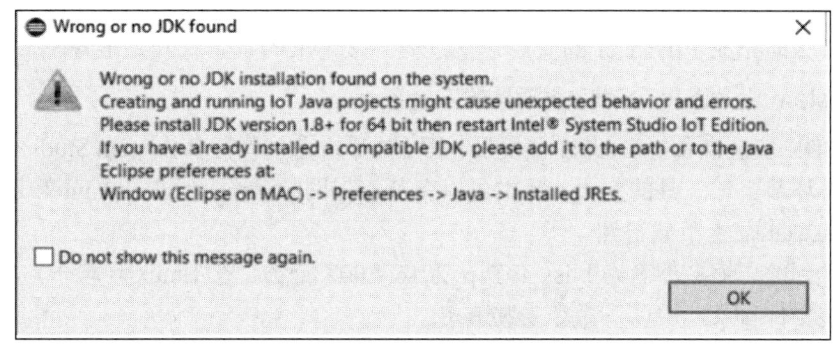

图 7-12　JDK 安装错误提示

2. Docker 容器环境部署

Linux 下的 Docker 的安装部署过程可参考如下步骤：

(1) 用 sudo 或者 root 权限登录 Linux 主机，在终端命令行窗口输入命令来更新包信息，并确定 APT 命令能够用 HTTPS 方式工作，并且 CA 认证已安装，采用如下命令：

```
sudo apt-get update
sudo apt-get install apt-transport-https ca-certificates
```

(2) 添加新的 GPG 密钥的命令如下：

```
sudo apt-key adv --keyserver hkp://p80.pool.sks-keyservers.net:80 --
recv-keys 58118E89F3A912897C070ADBF76221572C52609D
```

(3) 打开 /etc/apt/sources.list.d/docker.list 文件，如果没有，就创建一个空文件。

(4) 删除 docker.list 文件中的已有记录，添加一个 Ubuntu Xenial 16.04(LTS)的记录，保存并关闭文件，命令如下：

```
deb https://apt.dockerproject.org/repo ubuntu-xenial main
```

(5) 更新 APT 包索引，并安装 docker-engine，验证 APT 是从正确的软件仓库中拷贝的，命令如下：

```
sudo apt-get update
sudo apt-get install docker-engine
apt-cache policy docker-engine
```

(6) 启动 Docker 后台的命令如下：

```
sudo systemctl enable docker
```

(7) 获得与 Docker 后台交互和使用 Docker 的许可，创建一个“docker”组，然后重启系统，命令如下：

```
sudo usermod -aG docker username
sudo shutdown -r now
```

(8) 验证 Docker 已经正确安装，输入如下运行 Docker 命令，能看到从 Docker 显示的消息：

```
sudo docker run hello-world
```

(9) 为 Eclips Mars 准备环境。英特尔 System Studio IoT Edition 基于 Eclips Mars，它不支持 GTK 3。如要使用 GTK 3，需要设置环境变量 SWT_GTK 3 为零，命令行如下：

```
export SWT_GTK3 = 0
```

以上步骤即完成了 Docker 的安装设置过程。接下来的步骤就开始准备。

3. System Studio IoT Edition 工具的安装部署

在为 SDK 安装准备好 Docker 环境后，就可以开始进入英特尔 System Studio IoT Edition 的安装部署环节。该工具的 Linux 版本可以在英特尔网站 https://software.intel. com/iss-IoT-installer/linux/latest 上下载得到。

下载得到的压缩文件名为 l_iss_IoT_p_2016.4.007.tar.gz。在 Linux 环境下，从终端窗口进入到安装文件目录，用以下命令安装 IDE：

```
# tar xvf l_iss_iot_p_2016.4.007.tar.gz
# cd l_iss_iot_p_2016.4.007
#./install.sh
```

install.sh 安装脚本被执行后，就开始进入到自动安装向导的界面，如图 7-13 所示。SDK 工具将按照向导的步骤自动进行安装。

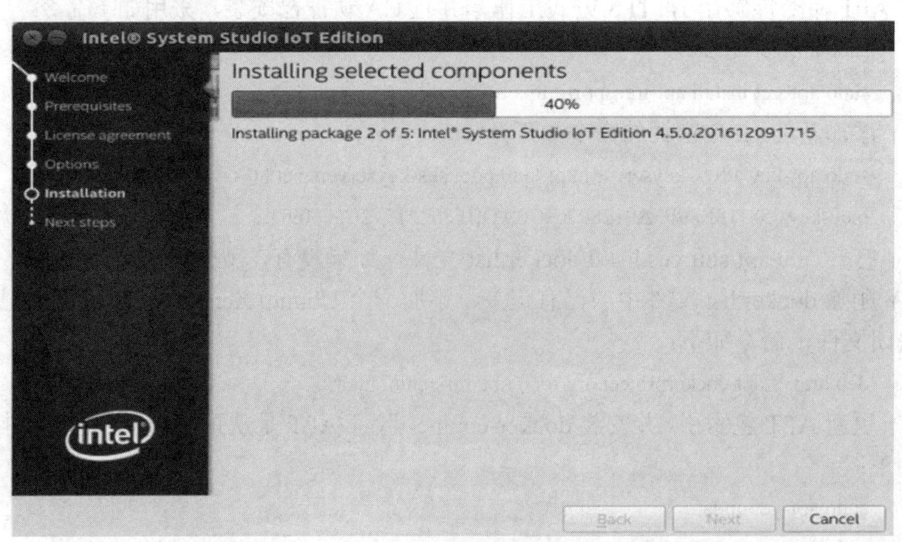

图 7-13 英特尔® System Studio IoT Edition 安装向导

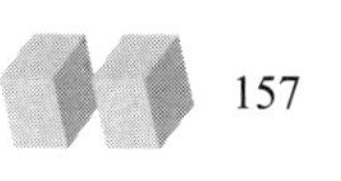

安装过程结束后，可以从终端窗口中进入英特尔 System Studio IoT Edition 安装路径(例如 /opt/intel/ISS)，用如下命令启动 SDK 程序：

```
# ./iss-iot-launcher
```

第一次运行 IoT Edition 时，需要指定一个工作目录来保存项目，如图 7-14 所示。

Select a workspace

Eclipse Platform stores your projects in a folder called a workspace.
Choose a workspace folder to use for this session.

Workspace: /home/　/workspace_iot　Browse...

Use this as the default and do not ask again

Cancel　OK

图 7-14　IoT Edition 中指定工作目录

点击 OK 按钮后启动 IoT Edition，进入建立项目界面，如图 7-15 所示。

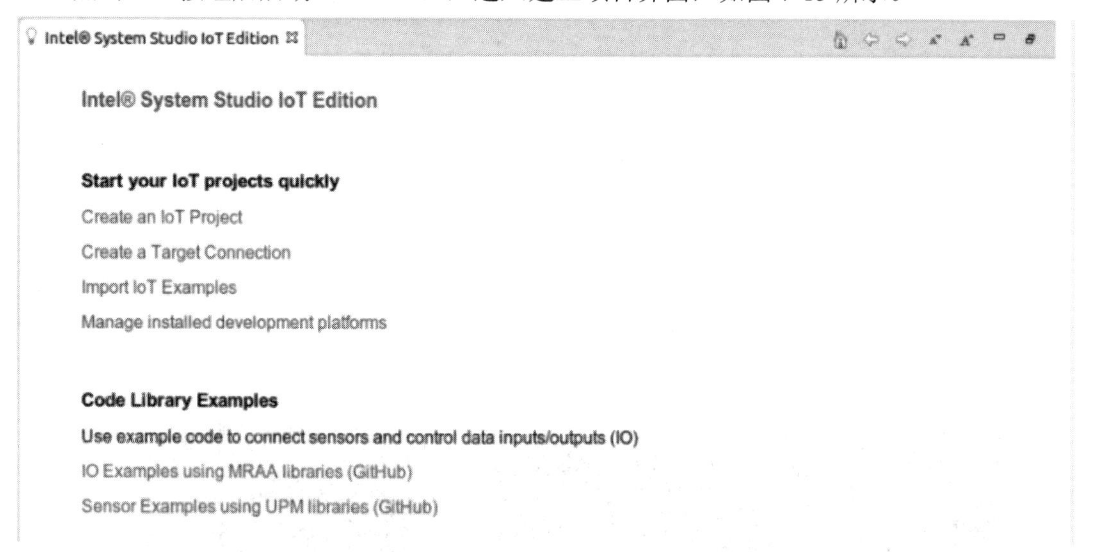

图 7-15　建立项目界面

至此，System Studio IoT Edition 在 Linux 操作系统下的安装与部署就完成了。

7.3.3　Windows 系统下 SDK 开发工具链的建立

在 Windows 系统中安装 System Studio IoT Edition 的步骤与上一小节中的描述基本一致，但不同操作系统下操作方法略有不同，下面就有区别的步骤进行说明。

对 Windows 的系统要求在 Windows 8 以上，至少 5 GB 的存储空间。对 Java 运行环境要求 Java JRE 64 bit 1.8 以上版本，安装方式与上节介绍的一致。

1. Windows10 下 Docker 工具箱的安装与部署

在 Docker 容器的安装中要选择 Windows 下的 Docker 工具包进行安装。同样，安装 Docker 前需要确保主机 BIOS 中的 Hyper-V 选项是关闭的。从 https://www.docker.com/products/docker-toolbox 网址下载 Docker Toolbox 工具。

选择管理员运行方式，开始 Docker Toolbox 的安装向导，如图 7-16 所示。在 Select Additional Tasks 窗口下单击 Next 按钮，然后单击 Install 按钮来安装 Docker Toolbox。

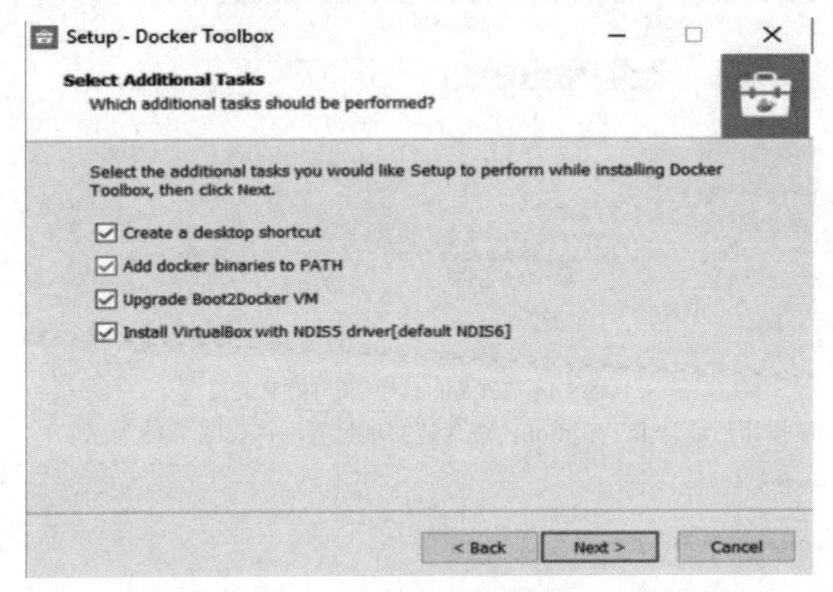

图 7-16　Docker 工具箱的安装向导

Docker 工具箱安装完成后，下一步需要创建一个新的 docker machine，在命令行输入：

```
>docker-machine create -d virtualbox defult
```

这时，就可以在桌面上右键单击 Docker Quickstart Terminal，选择管理员运行。选择 Yes 允许 Docker Quickstart Terminal 运行，可以看到如图 7-17 所示的界面。

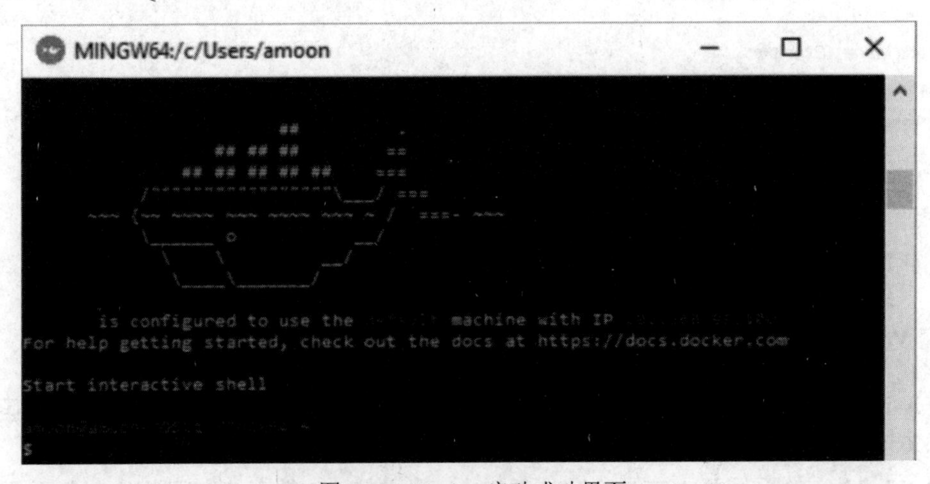

图 7-17　Docker 启动成功界面

至此，就已经成功设置了主机，可进行后续 System Studio IoT Edition 安装了。

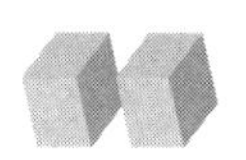

2. Windows 下 System Studio IoT Edition 安装与部署

下载 Windows 版本的英特尔 System Studio IoT Edition 安装器文件的 Web 地址为 https://software.intel.com/iss-IoT-installer/win/latest。

安装器文件为 w_iss_IoT_2016.4.012.exe。下载以后就可以单击右键以管理员身份运行该程序，会出现如图 7-18 所示的安装路径界面，继续通过安装向导完成 System Studio IoT Edition 的安装。

图 7-18　Windows 下 System Studio IoT Edition 安装界面

在 System Studio IoT Edition 的安装目录中，会建立起一个 iss-IoT-win 文件夹。找到文件 iss-IoT-launcher.bat，双击运行后即可启动 IDE，并且启动必要的环境设置。在 IDE 启动过程中，会等待主机导入合适的开发容器，然后启动 IDE，如果出现是否允许 VirtualBox Interface 创建的提示，则单击 Yes 按钮。

第一次运行 System Studio IoT Edition 时需要指定工作目录，其过程与上节的介绍相同。

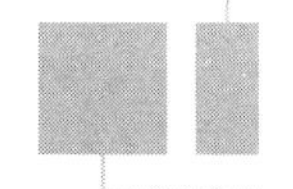

7.4　基于 SDK 的物联网应用开发

System Studio IoT Edition 工具安装部署完成后，就可以开始应用开发了。在所使用的交叉编译环境中，开发主机是通过网络与伽利略开发板连接和下载程序的，因此在开发应用程序之前，必须先按照前面介绍的网络连接方法连接伽利略开发板。在下面的例子中指定伽利略开发板的 IP 地址为 192.169.2.15。

7.4.1　为伽利略开发板创建项目

在伽利略开发板上创建项目的操作步骤如下：

(1) 伽利略开发板必须已连接到与开发主机相同网段的网络中。

(2) 启动 IDE，选择 Intel IoT→Create a new Intel project for IoT，打开如图 7-19 所示的界面，可以为不同开发板创建一个新 IoT 项目。这里选择英特尔伽利略，然后单击 Next 按钮。

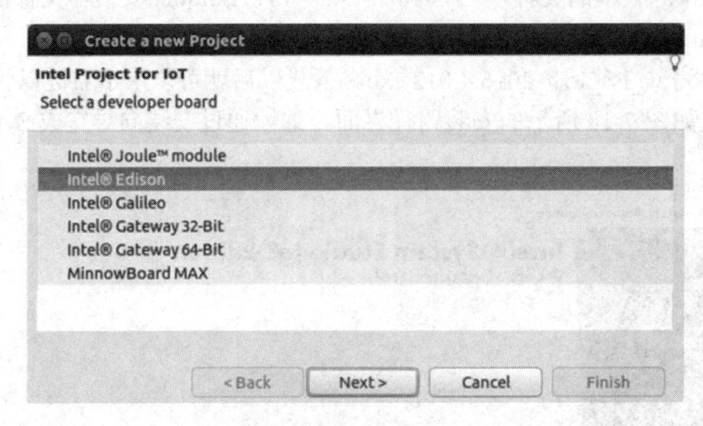

图 7-19　创建 IoT 项目

(3) 要选择目标操作系统，针对伽利略系统，选择缺省的 Yocto，如图 7-20 所示，单击 Next 按钮。

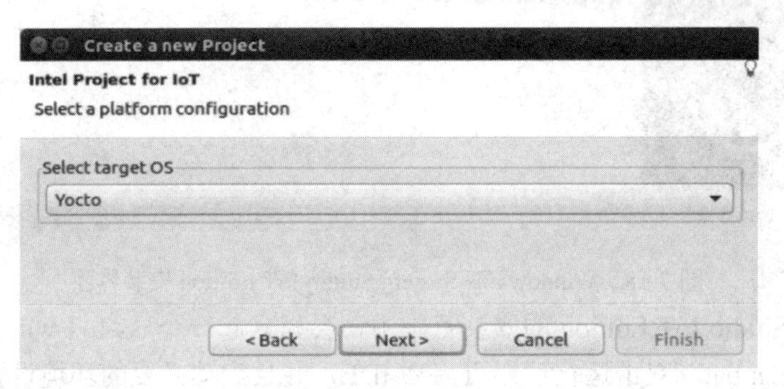

图 7-20　目标操作系统选择

(4) 继续创建项目类型。这里由于采用 C/C++ 的 SDK 开发，项目类型选择 Intel IoT C/C++ project，单击 Next 按钮。

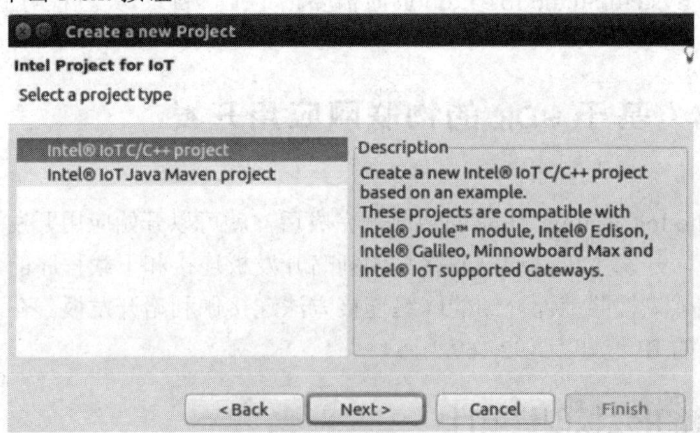

图 7-21　项目类型选择

(5) 在项目内与伽利略开发板建立连接。从图 7-22 所示的界面中，输入开发板的唯一标识名，以及连接的目标伽利略开发板的 IP 地址，单击 Next 按钮。当提示登录时，用目标伽利略开发板的 root 账号和密码进行登录。

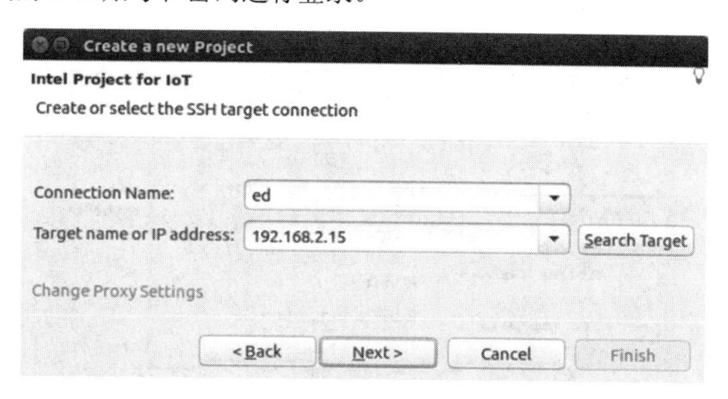

图 7-22　连接目标板

(6) 输入项目名称，在 Examples 列表中浏览并选择要创建的模板后，单击 Next 按钮开始创建新的项目，如图 7-23 所示。

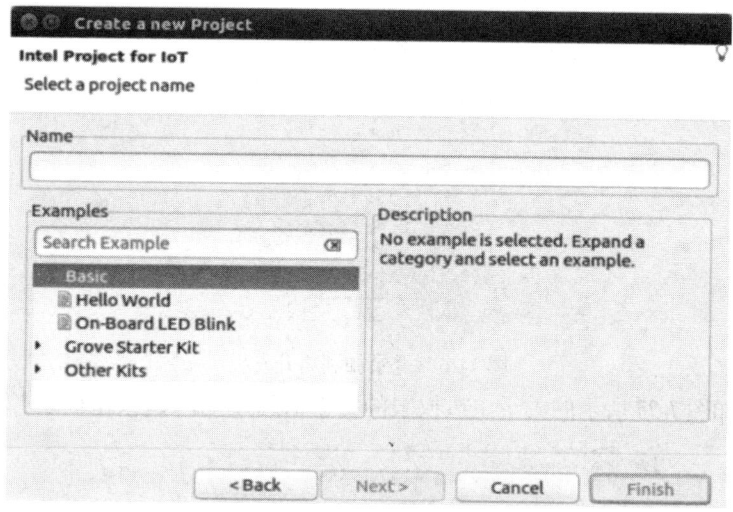

图 7-23　IoT 项目模板选择

当创建一个新项目时，会出现如图 7-24 所示的提示窗口，这时选择 Yes 继续进行后续步骤即可。

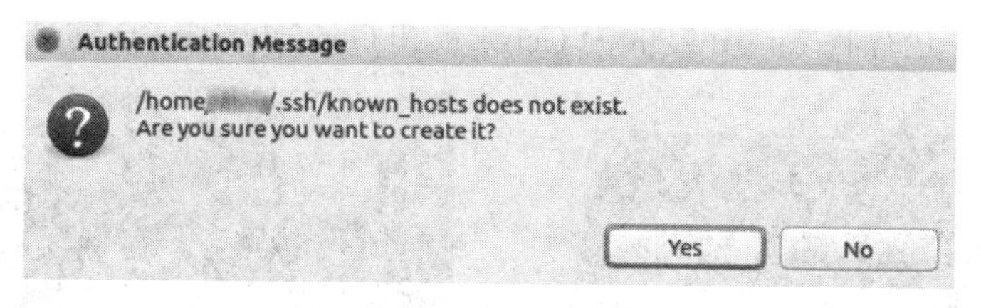

图 7-24　新建项目提示窗口

当 Finish 按钮变亮后，说明新项目创建完成，点击该按钮即完成新项目的创建。

7.4.2　运行一个项目——Blinking LED 举例

在图 7-23 的创建界面中，输入项目名称，在 Examples 列表中选择“On board LED

Blink”，将创建包含基本代码的项目，单击 Finish 按钮完成项目创建。

在已运行的项目中，从 Run 下拉菜单中选择项目名，如图 7-25 所示。

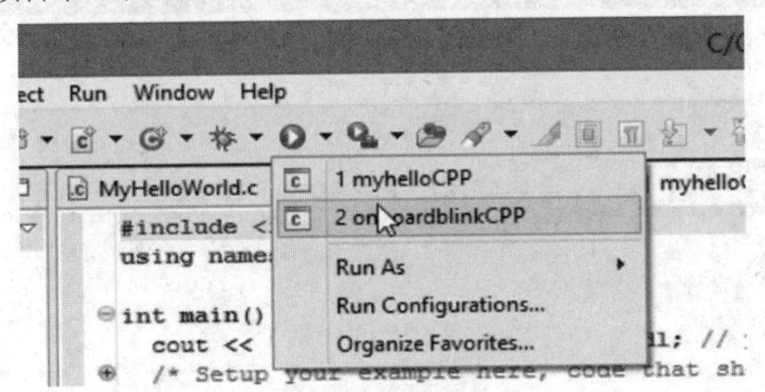

图 7-25　选择 on board Blink LED 例程

这时就会显示一个与开发板进行连接的对话框，要求输入伽利略开发板的登录账号和密码，如图 7-26 所示。

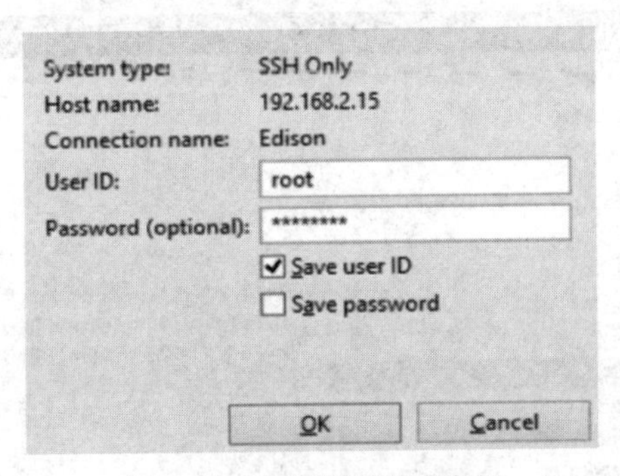

图 7-26　登录伽利略开发板

如果出现如图 7-27 所示的关于主机权限的警告信息，单击 Yes 按钮继续上载和运行项目。

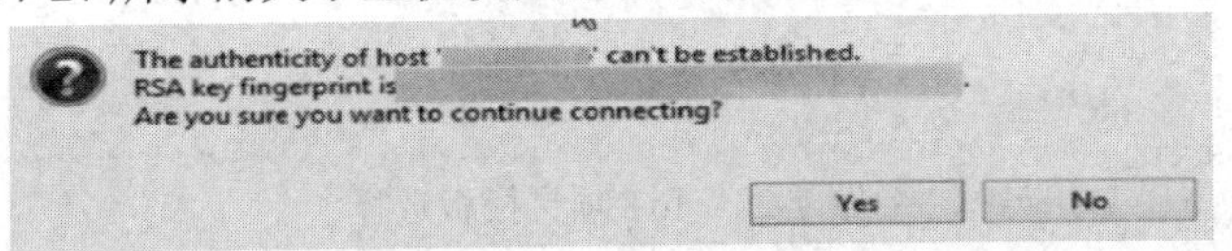

图 7-27　运行提示窗口

这时，Blinking LED 项目就已经在伽利略开发板上运行了，通过开发板上 LED 的指示可以观察程序处于运行状态。图 7-28 为 Gen 1 板和 Gen 2 板上 LED 的显示状态。

(a) 伽利略 1 代板的 LED 显示

(b) 伽利略 2 代板的 LED 显示

图 7-28　运行效果演示

当运行完后，单击 Terminate 结束当前运行进程，并清理 Sketch 文件目录里的内容，如图 7-29 所示。

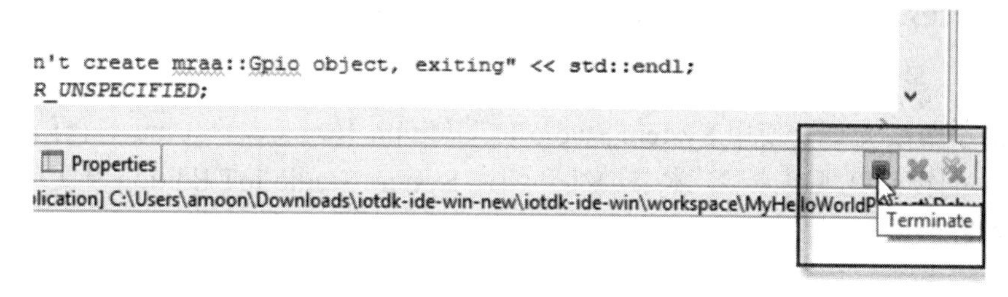

图 7-29　项目运行的终止

综上所述，IoT 项目的创建与运行过程包括以下基本流程：

(1) 确保伽利略嵌入式开发板已连接到与主机相同的网络。

(2) 选择 Intel IoT→CREATE A NEW Intel PROJECT FoR IoT，创建一个新项目页，当提示选择平台类型时，选择使用的开发板，缺省目标 OS 选择 Yocto。

(3) 项目类型选择英特尔 IoT C/C++ project。

(4) 建立一个到开发板的 SSH 连接，输入连接名和开发板的 IP 地址。

(5) 输入项目名称，在 Examples 中浏览并选择要创建的项目。

(6) 在 Examples 中选择 C++→basic→On-Board LED Blink，输入项目名称，完成项目创建。

创建完成后，就可以进入如图 7-30 所示的 SDK 开发环境界面开始程序的开发了。

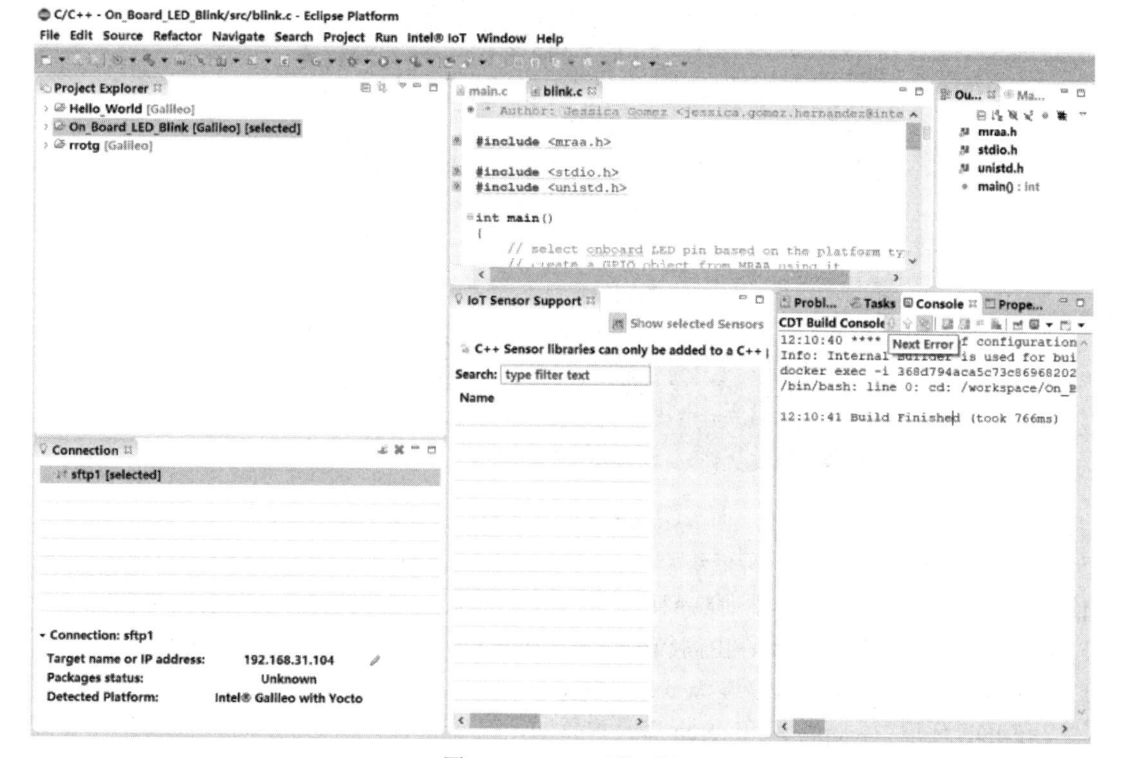

图 7-30　SDK 开发环境

7.5 SDK 中第三方库部署与应用

前面的小节中介绍了使用 System Studio IoT Edition 开发工具在 Linux 目标容器中构建基于 C/C++ 的物联网项目步骤，本节继续介绍在 System Studio IoT Edition 环境中使用第三方库进行物联网应用开发的方法。

7.5.1 默认传感器库 upm 和接口库 mraa

1. upm 库和 MRaa 库

传感器库 upm 是 C++编写的传感器应用资源库，是使用 mraa 库的高级别传感器资源库。upm 库使用多种语言进行开发，如 C/C++、Java、Node.js 和 Python，能够支持多种操作系统，如 Ubuntu、Yocto 项目、Android Things、Wind River、Arch Linux、ubilinux 和 Zephyr 等，可以在任何支持的平台上运行相同的与硬件无关的 API，包括微控制器和工业网关。upm 库和 mraa 库能够支持行业标准通信协议，如 WiFi、ZigBee、LoRa、低功耗 Bluetooth 和 GPS 等。upm 库可支持的软件层次结构如图 7-31 所示。upm 库通过调用 mraa 库提供的可移植传感器接口 API 来操作传感器物理硬件。

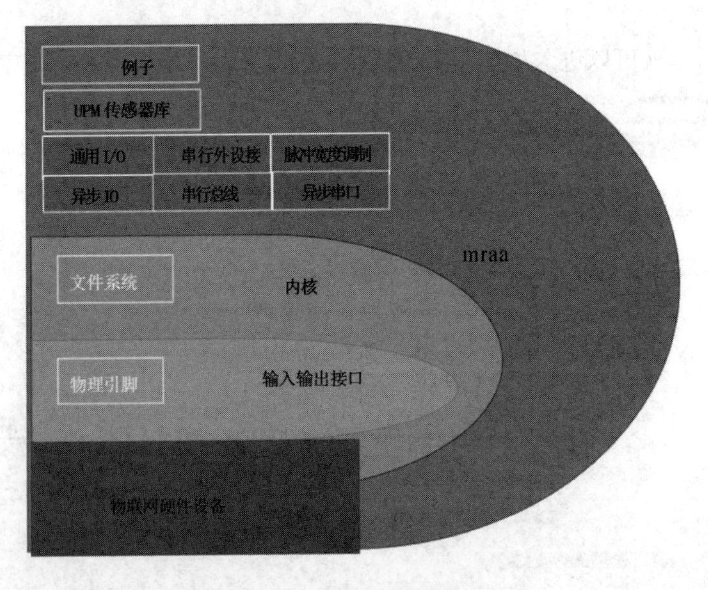

图 7-31 UPM 库的软件层次结构

mraa 库(或 libmraa)是一种低级别库，可将 GPIO 转换成物理引脚提供给伽利略开发板使用，帮助开发人员和传感器制造商以更简单的方法在所支持的硬件上映射其传感器和激励器。mraa 为硬件抽象库，允许由高级语言和结构来控制底层通信协议，包括 GPIO、UART、I^2C、SPI、PWM、BlueTooth 和 Zwave 等协议。

在 IDE 环境中，upm 库和 mraa 库是内置的，但 upm 库中特定的传感器支持包需要在项目中进行添加以后才能编程使用。因此使用 upm 库前存在一个库加载的操作，然后才能

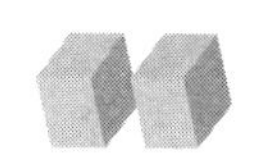

够正常地进行库 API 函数的调用。

2. 在 System Studio 中使用 upm 库

在 IDE 中使用 upm 库添加传感器时，可以在 Window→Show View→Other 中选择 Sensor Support，单击 OK 按钮打开，在 upm 传感器库中查看传感器列表，也可以搜索需要的传感器并添加。UPM 传感器库如图 7-32 所示。

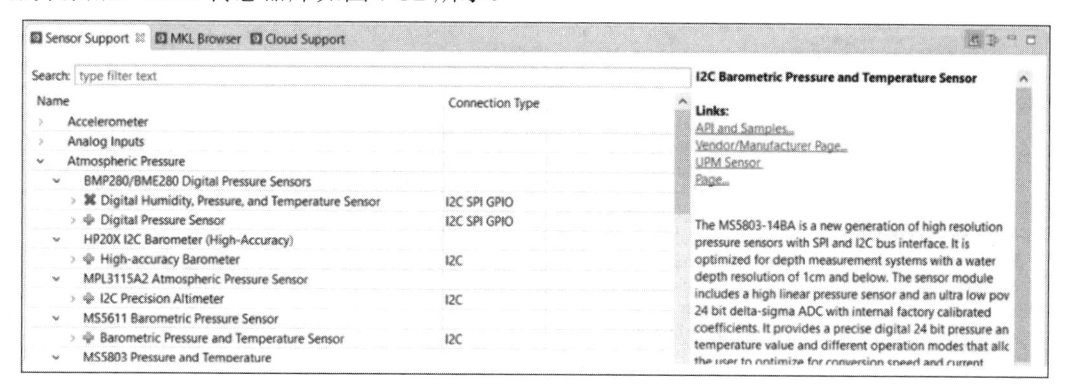

图 7-32　UPM 传感器库

支持的传感器按类别显示，不仅可以展开类别来查看类别中支持的库列表，也可以展开库来查看所包含的传感器。通过搜索框可以搜索特定的传感器。在传感器列表中，可以添加的传感器显示为绿色的添加图标。

当向项目中添加传感器时，传感器将仅被添加到选定项目中，而不是所有的项目。在“Sensor Support”选项卡上，导航到传感器并选择其名称旁边的绿色“添加”图标。这将设置在项目中使用传感器所需的所有选项，并显示一条如图 7-33 所示的消息，单击 OK 按钮后即说明 System Studio IDE 将把传感器的标头和库添加到项目源文件中。

图 7-33　传感器添加提示信息

这一添加过程将向项目源文件添加相关的头文件和库，如图 7-34 所示，传感器头文件 grovelight.hpp 被添加到主项目文件，同时标题被添加到选定的项目中。

```
#include <mraa.hpp>
#include <iostream>
#include <unistd.h>
#include <string>
#include <grovelight.hpp>
```

图 7-34　头文件的添加

这时检查 Linker 标志可以发现库的链接器标志“upm-grove”被添加到所选项目的属性中，如图 7-35 所示。

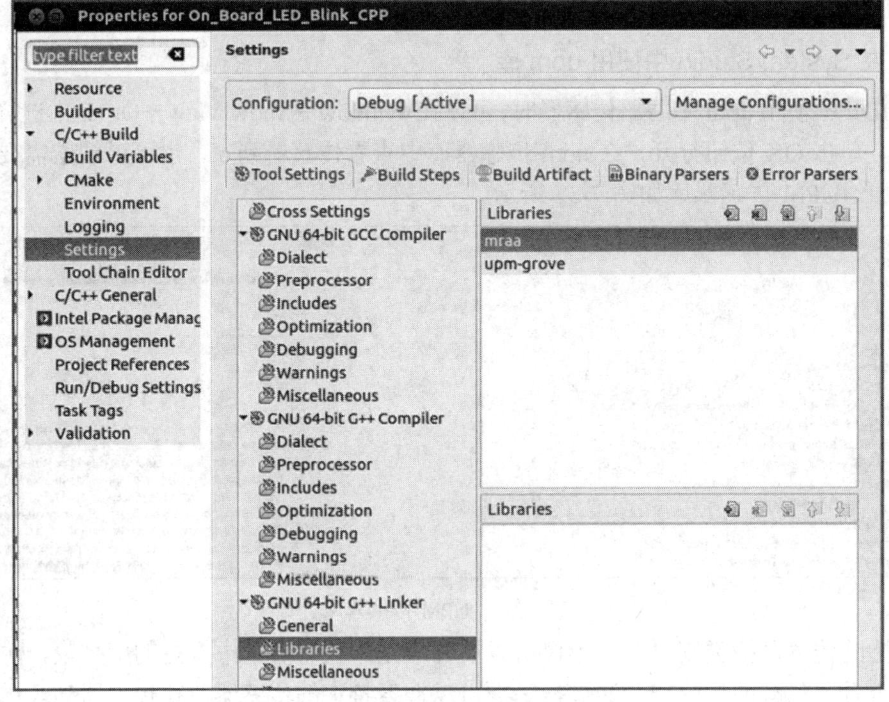

图 7-35　Linker 标志检查

7.5.2　更新和同步板级开发包

当采用 System Studio IoT Edition 进行 IoT 项目的开发时，需要管理和维护两套开发包。一方面需要更新开发机系统上的开发包以保证最新代码更新，确保主机能够支持最新的传感器套件驱动；另一方面还需要同步主机上的库到 IoT 目标板以确保两套开发包兼容。本节用 mraa and upm 库为例，介绍更新与同步开发包的过程。

包更新过程可以从 Intel IoT→Packages Update for Selected Project 选项中单击 Yes 按钮，选择更新到最新版本，如图 7-36 所示。

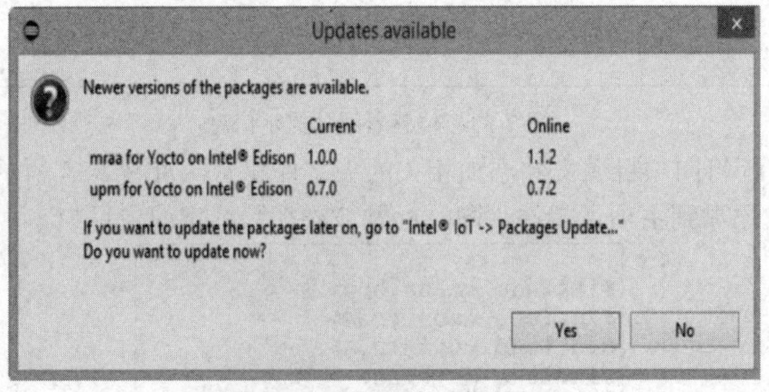

图 7-36　更新开发主机的包

对目标板的同步操作可以在配置选项中进行设置以决定在目标开发板上同步更新的方式。在 SDK 开发环境的主界面内选择 Window→Preferences 菜单项，进入配置窗口，如图 7-37 所示。

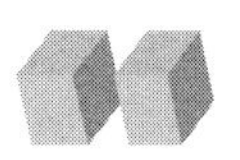

从配置窗口左边选择 Intel System Studio IoT Edition，并在右边窗口中选择 Package management 标签，如图 7-37 所示。勾选同步包的方式，可以在启动项目的时候将开发包同步到目标开发板。

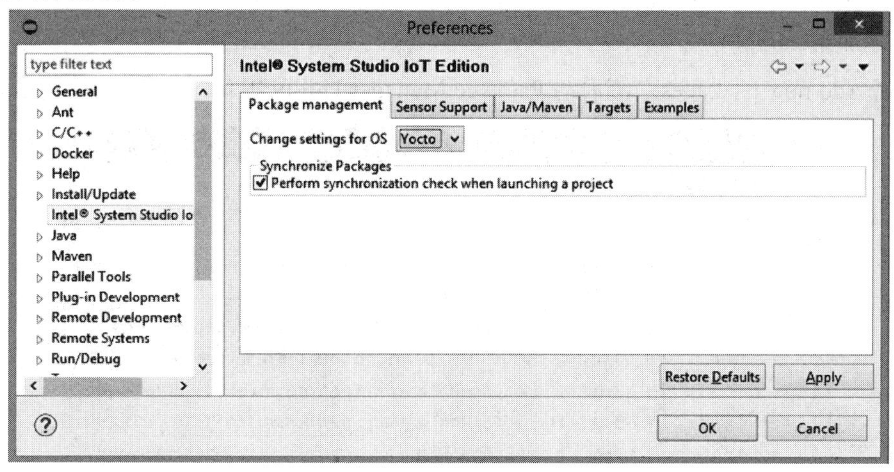

图 7-37　同步更新包的配置选项

7.5.3　第三方库的添加

在 IDE 环境中，除了缺省库 mraa 和 upm 之外，还可以使用其他第三方库来进行开发。第三方库包含两种类型，一种是第三方提供的开发软件包，另一种是一个相关软件包的集合，即软件仓库(Repository)。包管理器(Intel Package Management)对这两类第三方库进行管理，包括检查软件仓库、向项目中添加或删除第三方软件包以及同步第三方库，还提供如何操作的说明文档。下面介绍在 IDE 环境中添加第三方库到项目中的方法。

1. 包管理器的使用

打开一个 IoT 项目，右键单击项目名称，从下拉菜单选择 Properties，选择 Intel Package Management 选项，就可以打开包管理界面，如图 7-38 所示。

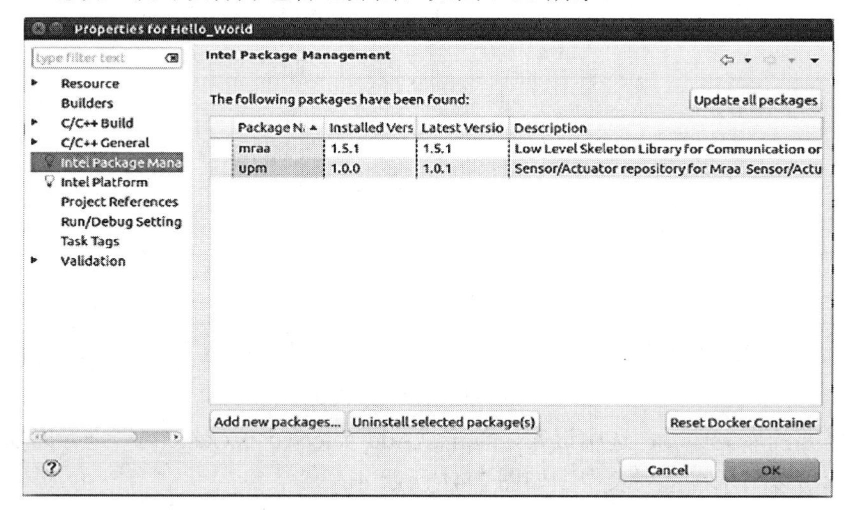

图 7-38　IDE 的包管理界面

可以看到，缺省的 mraa 和 upm 库已经被添加到库管理器中，不能修改。后续加入的第三方库将会显示在该窗口内，对第三方软件包的各种操作也都被集中在这个窗口下进行统一的管理。

2. 添加第三方库

单击 Add new packages…，启动 Package Manager Utility 窗口，如图 7-39 所示。

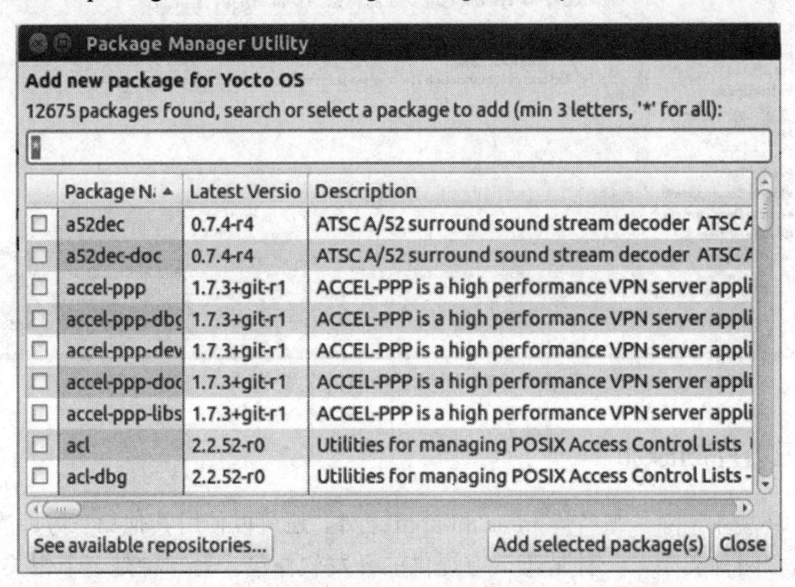

图 7-39　包管理器功能窗口

例如要添加一个 apt-doc 的库，就可以在搜索窗口中输入查询，如 7-40 所示。

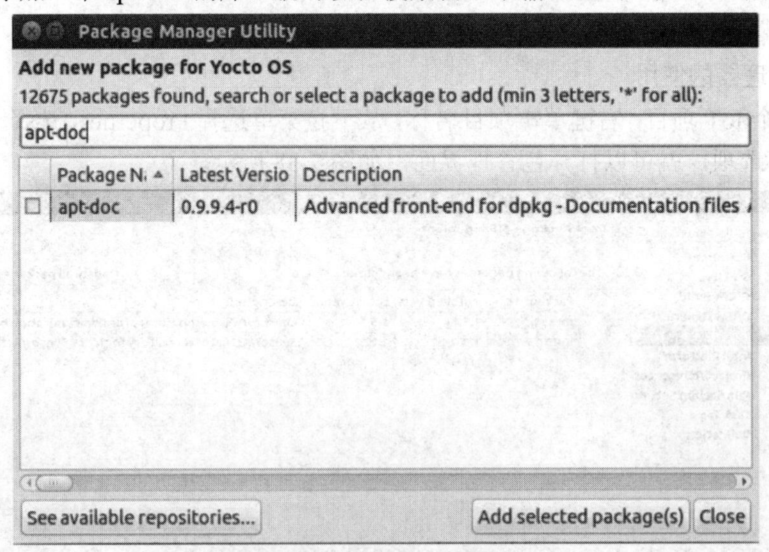

图 7-40　在包管理中查找库

找到需要的库文件后，选中该库，单击“Add selected package(s)”进行库安装。这时安装好的库可以显示在主列表中，如图 7-41 所示。

在包管理器中同样可以更新和同步所安装的包。在图 7-41 窗口中单击“Update all

packages”按钮，可以更新项目中所用的包，并且可以按照 7.5.2 小节的方法进行目标板的包同步操作。

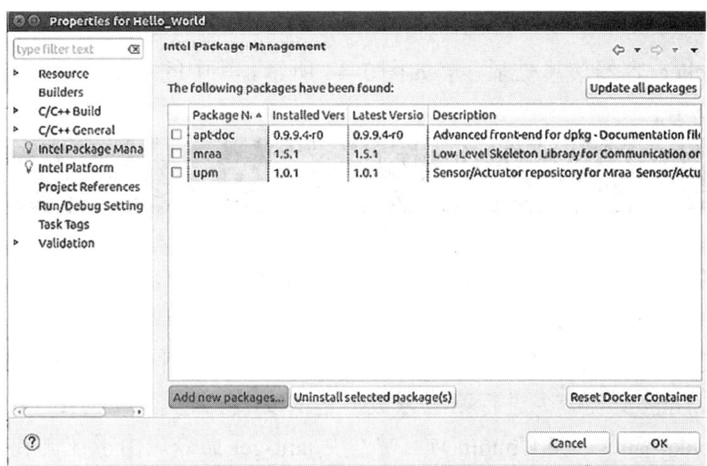

图 7-41　安装完成的库

3. 手动第三方软件包的添加

手动添加第三方软件包的过程能够更好地理解 Docker 管理第三方库的过程。手动添加库到 C/C++应用中要先将其添加到主机和目标板，这一步实际上就是在 IDE 环境中进行更新与同步操作。具体操作如下：

首先，操作之前要确认合适的 Docker 映像已经部署成功，在 Intel IoT→Manage installed development platforms 中检查所应用的平台支持，打开如图 7-42 所示的图形窗口。

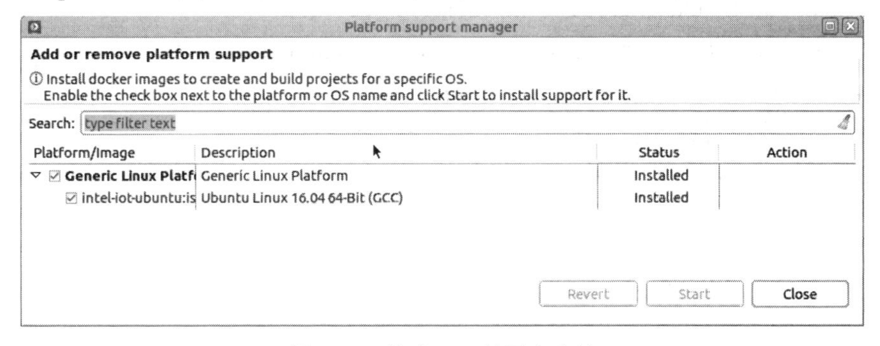

图 7-42　检查 IDE 的平台支持

然后，打开 Docker 操作终端进行添加操作。在 Windows 下需要打开 Docker Quickstart Terminal；在 Linux 下则打开终端 Terminal 窗口，在 Terminal 窗口键入命令行：

```
# docker image
```

显示如图 7-43 的平台支持映像，可以看到 Docker 中维护的软件仓库的映像，以及 Docker 映像的 ID 号，这在后续的操作中会使用到。

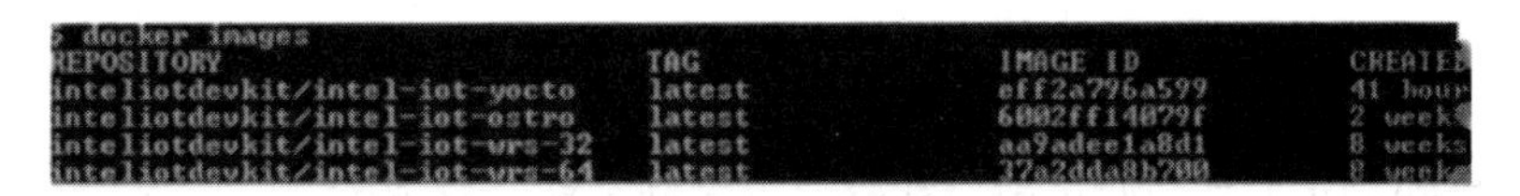

图 7-43　Docker 映像检查

对于在 IoT Edition 中创建的伽利略开发板项目，同样会在 Docker 中创建相应的容器。要检查该项目在 Docker 中的 ID 号，可在命令行输入以下命令：

```
docker ps
```

运行的 Docker 容器信息被显示，如图 7-44 所示。其中的 CONTAINER ID 将会在后续的容器访问中使用。

```
$ docker ps
CONTAINER ID        IMAGE                                    COMMAND
27a1661f2570        inteliotdevkit/intel-iot-yocto:latest    "/bin/bash"
```

图 7-44　伽利略项目的容器 ID

在命令行输入下面的命令来访问开发板项目的 Docker 容器：

```
docker exec -ti <copy container id> /bin/bash
```

该命令在 Docker 容器内打开基于 Linux 的命令会话，相当于是在 Yocto Linux 平台上进行操作，可以用包安装命令进行第三方数据包的安装。通常，在 Yocto 项目中添加新软件包仓库使用 opkg 命令，在 Ubuntu 项目中使用 apt-get 命令。由于在伽利略开发板上使用的是 Yocto 项目生成的 Linux，则可以使用 opkg 命令安装和更新包，这时安装第三方库的方法需要查看相关第三方库文档中的指定步骤来具体确定。

当安装工作完成后，可使用 exit 命令离开会话。安装完成的第三方库需要向 Docker 容器进行提交更新。提交更新过程使用下面的命令来执行：

```
docker commit <copy container id> inteliotdevkit/intel-iot-yocto:latest
```

命令中的 container id 仍然使用前面的项目容器的 ID。上述命令中的地址可能根据目标板 OS 的不同有所改动，各选项如下：

(1) Yocto-built Linux: Intel IoTdevkit/Intel-IoT-yocto:latest。

(2) Ubuntu* 16.04 LTS: Intel IoTdevkit/Intel-IoT-ubuntu:latest。

(3) Wind River* Linux*: Intel IoTdevkit/Intel-IoT-wrs-pulsar-64:latest。

最后，还需要在目标开发板上安装上述第三方库。这时需要利用串口或者 SSH 连接到目标开发板后，在 IDE 环境中用 7.5.2 节中介绍的方法将新的库同步到目标开发板上。

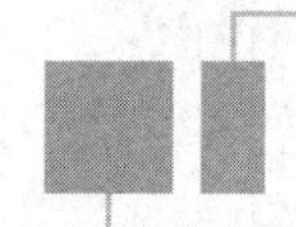

7.6　实验设计

7.6.1　伽利略开发板原生 C 程序开发

一、实验目的

熟悉嵌入式 Linux 的原生开发方法，掌握在板编译器的开发使用，熟悉 VI 文本编辑器使用方法。

二、实验内容

(1) 使用 PuTTy 工具，通过串口和网口登录伽利略开发板。

(2) 使用在板 VI 工具，编写“Hello World!”C 代码。

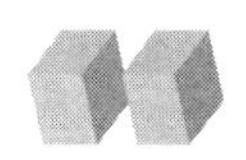

(3) 进行在板编译、运行程序。

三、实验设备及工具

伽利略 1 代或者 2 代开发板，4 GB 以上 MicroSD 卡，USB 转串口调试线，Windows 10 主机与 PuTTy 工具。

四、实验步骤

1. 使用 PuTTy 工具，通过串口登录伽利略开发板的 Linux 系统

(1) 打开“设备管理器”，查看 USB 转串口调试端口对应的 COM 口能够正常显示，说明可以继续使用该串口作为调试功能，如图 7-45 所示。

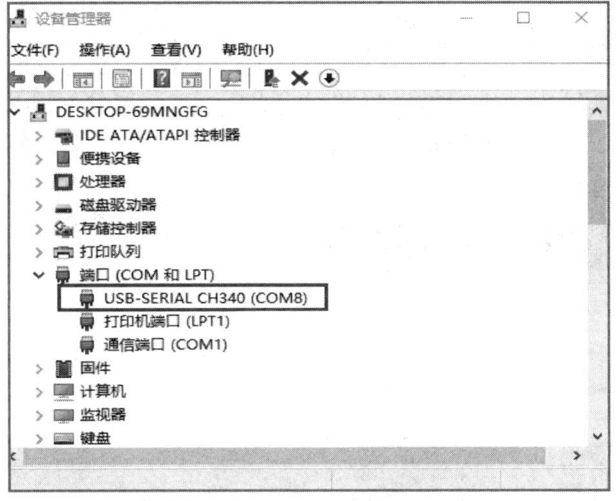

图 7-45　查看伽利略开发板串口驱动

(2) 用 PuTTy 工具连接串口，“Serial line”输入框填入第(1)步得到的串口 COM 号，“Speed”输入框填入 115200，然后单击 Open 按钮打开窗口，如图 7-46 所示。

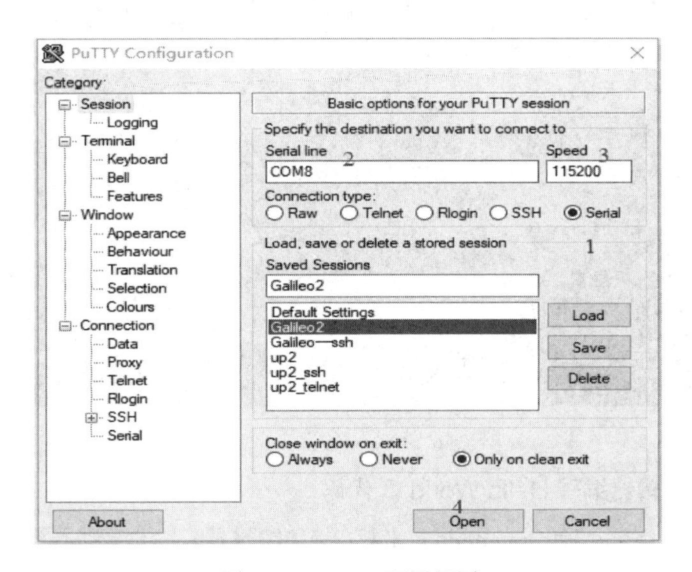

图 7-46　PuTTy 配置界面

(3) 给开发板插上电源，将从 PuTTy 窗口看到 Linux 系统启动过程，如图 7-47 所示。

```
COM8 - PuTTY
[    8.929566] stmmac MSI mode enabled
[    8.933108] Vendor 0x8086 Device 0x0937
[    8.950475] stmmac - user ID: 0x10, Synopsys ID: 0x37
[    8.955677]  DMA HW capability register supported
[    8.960347]  Enhanced/Alternate descriptors
[    8.964762]  RX Checksum Offload Engine supported (type 2)
[    8.970345]  TX Checksum insertion supported
[    8.974652]  Enable RX Mitigation via HW Watchdog Timer
[    8.980002] usb 2-2: new full-speed USB device number 2 using ohci_hcd
[  OK  ] Started Load/Save Random Seed.
[    9.090540] libphy: stmmac: probed
[    9.094113] eth0: PHY ID 20005c90 at 1 IRQ 0 (stmmac-1:01) active
[    9.233395] Initializing USB Mass Storage driver...
[    9.238786] usbcore: registered new interface driver usb-storage
[    9.244926] USB Mass Storage support registered.
[    9.368201] usbcore: registered new interface driver usbhid
[    9.374021] usbhid: USB HID core driver
[    9.456698] g_acm_ms gadget: Mass Storage Function, version: 2009/09/11
[    9.463686] g_acm_ms gadget: Number of LUNs=1
[    9.476094]  lun0: LUN: removable file: /dev/mmcblk0p1
[    9.493533] g_acm_ms gadget: Composite Gadget (ACM + MS), version: 2011/10/10
[    9.514803] g_acm_ms gadget: g_acm_ms ready
[  OK  ] Started Load Kernel Modules.
```

图 7-47　伽利略开发板 Linux 系统启动输出

(4) 等待系统启动完毕，使用 root 账户登录 Linux 系统，默认没有密码，如图 7-48 所示。

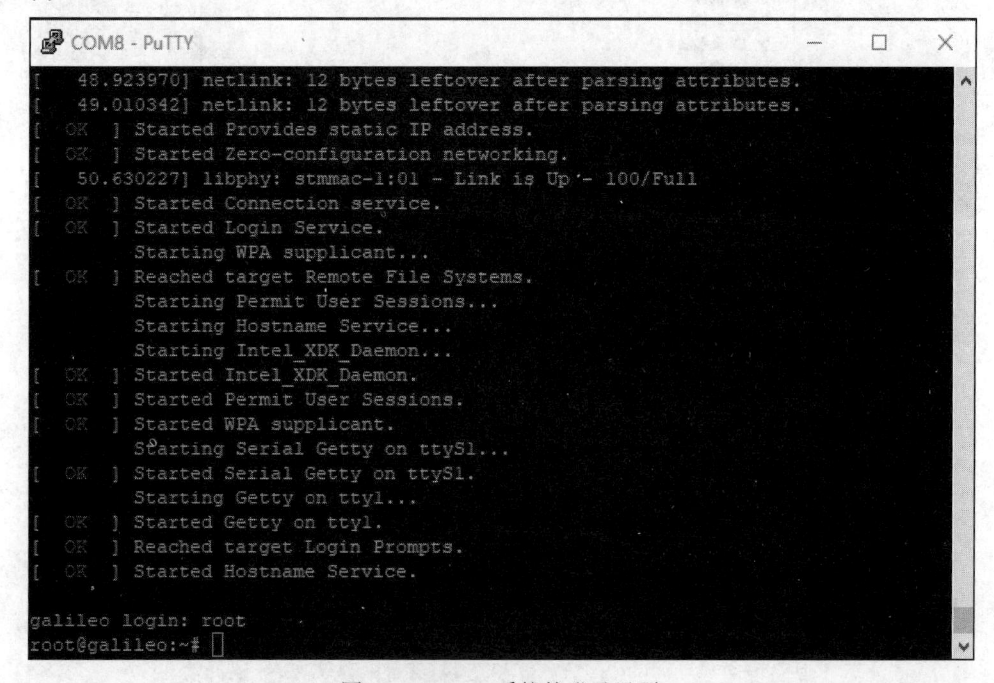

```
COM8 - PuTTY
[   48.923970] netlink: 12 bytes leftover after parsing attributes.
[   49.010342] netlink: 12 bytes leftover after parsing attributes.
[  OK  ] Started Provides static IP address.
[  OK  ] Started Zero-configuration networking.
[   50.630227] libphy: stmmac-1:01 - Link is Up - 100/Full
[  OK  ] Started Connection service.
[  OK  ] Started Login Service.
         Starting WPA supplicant...
[  OK  ] Reached target Remote File Systems.
         Starting Permit User Sessions...
         Starting Hostname Service...
         Starting Intel_XDK_Daemon...
[  OK  ] Started Intel_XDK_Daemon.
[  OK  ] Started Permit User Sessions.
[  OK  ] Started WPA supplicant.
         Starting Serial Getty on ttyS1...
[  OK  ] Started Serial Getty on ttyS1.
         Starting Getty on tty1...
[  OK  ] Started Getty on tty1.
[  OK  ] Reached target Login Prompts.
[  OK  ] Started Hostname Service.

galileo login: root
root@galileo:~#
```

图 7-48　Linux 系统的登录界面

2. 使用 VI 编辑器编辑 Hello World C 代码

在系统提示符下输入命令 vi main.c 来打开 VI 编辑器，按 I 键进入插入模式，输入如图 7-49 所示的代码。

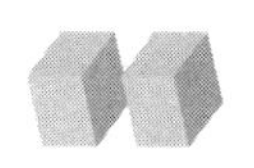

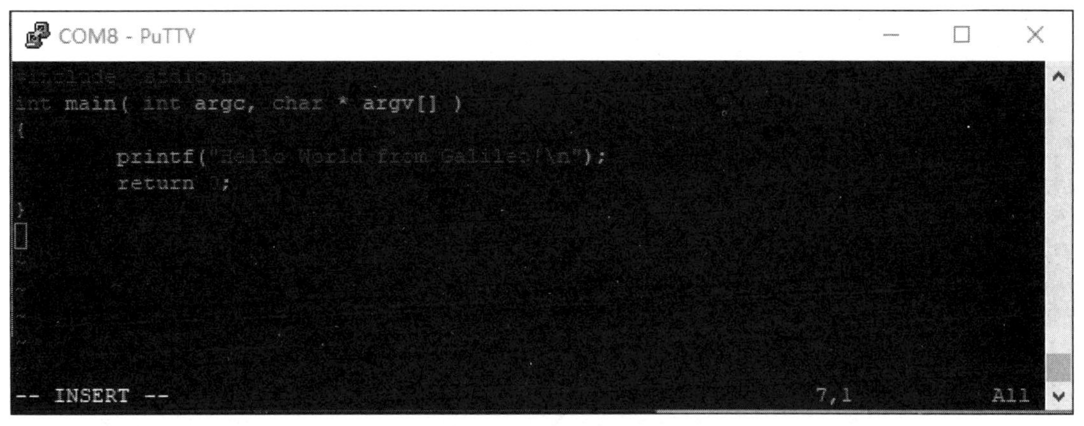

图 7-49　VI 编辑 C 源码

然后按“Esc”键并输入“:wq”保存文档并退出 VI 编辑器。可使用 cat 命令查看刚才编写的文件，如图 7-50 所示。

```
COM8 - PuTTY
root@galileo:~# vi main.c
root@galileo:~# cat main.c
#include <stdio.h>
int main( int argc, char * argv[] )
{
        printf("Hello World from Galileo!\n");
        return 0;
}

root@galileo:~# 
```

图 7-50　查看编写的文件

可见 C 语言代码已经正确写入了 C 文件。

3. 使用 GCC 编译器编译 C 程序

在使用 GCC 编译器之前，应先检查 GCC 的版本是否符合要求。通过输入如图 7-51 中的命令来检查 GCC 的版本信息。

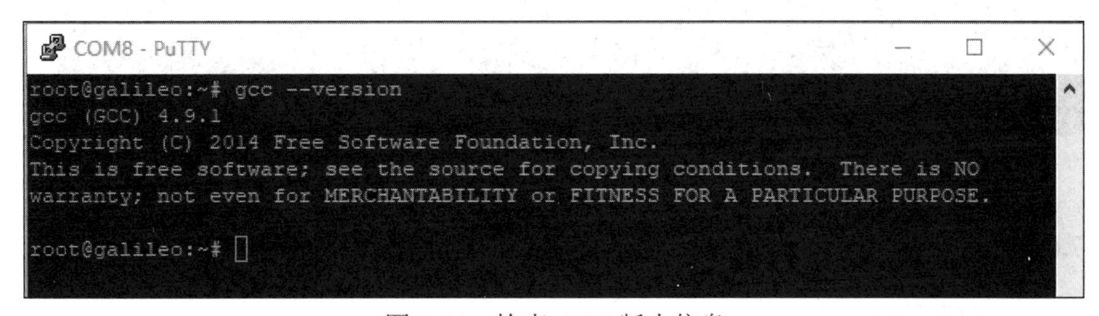

图 7-51　检查 GCC 版本信息

接下来用 GCC 工具编译并链接 C 程序。输入图 7-52 中的命令，参数-o 表示直接编译并链接得到最终可执行程序。在当前目录下检查文件，可以看到已经生成了可执行文件。

```
COM8 - PuTTY
root@galileo:~# ls
main.c
root@galileo:~# gcc -o hello-1 main.c
root@galileo:~# ls
hello-1  main.c
root@galileo:~# file hello-1
hello-1: ELF 32-bit LSB executable, Intel 80386, version 1 (SYSV), dynamically l
inked (uses shared libs), for GNU/Linux 2.6.32, BuildID[sha1]=626752aead9a3148bd
348da9f3c588de624b2f9b, not stripped
root@galileo:~#
```

图 7-52　可执行程序生成

也可以通过 GCC 的参数来生成编译链接过程的中间文件，以便于对编译过程进行分析，如图 7-53 所示。其中 -E 参数的含义是预编译过程，用来处理宏定义和 include 预处理指令以及去除注释，这一步不检查语法。-S 参数的含义是编译过程，检查语法，生成汇编代码 main.s。-c 参数的含义是汇编过程，生成 ELF 格式的目标代码 main.o。最后一步只使用 -o 参数执行链接过程，生成最终可执行代码 hello-4。

```
COM8 - PuTTY
root@galileo:~# ls
hello-1  main.c
root@galileo:~# gcc -E main.c -o main.i
root@galileo:~# gcc -S main.i -o main.s
root@galileo:~# gcc -c main.s -o main.o
root@galileo:~# gcc main.o -o hello-4
root@galileo:~# ls
hello-1  hello-4  main.c  main.i  main.o  main.s
root@galileo:~# file hello-4
hello-4: ELF 32-bit LSB executable, Intel 80386, version 1 (SYSV), dynamically l
inked (uses shared libs), for GNU/Linux 2.6.32, BuildID[sha1]=626752aead9a3148bd
348da9f3c588de624b2f9b, not stripped
root@galileo:~#
```

图 7-53　四步骤完成可执行文件生成

最后就可以运行可执行程序了。对比两种方式生成的可执行程序，其运行结果是完全相同的，如图 7-54 所示。

```
COM8 - PuTTY
root@galileo:~# ./hello-1
Hello World from Galileo!
root@galileo:~# ./hello-4
Hello World from Galileo!
root@galileo:~#
```

图 7-54　运行结果对比

7.6.2　System Studio IoT Edition 开发环境安装及运行

一、实验目的

掌握 Docker 容器的安装和使用；掌握 System Studio IoT Edition 开发环境安装流程，并能运行简单的工程；掌握主机开发环境与伽利略开发板的网络连接方式与交叉编译工具链

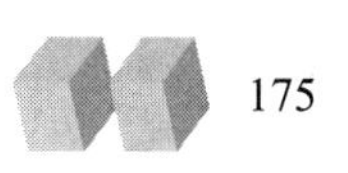

的使用。

二、实验内容

(1) 在 Windows10 主机安装 Java 工具环境和 Docker 容器。

(2) 安装 Intel System Studio IoT Edition 集成开发环境。

(3) 通过网络 SCP 工具将程序下载到伽利略开发板。

(4) 运行开发环境，创建 On-Board LED Blink 项目。

三、实验设备及工具

伽利略 1 代或 2 代开发板，4 GB 以上 MicroSD 卡，USB 转串口调试线，Windows10 专业版，路由器及网线。

四、实验步骤

1. 安装 Java JRE 64 bit 1.8

从链接 http://www.oracle.com/technetwork/java/javase/downloads/index.html 中下载并安装 64 位 Java JRE 运行环境。如果需要支持 Java 开发，系统应该安装有 64-bit 版本的 Java SE Development Kit 8(即 JDK version 1.8)。System Studio IoT Edition 集成开发工具也支持 OpenJDK 1.8 及更高版本。如果 JDK 安装不正确出现提示信息，如图 7-55 所示。

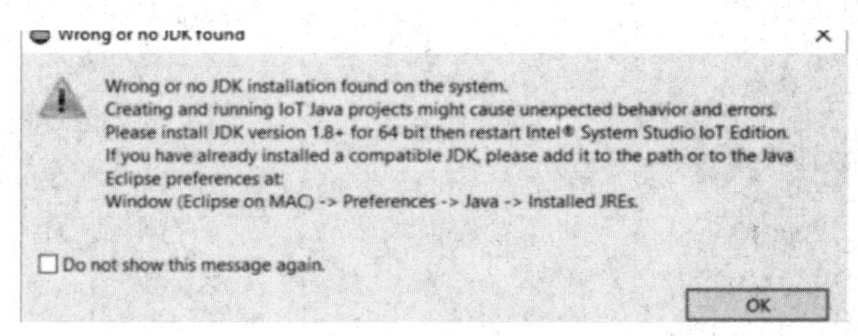

图 7-55　安装错误提示

2. 安装 Docker 容器

安装前确保主机的 Hyper-V 功能未开启。从路径控制面板→程序和功能→启用或关闭 Windows 功能中检查，并关闭该功能，如图 7-56 所示。

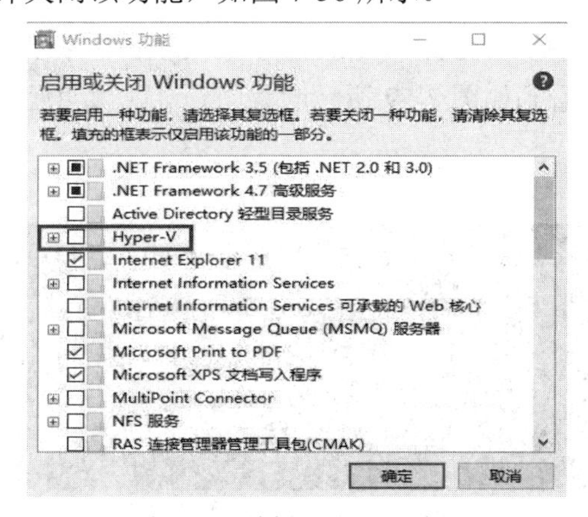

图 7-56　关闭 Hyper-V 功能

从链接 https://www.docker.com/products/docker-toolbox 中下载 Docker Toolbox 并以管理员权限运行，开始安装的界面如图 7-57 所示。

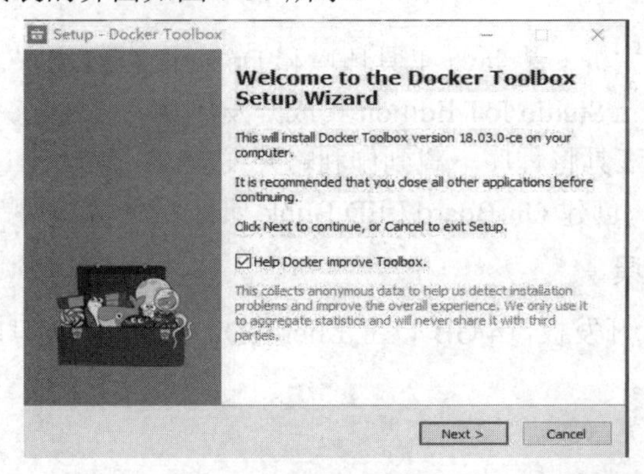

图 7-57　Docker 安装向导

用创建命令 docker-machine create -d virtualbox default 创建新的 Docker 容器。需要在管理员权限下运行命令，如图 7-58 所示。成功后在桌面可以看到一个 Docker 容器的图标。

```
管理员: 命令提示符
C:\WINDOWS\system32>docker-machine create -d virtualbox default
Running pre-create checks...
(default) No default Boot2Docker ISO found locally, downloading the latest release...
(default) Latest release for github.com/boot2docker/boot2docker is v18.06.1-ce
(default) Downloading C:\Users\Barry Wang\.docker\machine\cache\boot2docker.iso from https://github.com/boot2docker/boot
2docker/releases/download/v18.06.1-ce/boot2docker.iso...
(default) 0%....10%....20%....30%....40%....50%....60%....70%....80%....90%....100%
Creating machine...
(default) Copying C:\Users\Barry Wang\.docker\machine\cache\boot2docker.iso to C:\Users\Barry Wang\.docker\machine\machi
nes\default\boot2docker.iso...
(default) Creating VirtualBox VM...
(default) Creating SSH key...
(default) Starting the VM...
(default) Check network to re-create if needed...
(default) Windows might ask for the permission to configure a dhcp server. Sometimes, such confirmation window is minimi
zed in the taskbar.
(default) Waiting for an IP...
Waiting for machine to be running, this may take a few minutes...
Detecting operating system of created instance...
Waiting for SSH to be available...
Detecting the provisioner...
Provisioning with boot2docker...
Copying certs to the local machine directory...
Copying certs to the remote machine...
Setting Docker configuration on the remote daemon...
Checking connection to Docker...
Docker is up and running!
To see how to connect your Docker Client to the Docker Engine running on this virtual machine, run: docker-machine env d
efault

C:\WINDOWS\system32>
```

图 7-58　创建 Docker 虚拟机

在桌面上右键单击图标 Docker Quickstart Terminal，并以管理员权限运行 Docker Quickstart Terminal，可以看到如图 7-59 所示的界面。这就说明已经成功设置了主机，可进行后续安装过程。

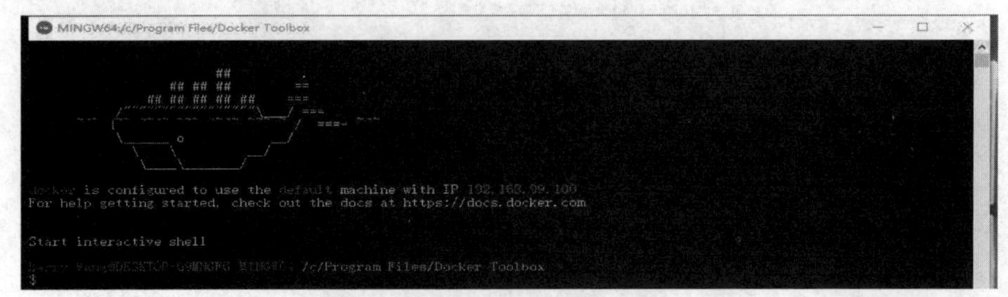

图 7-59　Docker 安装成功界面

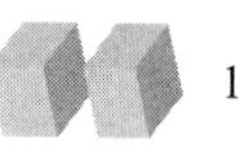

3. 安装 Intel System Studio IoT Edition

从链接 https://software.intel.com/iss-IoT-installer/win/latest 中下载 Intel System Studio IoT Edition 的安装文件，下载成功后单击右键以管理员身份运行该程序，通过安装向导安装进行安装。注意在安装向导中为伽利略开发板选择 Yocto 选项，然后按照向导的指引可以完成安装，如图 7-60 所示。

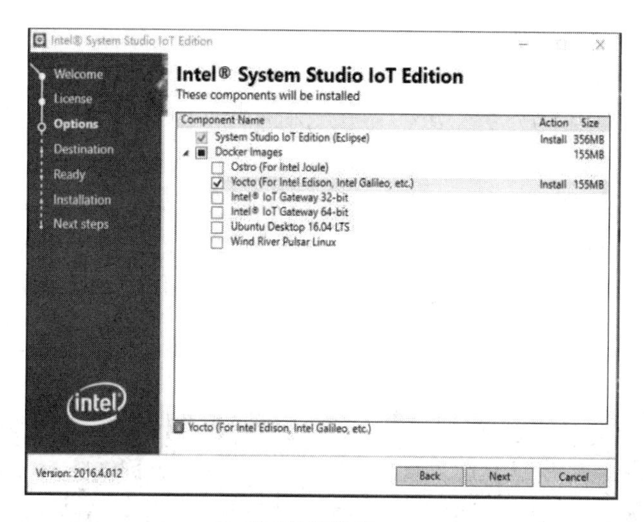

(a) 选项步骤选择 Yocto

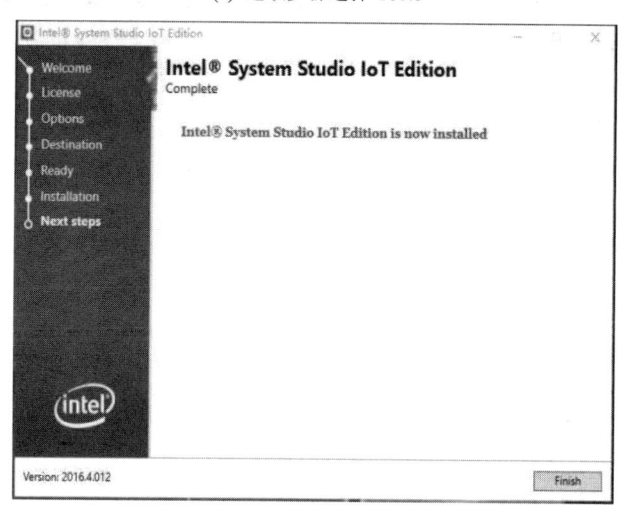

(b) 向导安装成功界面

图 7-60　Intel System Studio IoT Edition 工具安装向导

4. 运行 Intel System Studio IoT Edition

在 System Studio IoT Edition 的安装目录中，会有一个 iss-IoT-win 文件夹，以管理员权限运行其中的 iss-IoT-launcher.bat 文件。该文件可以启动 IDE 和必要的环境设置。等待主机导入合适的开发容器并启动 IDE，如果出现是否允许 VirtualBox Interface 创建的提示，单击 Yes 按钮。

第一次运行时需要指定工作目录。在启动窗口中设置工作目录，然后单击 OK 按钮后即可打开 IDE 环境。至此，主机端的 System Studio IoT Edition 开发环境安装成功。接下来就可以开始创建项目开始工作了。在使用之前，还需要对伽利略开发板进行一些设置。

5. 创建并运行 Blinking LED 例程

在 IDE 环境中，主机与伽利略开发板是通过网络环境连接的。为了能够顺利地下载程序到开发板，主机和开发板的 IP 地址应该保持在同一网段中。本例程中开发板的 IP 地址为 192.168.31.79，子网掩码为 255.255.255.0，因此主机 IP 地址也应该设置在 192.168.31.x 网段中。通过网线将主机电脑和开发板进行连接。

(1) 进行开发板主机名的设置。通过网络连接(或者串口)登录伽利略开发板上的 Linux 操作系统，则使用 uname -n 命令查看主机名称是否为“galileo”，如图 7-61(a)所示。如果不是，则使用命令行 vi /etc/sysconfig/network 打开配置文件，并修改语句行(若该文件无内容就添加)为 HOSTNAME = galileo，如图 7-61(b)所示，保存并重启伽利略开发板。

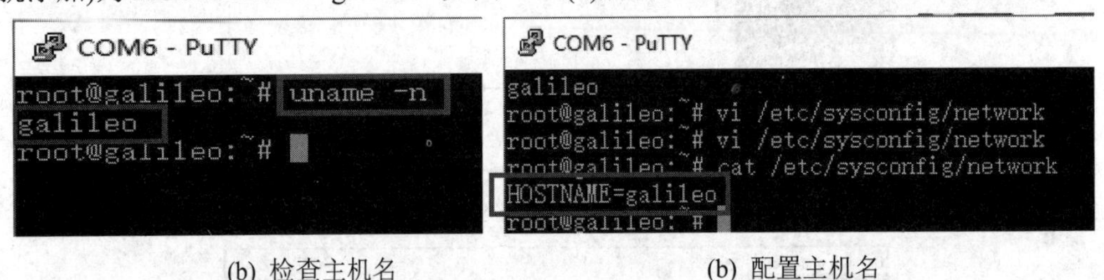

(b) 检查主机名　　(b) 配置主机名

图 7-61　开发板主机名配置

(2) 在主窗口的菜单项 Intel IoT→Create a new intel project for IoT 中，打开“Create a new Project”对话框，选择对应的开发板类型为“Intel Galileo”，然后单击 Next 按钮，如图 7-62 所示。

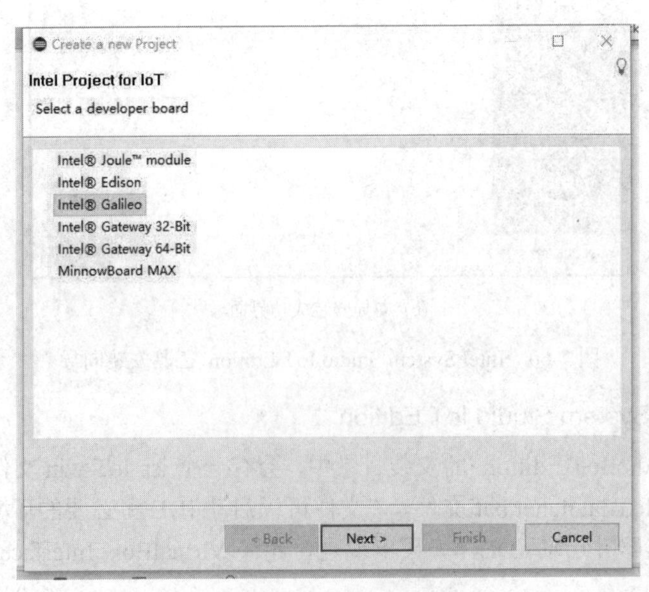

图 7-62　创建新的伽利略开发板工程项目

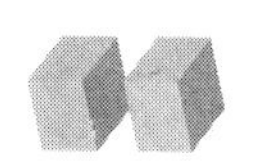

(3) 选择目标操作系统。对于伽利略开发板，默认为 Yocto，如图 7-63 所示。

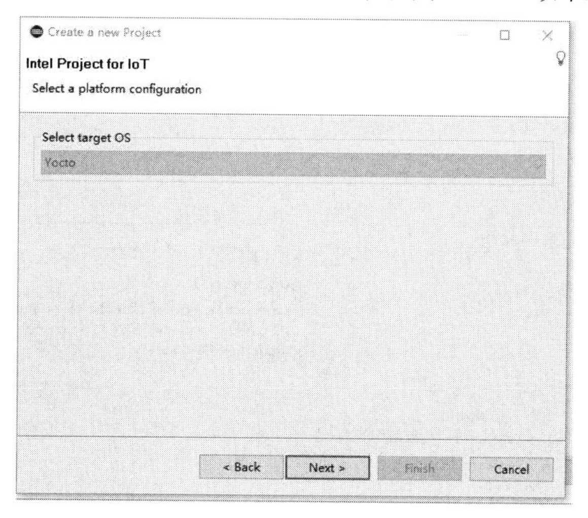

图 7- 63　开发板的操作系统选择

(4) 选择项目类型，这里选择创建一个 C/C++ 项目，如图 7-64 所示。

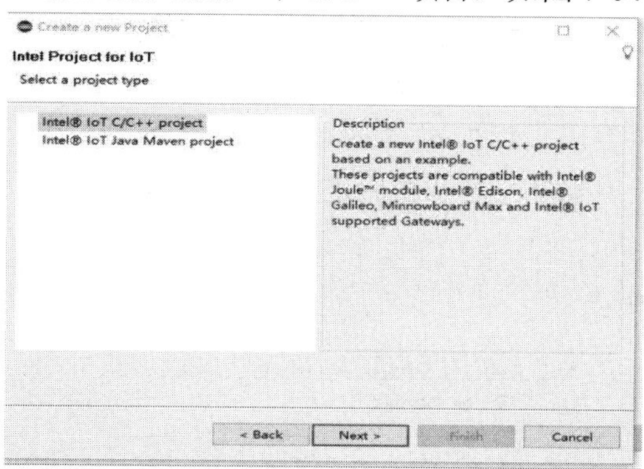

图 7-64　选择项目类型为 C++

(5) 选择或者建立一个到开发板的 SSH 连接，输入连接名和开发板的 IP 地址，如图 7-65 所示。

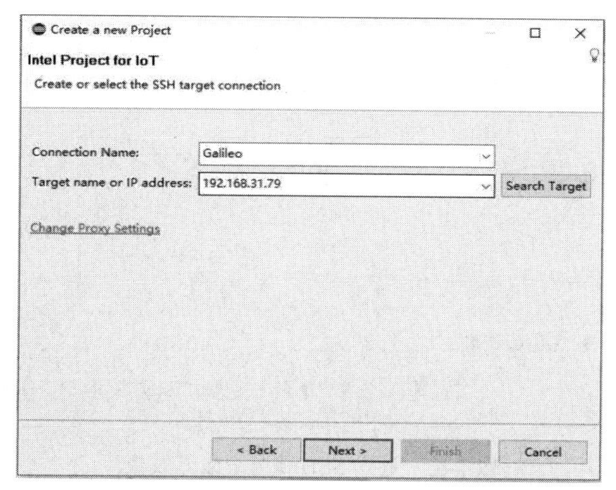

图 7-65　建立到开发板的 SSH 连接

(6) 从 Examples 中选择 C++→Basic→On-Board LED Blink，输入项目名称，单击 Finish 按钮，等待完成项目创建，如图 7-66 所示。

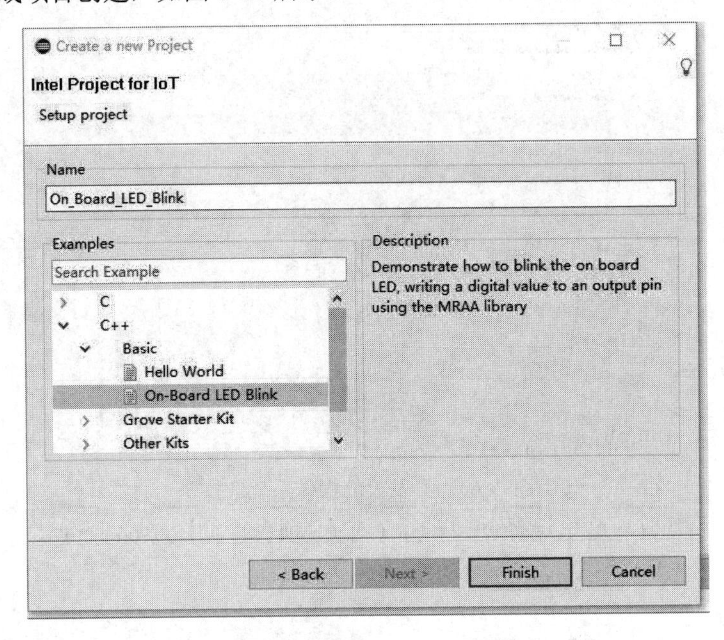

图 7-66　创建 LEDBLink 工程

(7) 如果提示登录，用 root 账号和密码进行登录，如图 7-67 所示。

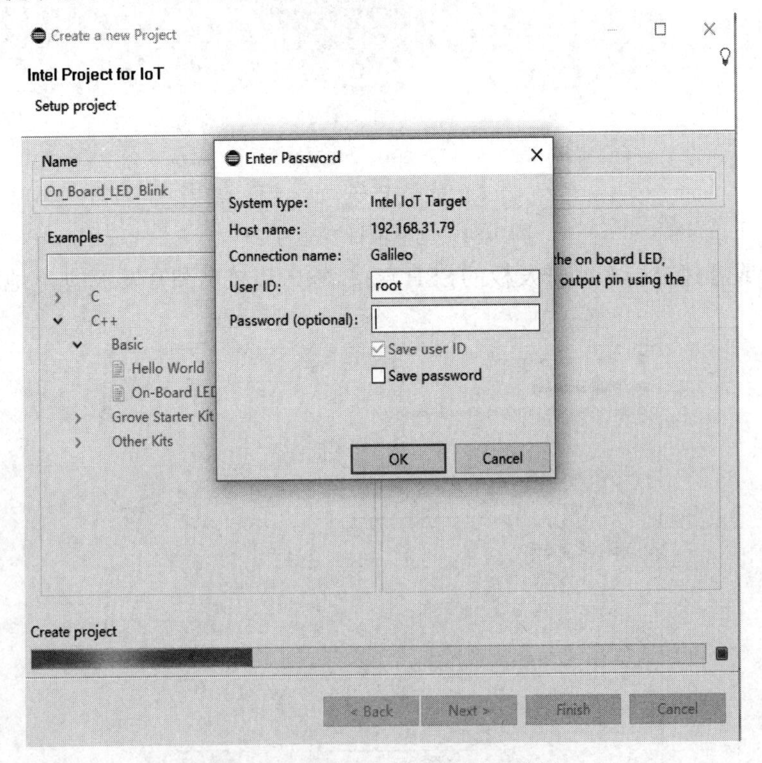

图 7-67　通过 SSH 账号登录开发板

(8) 创建完成后的项目如图 7-68 所示。

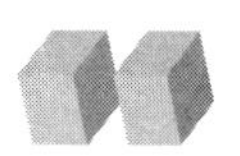

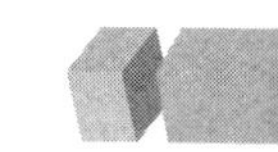

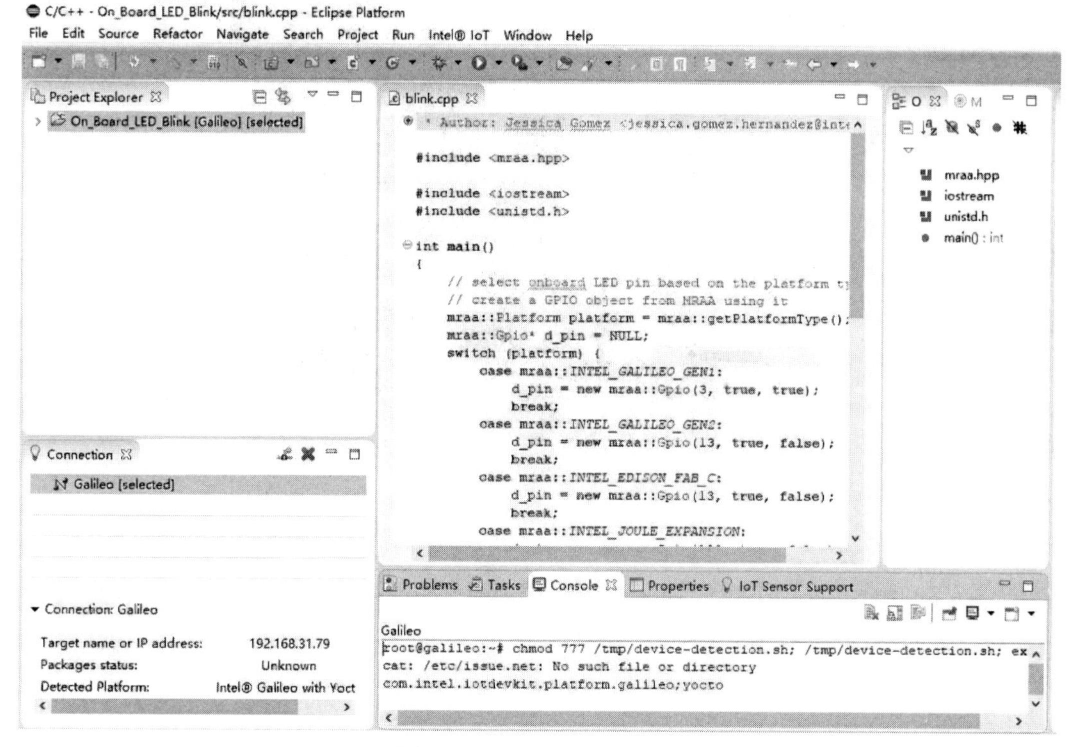

图 7-68　项目开发 IDE 页面

(9) 运行例程。单击菜单栏 Run→Run As→Intel System Studio IoT Edition，如图 7-69 所示。

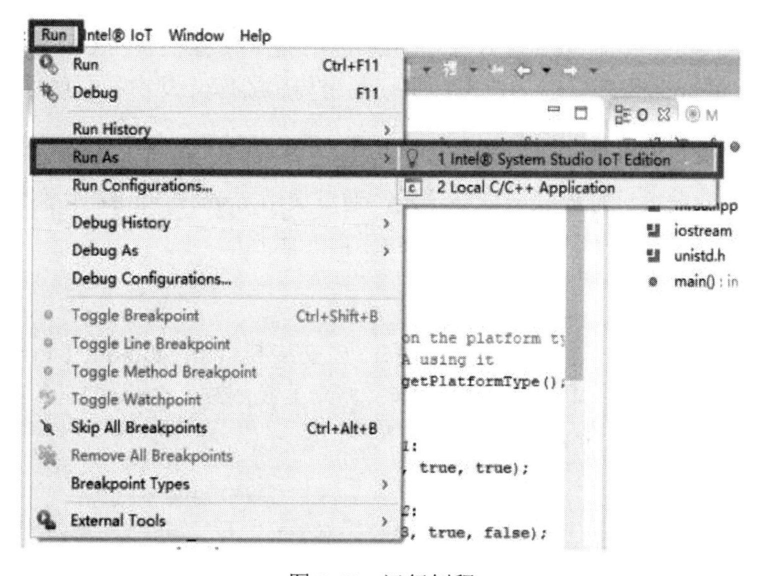

图 7-69　运行例程

(10) 程序运行结果检查。当程序开始正常运行之后，与伽利略开发板 13 号数字引脚连接的板上 LED 会开始闪烁，如图 7-70 所示。

(11) 如果要终止程序运行，可以单击 Terminate 结束当前运行进程，如图 7-71 中所示。

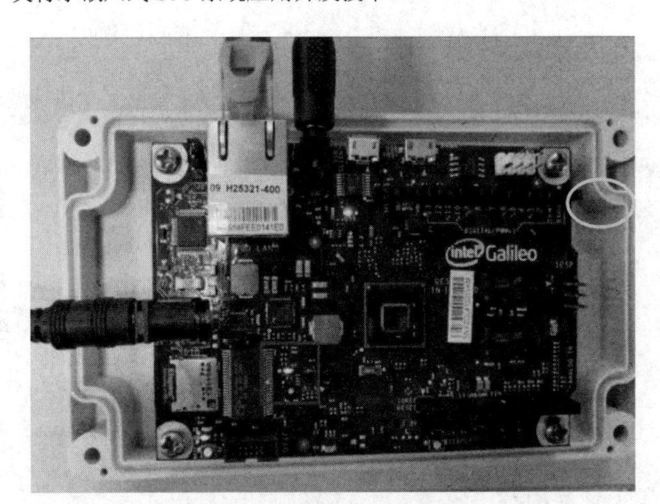

图 7-70　开发板运行结果检查

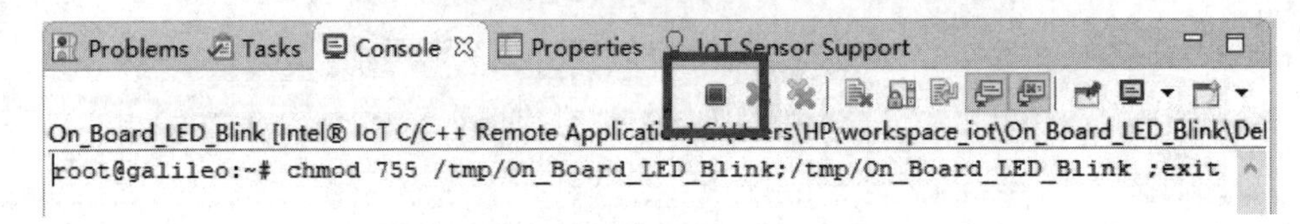

图 7-71　开发板程序终止运行

7.6.3　System Studio IoT Edition 开发环境中传感器库 upm 应用

一、实验目的

熟悉 System Studio IoT Edition 开发环境的使用方法，掌握物联网 C++项目的开发流程。熟悉开源 mraa 和 upm 传感器库的使用，掌握利用传感器库开发物联网项目的基本方法。

二、实验内容

使用伽利略开发板进行物联网程序开发，通过调用 upm 和 mraa 库函数，通过光敏传感器获取光照数据，并在 LCD 显示屏上显示当前光照强度。

三、实验设备及工具

Windows10 开发主机一台，4 GB 以上内存，已安装 System Studio IoT Edition 开发套件；伽利略 1 代或 2 代开发板；4 GB 以上 SD 卡；路由器及网线；Grove 1602 LCD RGB 背光显示器一块；光敏传感器 Grove Light 一块。

四、实验步骤

在前一个实验的基础上，开始如下的实验步骤：

(1) 确认伽利略开发板上 Linux 的主机名为“伽利略”，可参考 7.6.2 节中的实验步骤。

(2) 以管理员权限运行 Docker Quickstart Terminal，启动 Docker 及虚拟机，成功登录界面如图 7-72 所示。

(3) 以管理员权限运行 iss-IoT-launcher.bat 文件，启动 IDE 环境。

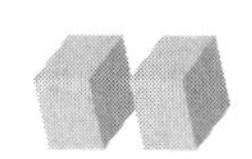

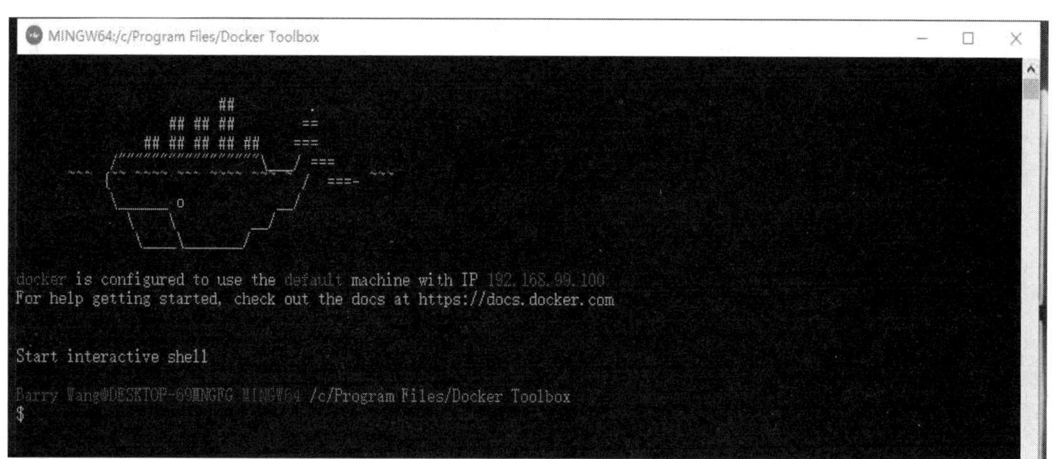

图 7-72　Docker 成功登录界面

(4) 创建主机和开发板的连接。

可参考 7.6.2 节中的实验步骤，成功后在 Connection 窗口可以看到已识别的平台为 Galileo with Yocto。

(5) 创建一个 Intel IoT 项目。在软件开发环境中依次选择 Intel IoT→Create a new Intel Project for IoT→Intel Galileo→Yocto→Intel IoT C/C++ project→选择之前创建的目标板连接→输入项目名称，模板选择 C++→Basic→Hello World，单击 Finish 按钮完成创建，如图 7-73 所示。

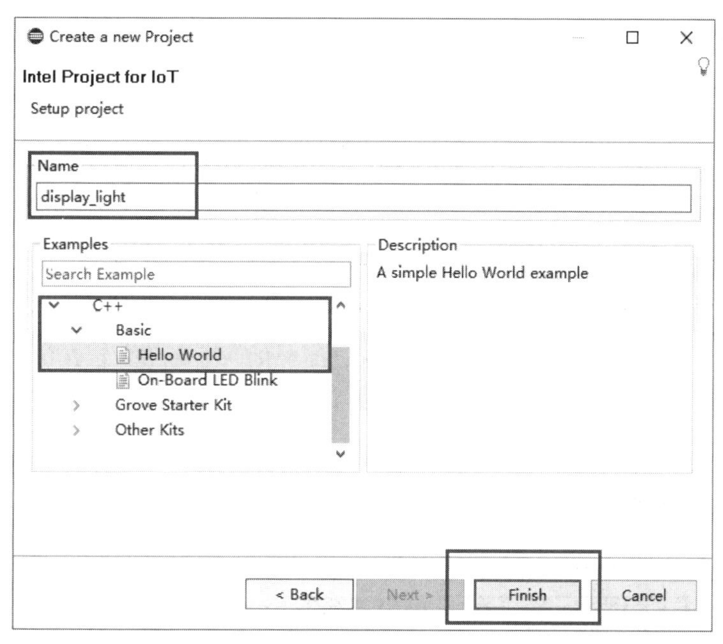

图 7-73　创建 display_light 项目

(6) 更新和同步软件包和库文件。在 Intel IoT→Packages Update for selected project...中进行主机上的软件包的更新，然后在 Connection 窗口右键单击 Selected Target，选择 Synchronizing packages...，将开发包同步到开发板上。操作成功后的界面如图 7-74 所示。

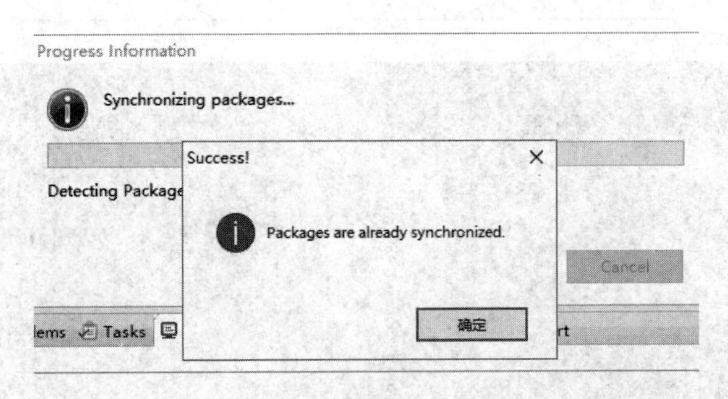

图 7-74　开发板的库文件同步

(7) 添加光敏传感器的 upm 库文件。打开 IoT Sensor Support 选项卡，如图 7-75 所示。在 Search 搜索框输入 grovelight，勾选 Analog Inputs→Grove Temperature Sensor，将头文件添加到当前源文件。同时，可以单击对应的 Doc 图标查看 API 函数的用法和功能。

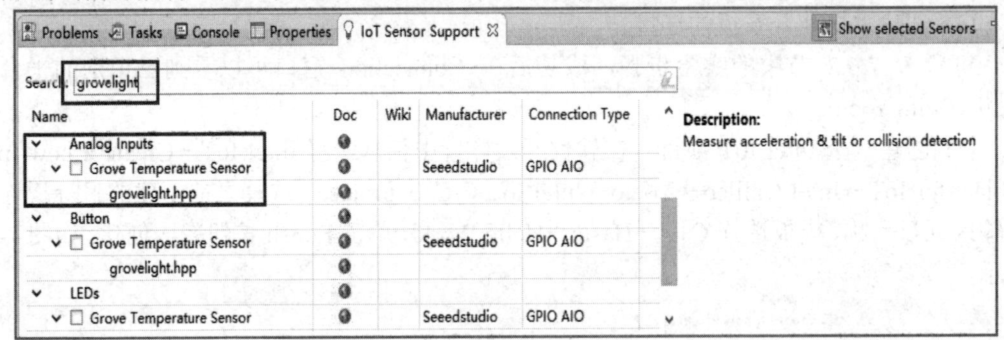

图 7-75　添加 upm 库

(8) 添加 LCD 显示屏的 upm 库文件。打开 IoT Sensor Support 选项卡，在 Search 搜索框输入 lcd，勾选 Displays→LCD Display Driver for the JHD1313M1，将头文件添加到当前源文件，如图 7-76 所示。同样可以单击对应的 Doc 图标查看 API 函数的用法和功能。

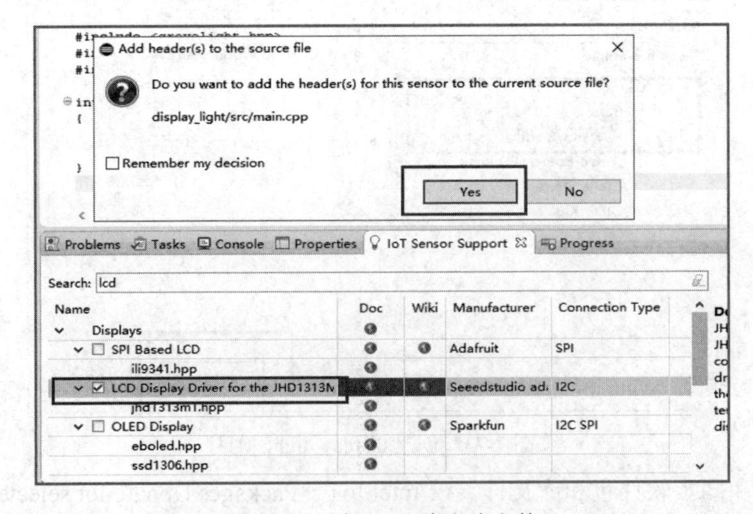

图 7-76　添加 LCD 库和头文件

(9) 编写 IoT 项目源文件。由于头文件已经添加到源文件中，接下来就可以开始编写 main()函数，代码如下：

```
int main(){
    //光线传感器连接到 A0 口
    upm::GroveLight light(0);
    //LCD 连接到 IIC 接口
    // 0x62 为 RGB 背光的从地址，0x3E 为 LCD 的从设备地址
    upm::Jhd1313m1 lcd(0, 0x3E, 0x62);

    while (1)   {
        lcd.clear();                    //清除所有字符显示
        // Alternate rows on the LCD
        lcd.setCursor(0, 0);            //设置光标坐标为第 0 行，第 0 列
        lcd.write("The light now is");  //以 ASCII 字符形式写入 LCD
        lcd.setCursor(1, 0);            //设置光标坐标为第 1 行，第 0 列
        lcd.write(std::to_string(light.value())+" lux."); //从 light 中读出数值写入 LCD
        //同时在标准控制台显示
        std::cout << "The light now is " << light.value() << " lux." << std::endl;
        sleep(1);
    }
    return 0;
}
```

(10) 编译运行 IoT 项目。首先单击菜单栏中的 Project→Properties，打开 Properties for display-light 对话框，如图 7-77 所示，将 C++ 语言标准修改为 C++ 11。

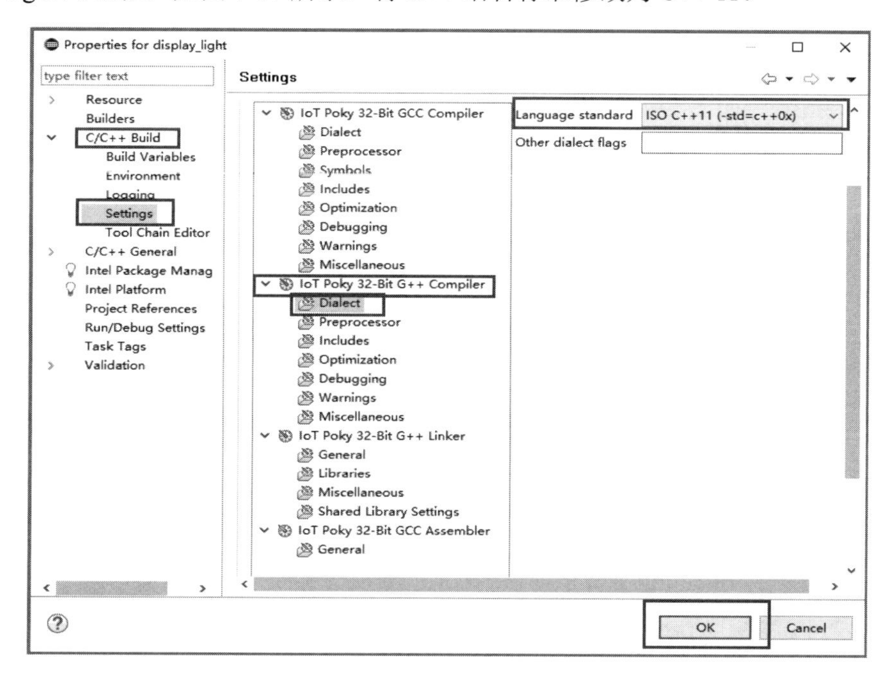

图 7-77　项目运行环境设置

再单击 Project→Build Project 开始编译项目，会显示如图 7-78 所示的进度条。

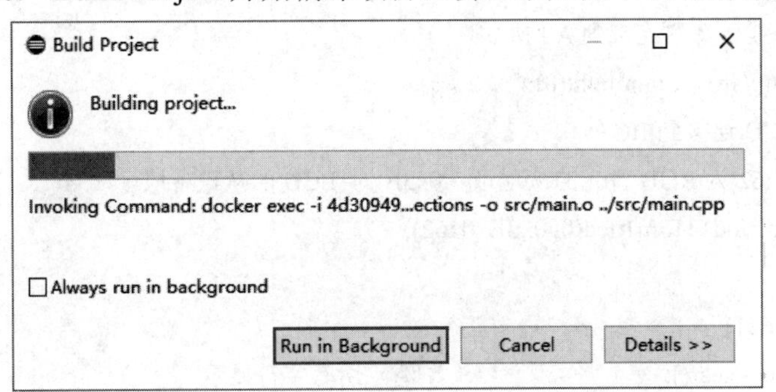

图 7-78　开始编译

如果编译没有错误，则单击 Run→Run As→Intel System Studio IoT Edition 运行该项目。

第八章　伽利略系统视觉处理系统的建立

Quark 处理器强大的处理能力使其能够运行一些常用的视觉处理系统，如 OpenCV。但运行视觉功能库需要提供特别的模块支持，以便能够无缝集成视频库应用。本章介绍面向视觉处理系统的高级应用，内容包括 Yocto 项目中为伽利略开发板定制 Linux 系统的方法、OpenCV 库在伽利略开发板的交叉编译方法以及利用 OpenCV 库开发视觉应用的一个例程。

8.1　Yocto 项目中伽利略开发板的 Linux 系统定制

Yocto 项目是一个由 Linux 基金会赞助的开源协作项目，提供了一些行业领先的工具、方法和元数据来构建 Linux 系统，而不必关心硬件架构。本节提供一个分步指导，介绍使用 Yocto 项目的行业标准开源工具为伽利略开发板创建自定义的 Linux 操作系统。下面先分别介绍主要的项目组件。

8.1.1　Yocto 项目的系统构建

作为一个协作项目，Yocto 项目由许多不同的开发流程构成，包括构建工具以及组成其核心配置的构建指令元数据、库、实用程序和图形用户界面(Graphical User Interface，GUI)。BitBake 和 OpenEmbedded-Core 是两大核心组件，前者是构建引擎，用于完成工具链和操作系统的生成；后者是编译过程所使用的一套核心配置(Recipe)。主要的构建系统包括以下几个主要部件。

1. Poky 编译系统

Poky 是 Yocto 项目的一个参考编译系统，它包含 BitBake、OpenEmbedded-Core、一个板卡支持包(BSP)以及整合到编译过程中的其他任何程序包或层。Poky 这一名称也指使用参考编译系统得到的默认 Linux 发行版，这个默认版本可以是最小功能的基本版本，也可以是带有图形用户界面的完整 Linux 系统。

Poky 编译系统可以被看作是整个 Yocto 项目的一个参考系统，即运行中的进程工作示例。在下载 Yocto 项目时，实际上也下载了可用于编译默认系统的相关工具、实用程序、库、工具链和元数据的实例。这一参考系统以及它创建的参考发行版都被命名为 Poky。用户可以将此作为一个起点来创建定制的发行版，并且可对此发行版随意命名。

所有编译系统都需要的一个项目是工具链，即编译、汇编与链接工具以及为给定架构创建二进制可执行文件所需的其他二进制工具程序。Poky 系统也不例外，它缺省使用了 GNU 编译器工具集 GCC，但也可以指定其他工具链。通过采用交叉编译技术，可以为嵌入式系统生成二进制可执行文件。

2. 元数据集

元数据集为所有编译项目提供必需的配置参数、类和相关功能。底部基层由 OpenEmbedded-Core 或 oe-core 构成，在基层上即可添加新层来编译定制的系统。元数据集按层进行组织，每一层都可以为下一层提供单独的功能。基层 OpenEmbedded-Core 由 Yocto 项目和 OpenEmbedded 项目共同维护。将它们分开的层是 meta-yocto 层，该层提供了 Poky 发行版配置和一组核心的参考 BSP。BSP 是 Linux 操作系统与其运行硬件之间的接口，包含了为特定板卡或架构构建 Linux 必备的基本程序包和驱动程序。这通常由生产板卡的硬件制造商加以维护。另外，在虚拟机中也可创建 BSP。

3. BitBake 编译引擎

BitBake 是一个用 Python 语言编写的多任务编译引擎，它读取配方并通过获取程序包来构建项目，并将结果导入可启动映像中。例如，要从源码构建一个 Linux 系统，需要搭建一个生成环境，接着依次生成引导程序、操作系统内核、各种库文件和可执行文件，然后将其集合到一个文件系统里，这个过程是非常烦琐复杂的。而 BitBake 存在的意义就是提供了一个高效的工具，将这个过程标准化、流程化。图 8-1 展示了 BitBake 的通用工作流程。

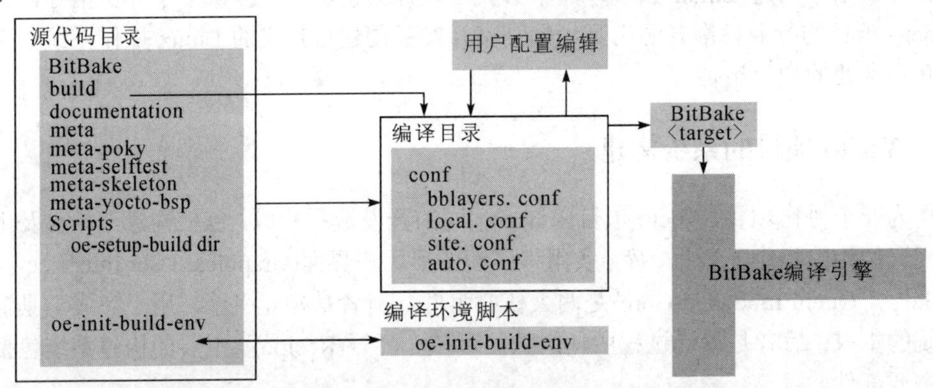

图 8-1　BitBake 使用配置文件进行系统编译的工作流程

图 8-1 中的最左边是 BitBake 的源代码目录内容。编译目录 build 中的 conf 目录位于 Poky 内部的 meta-poky 层，其中包含示例配置文件。这些示例文件用作在构建环境脚本(oe-init-build-env)时创建实际配置文件的基础。如果构建环境脚本不存在，则源代码生成环境脚本将创建一个编译目录。BitBake 在编译期间使用 build 目录进行所有工作，该目录里的 conf 目录包含本地 local.conf 和 bblayers.conf 的默认版本。local.conf 文件提供了许多定义编译环境的基本变量，bblayers.conf 文件告诉 BitBake 在编译过程中需要考虑的层。只有在生成环境设置脚本且生成目录中尚未存在版本时，才会创建这些默认配置文件。

BitBake 通过用户配置信息的编辑可以了解要为其编译映像的目标体系结构、存储下载

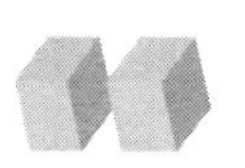

源的位置以及其他构建属性。这些基本配置文件就是图 8-1 中的*.conf 文件。最小需求的示例文件模板位于源目录的 build/conf 目录中。根据脚本的来源，会调用不同的子脚本来设置 Yocto 构建目录，例如在 Poky 目录中的脚本 scripts/oe-setup-builddir 能设置 build 目录，并添加适合 Yocto 项目开发环境的配置文件。所有配置文件都可以编辑，可以进一步定义任何特定的生成环境。

当开始启动 BitBake 编译过程时，BitBake 通过对配置进行排序来最终确定编译环境。Yocto 编译系统按照 site.conf、auto.conf 和 local.conf 这一特定顺序读取配置文件，当对同一个变量赋值时就会由最后一次赋值来确定变量的最终值。

4. 图形操作界面工具 Hob

为了让嵌入式 Linux 开发更容易，Yocto 项目提供不同的图形界面操作方法。项目的 Hob 工具负责为 BitBake 工具的构建过程提供图形操作界面，Hob 工具的使用将在后面的示例中进一步介绍。

5. 嵌入式 C 库 EGLIBC

EGLIBC 是嵌入式 GNU C 运行库的英文缩写，是一个能运行在嵌入式系统上的 c 运行库版本，其目标是提供内存占用优化、组件可配置、支持交叉编译和交叉调试等功能。EGLIBC 也是 Yocto 项目的一部分。

6. 应用程序开发工具包 ADT

应用程序开发工具包(ADT)能够为 Yocto 项目的 Linux 发行版提供软件开发工具包(SDK)，这样就能为应用程序开发人员提供功能更为完善的基于 SDK 的开发方法。ADT 包含一个交叉编译工具链、调试和分析工具，可以支持定制的嵌入式开发平台以及 QEMU 仿真及其支持脚本。ADT 还可以为集成开发环境(IDE)提供 Eclipse 插件。

在介绍了 Yocto 项目的主要功能组成后，接下来进一步研究怎样构建一个 Yocto 项目。

8.1.2　构建基于 QEMU 的 Linux 发行版

本节介绍使用 Poky 在 QEMU 仿真平台上构建一个基本的嵌入式 Linux 系统。这里描述的构建流程参考了发行版以及构建该发行版所需的工具，这些工具可在 Ubuntu、Fedora、CentOS 和 openSUSE 等版本的 Linux 平台上使用。基于 QEME 仿真器来介绍构建流程的目的在于说明 Yocto 项目的通用性。在后面的例程中，将进一步介绍伽利略开发板的 Linux 构建流程。主要的 Yocto 项目构建流程步骤如下：

(1) 下载 Yocto 项目的 Poky 工具。

(2) 初始化 Yocto 项目的构建环境。

(3) 执行初始构建。

(4) 启动构建好的新映像。

(5) 通过 Hob 工具进行 Linux 的包定制。

1. 下载 Poky 工具

下载 Poky 工具要确保磁盘空间至少有 50 GB，建议空间为 100 GB。下载 Poky 的方法有两种：

第一种是直接从 Yocto Project 下载页面下载最新测试完毕的发行版的 tar 文件，使用如下 Linux 命令进行下载和解压：

```
$ wget http://downloads.yoctoproject.org/releases/yocto/yocto-1.2/poky-denzil-7.0.tar.bz2
$ tar xjf poky-denzil-7.0.tar.bz2
$ cd poky-denzil-7.0
```

上述命令在下载 tar 文件后会将其解压到一个目录中。

第二种是使用 git 命令来获取 Poky 的最新发行版(或任何特定分支)，但主开发分支可能不如 tar 文件中测试过的发行版稳定。其命令如下：

```
$ git clone git://git.yoctoproject.org/poky.git
$ cd poky
```

与第一种方法的不同在于本例中的子目录简单地使用了不带版本号的 Poky，因为可以使用 git 命令方便地对其进行更新。

2. 初始化环境

安装完成 Poky 系统后的第二步就要开始初始化 Yocto 项目的工作环境，其初始化步骤如下：

(1) 从主机系统软件库中选择并安装所有必需的开发包。Ubuntu 和 CentOS 操作系统的一些开发包在 Poky 构建嵌入式 Linux 系统时会用到，大部分常用开发工具已经安装。在 Ubuntu 系统中安装常用开发包的命令如下：

```
$ sudo apt-get install sed wget subversion git-core coreutils \
unzip texi2html texinfo libsdl1.2-dev docbook-utils fop gawk \
python-pysqlite2 diffstat make gcc build-essential xsltproc \
g++ desktop-file-utils chrpath libgl1-mesa-dev libglu1-mesa-dev \
autoconf automake groff libtool xterm libxml-parser-perl
```

在 CentOS 上安装必备开发包组件的命令如下：

```
$ sudo yum -y groupinstall "development tools"
$ sudo yum -y install tetex gawk sqlite-devel vim-common redhat-lsb xz \
  m4 make wget curl ftp tar bzip2 gzip python-devel \
  unzip perl texinfo texi2html diffstat openjade zlib-devel \
  docbook-style-dsssl sed docbook-style-xsl docbook-dtds \
  docbook-utils bc glibc-devel pcre pcre-devel \
  groff linuxdoc-tools patch cmake \
  tcl-devel gettext ncurses apr \
```

(2) 设置命令行环境。在工作目录中运行下载工具中所提供的脚本，会建立一个 build 子目录作为工作目录，后续工作可以从该位置运行指定的版本。

```
$ cd poky
$ . ./oe-init-build-env
```

在执行完上述构建环境脚本之后，终端的工作路径就会被自动切换到 build 目录，方便后面发行版的配置和构建。

(3) 检查主配置文件。在第一次执行上述环境变量设置时会在 conf 目录下创建 local.conf 和 bblayers.conf 文件，其中 local.conf 是 Yocto 用来设置目标机器细节和 SDK 目标架构的配置文件。默认情况下，主配置文件 conf/local.conf 中的配置用来创建 QEMUx86 映像，即模拟 32 位 x86 处理器的 QEMU 实例。由于目前主流的开发主机都采用 64 位处理器和操作系统，因此可以将这一初始默认配置修改为 MACHINE? = “qemux86-64”，即 64 位的 x86 系统。

local.conf 文件已经有了基本框架，配置过程中根据目标系统的需要进行修改即可。针对本节示例，可对 local.conf 中的如下语句取消注释：

```
DL_DIR ?= "${TOPDIR}/downloads"
SSTATE_DIR ?= "${TOPDIR}/sstate-cache"
TMPDIR ?= "${TOPDIR}/tmp"
PACKAGE_CLASSES ?= "package_rpm"
SDKMACHINE ?= "i686"
```

如果使用多处理器主机，建议取消相关并行性选项的注释来加速编译。目前暂时将这两个值设置为处理器核心数的 2 倍(例如，对于一个 4 核处理器，应该将该值设置为 8)。具体命令如下：

```
BB_NUMBER_THREADS = "8"
PARALLEL_MAKE = "-j 8"
```

在对 local.conf 主配置文件进行上述配置后，就可以在 Linux 控制台执行 BitBake 工具命令，开始为选定的目标机器下载和编译软件包，具体命令如下：

```
$ bitbake core-image-minimal
```

整个编译过程需要下载一些 SDK 和必要的库，并编译相应的软件包，所以耗时较长，根据不同的计算机配置，大概需要 2～5 h。这一初始构建过程使用主机的编译器来构建交叉编译工具链和其他任何构建工具。BitBake 还需要下载所有软件包，因此这可能需要花费一段时间。完成这些下载之后，则可以在 tmp/deploy/images 子目录中找到生成的初始构建映像。

3. 启动新映像

完成上述初始构建过程后，就可以使用 64 位 x86 处理器的 QEMU 模拟器来启动映像，运行命令如下：

```
$ runqemu qemux86-64
```

上述命令将启动一个 QEMU 仿真器，并进一步在 QEMU 仿真器中引导 Linux 系统。在前面编译成功的 Linux 引导成功后，就可以在 QEMU 仿真器中操作 Linux。在 QEMUx86-64 仿真器中，可以从 root 用户登录到机器，无须输入密码。到这一步完成，就已成功构建了一个嵌入式 Linux 发行版。在这个初始版本基础上，可以对最终映像、组成最终映像的程序包以及进程本身进行许多定制。构建系统是使用 Python 编写的，因此具有完整的文档记录。

4. 通过 Hob 进行图形化 Linux 的包定制

Hob 利用图形用户界面完成上述步骤，使构建过程更可见且易于理解。Hob 实际上就是一个 BitBake 前端，在 Hob 中可以执行的操作也可以从命令行执行和脚本化。Hob 还有一些其他功能，如修改现有映像、将自定义映像保存为模板、使用 QEMU 运行映像及将映像部署到某个 USB 磁盘，以便在目标设备上实时启动。

在构建目录中输入 hob 命令，就可以启动 Hob 主界面。首先选择一个架构(在本例中是 QEMUx86-64)，这样 Hob 会解析可用配置，如图 8-2 所示。

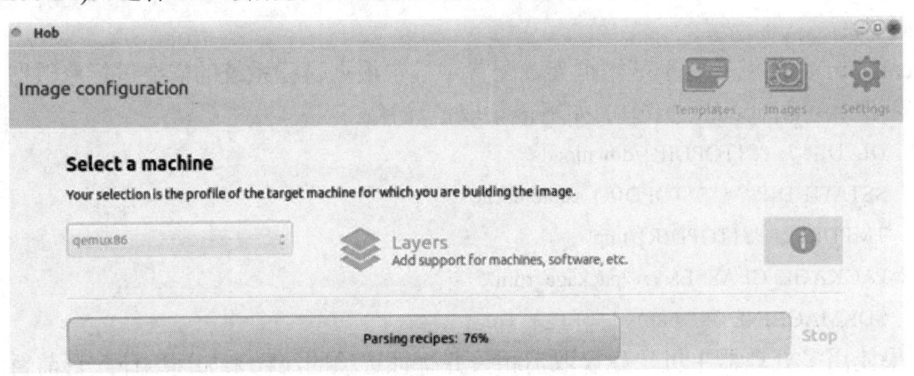

图 8-2　在 Hob 中配置映像

当选择好一个架构并且选择一个默认 Linux 版本如最小的基本映像后，就可以查看基本映像的包组件配置情况，在图 8-3 所示的界面中会显示包组件的滚动列表。这时就可以通过选择或取消选择复选框来包含程序包或将其移出构建项目。

Hob

Packages

Packages included: 30
Selected packages size: 6.3 MB
Total image size: 64.0 MB

Included 30 | All packages | Search packages:

Package name	Brought in by	Size	Included
▾ base-files-3.0.14-r71			☑
base-files	task-core-boot	244.0 KB	☑
▾ base-passwd-3.5.24-r0			☑
base-passwd	User Selected	0 B	☑
▾ busybox-1.19.4-r2			☑
busybox	User Selected	572.0 KB	☑
busybox-syslog	User Selected	20.0 KB	☑
busybox-udhcpc	User Selected	40.0 KB	☑
▾ eglibc-2.13-r26+svnr15508			☑
eglibc	module-init-tools-depmod	2.9 MB	☑
▾ initscripts-1.0-r134			☑
initscripts	User Selected	148.0 KB	☑
▾ libusb1-1.0.8-r4			☑
libusb1	User Selected	60.0 KB	☑
▾ libusb-compat-0.1.3-r4			☑
libusb-compat	udev	36.0 KB	☑
▾ linux-yocto-3.2.11+git1+b14a08f5c7b469a5077c109			☑
kernel-module-cfbcopyarea	kernel-module-uvesafb	36.0 KB	☑
kernel-module-cfbfillrect	kernel-module-uvesafb	36.0 KB	☑

<< Back to image configuration　　Build image

图 8-3　Hob 工具中的包组件选择界面

从图 8-3 的 Packages 选项卡中可以看到，最低版本中不包含 Python 工具，这时可以通过选择 python-2.7.2-r2.14 复选框将其添加进来，如图 8-4 所示。Python 工具的所有依赖项和子包也会立即包含在其中。

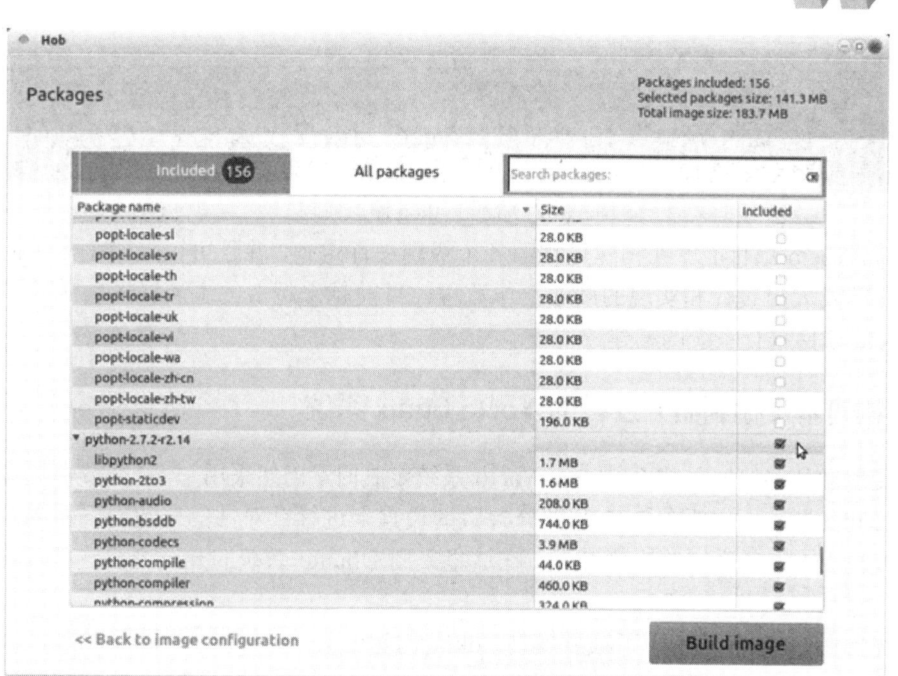

图 8-4 在 Hob 中添加 Python 程序包

单击 Build Image，Hob 会根据选择构建一个新映像。在构建过程中可以查看日志，了解构建的进展情况，或者单击 Issues 选项卡，检查是否存在问题。该步骤完成后，即可单击 Run Image，在 QEMU 仿真器中运行生成的映像，如图 8-5 所示。

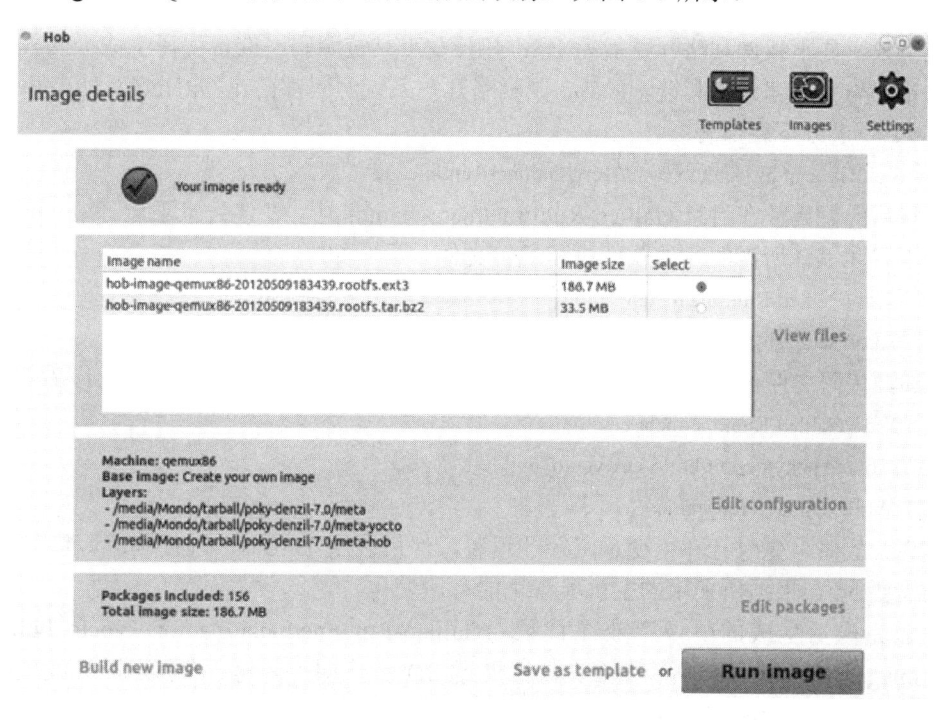

图 8-5 Hob 映像生成结果界面

在 QEMU 仿真器中检查 Python 是否已经包含在构建项目中，如图 8-6 所示。

图 8-6 验证 Python 添加成功

总之，Yocto 项目能够在构建过程的各个级别进行定制，并且可以看作是一个由专业嵌入式系统开发人员设计和实现的商业工作流程。目前越来越多的主流设备与芯片供应商会采用 Yocto 项目进行系统的构建。

8.1.3 构建基于伽利略开发板的 Yocto Linux 系统

在使用伽利略等嵌入式系统进行 Yocto 系统定制时，仍然采用与 8.1.2 节中类似的步骤进行编译和部署，不过要在 BSP 和部分参数的设置上进行针对性的修改。下面主要介绍伽利略开发板上 Yocto 系统的构建过程，在这里采用 Ubuntu 系统的开发主机进行 Yocto 项目的构建。

首先，在 Ubuntu 系统中下载并安装 Pokey 构建工具。

其次，准备开发工具包，对伽利略开发板的 Yocto 系统定制需要用到一些开发包工具，可以采用下面的命令进行安装：

```
$ sudo apt-get update
$ sudo apt-get install build-essential git diffstat gawk chrpath texinfo libtool \ gcc-multilib screen
  libsdl1.2-dev patchutils
```

接下来，要下载伽利略开发板的 BSP 和开发工具链源码，准备编译生成嵌入式 Linux 系统的定制与交叉编译工具链。目前，伽利略开发系统源码都已在 GitHub 网站上开源，可通过 git 命令进行下载部署：

```
$ git clone https://github.com/01org/Galileo-Runtime.git
```

下载后的源码放在目录 Galileo-Runtime/meta-clanton 中，在该目录下运行 setup 脚本命令自动下载和编译所需的各种软件包和配置文件，命令如下：

```
$ cd~/Galileo-Runtime/meta-clanton/
$ bash setup.sh
```

上述源代码文件和配置文件都准备好以后，即可开始构建伽利略 Yocto 项目，命令如下：

```
$ cd~/Galileo-Runtime/meta-clanton
$ source poky/oe-init-build-env yocto_build
$ bitbake image-full-galileo
```

编译开始时，先进行环境变量路径的设置，然后利用 BitBake 进行编译。整个编译工作大约需要 5 h，根据所采用的主机配置可能有所变化。

编译完成后生成的映像存放在目录 ~/Galileo-Runtime/meta-clanton/ yocto_build/tmp/deploy/images 中，将目录中的如下文件拷贝到 SD 卡，即可创建一个伽利略开发板的 SD 卡启动系统，并包含如下文件信息：

(1) image-full-galileo-clanton<>.ext3。

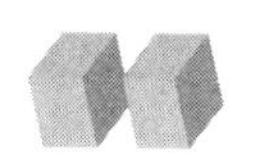

(2) core-image-minimal-initramfs-clanton<>.cpio.gz。

(3) bzImage<>。

(4) grub.efi。

(5) boot。

将 SD 卡插入伽利略开发板的 SD 卡槽，给伽利略开发板加电，通过串口可查看 Linux 系统的启动过程。

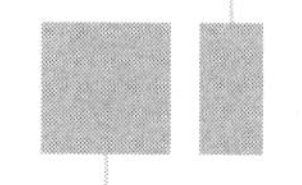

8.2　为伽利略系统定制 Linux 内核

在实际应用中，缺省配置构建的 Linux 系统中的模块驱动往往不能够满足嵌入式系统的定制需求，需要对 Linux 系统内核进行定制化构建。本节以摄像头驱动模块为例，说明 Linux 内核的定制化过程。

摄像头设备是嵌入式系统常用的模块，市面上绝大多数的 USB 摄像头都是采用 USB Video Class (UVC)规范的接口芯片来实现的。为了能够使用摄像头，需要在 Linux 内核中增加对 UVC 设备的驱动支持，可以在内核定制阶段添加 UVC 驱动模块支持功能。

8.2.1　修改 Linux 内核配置

在标准情况下可以通过 make menuconfig 命令启动 Linux 的内核编译过程，在 Yocto 项目中完成类似功能的命令如下：

```
$ bitbake virtual/kernel -c menuconfig
```

在上述命令中，要求 BitBake 对 virtual/kernel 项目进行构建，参数-c 表示对该项目所进行的操作为 menuconfig。因此，BitBake 会把该命令发送到 Linux 内核的 Make 系统中，最终仍然要调用 make menuconfig 命令的功能。

该命令执行后，将会打开配置内核窗口，如图 8-7 所示。

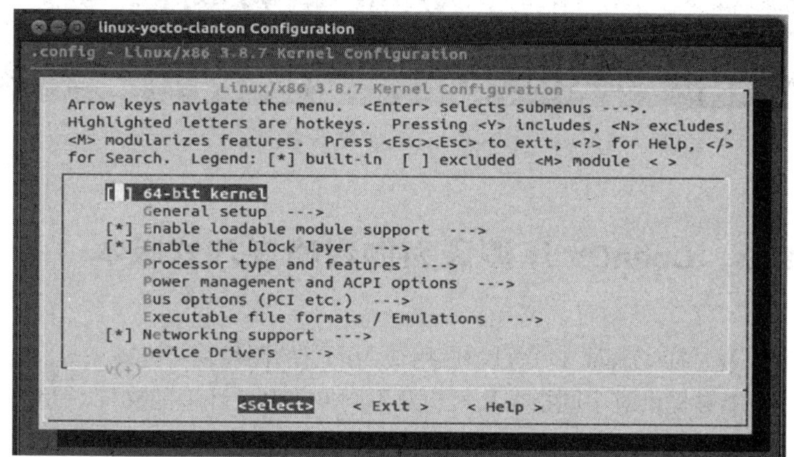

图 8-7　menuconfig 内核配置

在图 8-7 中的内核配置菜单界面中，向下滚动光标，找到并选中对 UVC 设备的支持。

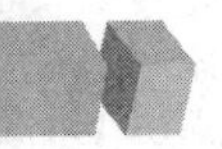

具体操作时，首先进入配置菜单的 Device Drivers→Multimedia Support→Media USB Adapters 目录下，选中 USB Video Class(UVC)和 UVC Input Events Device Support 两个选项；然后进入 Device Drivers→Graphics Support→Support for Frame Buffer Devices，选中 Displaylink USB Framebuffer Support 菜单选项。

完成上述内核配置后，保存配置选项并退出，就可以对定制内核开始编译操作了。

8.2.2 对修改后的内核进行编译

仍然采用 BitBake 工具对定制 Linux 内核进行编译。命令如下：

```
$ bitbake image-full-galileo
```

根据编译主机的性能和网络速率限制的不同，这个编译过程大约需要 2～5 h。

将上述编译完成的定制伽利略系统通过 SD 卡进行部署，在伽利略开发板上连接摄像头，可以检测系统对摄像头设备的识别结果。识别方法有两种：

一种方法是在伽利略的 Linux 系统的/dev 目录下检查是否出现类似 video0 等这一类的设备，若有则说明摄像头设备识别成功，即通过设备文件系统能够检测已识别设备。

另一种方法是利用 dmesg 命令，在内核日志中检测内核驱动程序是否识别了接入的摄像头设备。命令格式如下：

```
root@clanton:~# dmesg | tail
```

这里使用了两个 Linux 命令，分别是 dmesg 命令和 tail 命令。dmesg 命令的功能是显示开机信息。Linux 内核会将开机信息同步保存在/var/log 目录中名为 dmesg 的文件里，可通过 dmesg 命令查看。tail 命令用于查看文件的内容，缺省参数情况下可以查看文件的最后 10 行内容。由于 UVC 设备通常在启动的最后进行引导，因此可以通过查看最后的几行日志来观察摄像头设备的启动情况，如图 8-8 所示。

```
[ 3600.615924] udlfb: DisplayLink USB to DVI-17 - serial #126033
[ 3600.621828] udlfb: vid_17e9&pid_0360&rev_0111 driver's dlfb_data struct at ce5a7000
[ 3600.629527] udlfb: console enable=1
[ 3600.633102] udlfb: fb_defio enable=1
[ 3600.636711] udlfb: shadow enable=1
[ 3600.641152] udlfb: vendor descriptor length:1b data:1b 5f 01 0019 05 00 01 03 00 04
[ 3600.648893] udlfb: DL chip limited to 2080000 pixel modes
[ 3600.658836] udlfb: allocated 4 65024 byte urbs
[ 3600.665816] usbcore: registered new interface driver udlfb
```

图 8-8 查看 UVC 设备

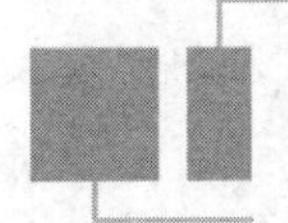

8.3 OpenCV 库编译为伽利略嵌入式版本

开源计算机视觉库 OpenCV 是目前应用最为广泛的图像视频处理工具。OpenCV 是一个跨平台版本，能够提供对不同指令集架构及不同操作系统环境的支持，针对 x86 处理器，OpenCV 专门进行了优化加速，在编译阶段加入 TBB(Threading Building Blocks)库来支持多线程编程技术，可以有效加速图像和视频的处理速度。Quark 处理器内核完全支持 TBB 库，从而可以在伽利略嵌入式系统上提供 OpenCV 的开发。下面着重介绍如何编译基于伽利略系统的 OpenCV 嵌入式版本。

8.3.1 编译环境准备

编译过程是基于 OpenCV3.0 版本的代码，利用英特尔的 TBB 库和 IPP(Integrated Performance Primitives)库加速 x86 平台来提高 OpenCV 的算法运行效率。OpenCV 的编译占用内存资源较大，因此需要在开发机上进行交叉编译和部署。

1. CMake 编译环境准备

OpenCV 采用 CMake 工具进行构建和编译，所以首先要安装好 CMake 工具。当采用 Ubuntu Linux 系统时，可以采用 apt-get 命令安装该工具，命令如下：

```
$ sudo apt-get install cmake
```

2. 获得 TBB 库

在英特尔的处理器平台上运行 OpenCV 时，要采用 TBB 库来提升多核处理器的并行运算能力，因此也需要提前安装该库。TBB 库为开源项目，可以直接从官网获取，通过 apt-get 命令可以为 x86 处理器系统安装一个编译好的 TBB 库。apt-get 命令会根据当前使用的开发机时 32 位或 64 位来获取相应的 TBB 库。如果开发主机是 64 位的，那就无法与 32 位的伽利略系统兼容，这时需要采用如下命令以获取 32 位版本的 TBB：

```
$ sudo apt-get install libtbb-dev:i386
```

当上述命令完成安装后，开发机环境中就已经包含了 TBB 库。但是为了能够在伽利略环境中开发程序，需要进一步设立一个单独的目录来存放交叉编译过程中使用到的库和头文件。

3. 设立目标机部署目录

在本例中，在当前用户目录的 src 目录下新建一个 galileo_deploy 目录，来存放交叉编译过程需依赖的库文件与头文件，即 /home/csk/src/galileo_deploy/目录。创建目录的命令如下：

```
$ mkdir -p~/src/galileo_deploy
$ mkdir -p~/src/galileo_deploy/include
$ mkdir -p~/src/galileo_deploy/lib/pkgconfig
```

在 galileo_deploy 目录下创建 include 和 lib 目录用来存放交叉编译过程中需要使用的头文件和库文件。

接下来要把前面下载的 TBB 库文件从当前下载目录拷贝到 galileo_deploy 目录下。为了确定 TBB 库的下载位置，可以采用下面的命令进行查找：

```
$ dpkg -L libtbb-dev
```

dpkg 命令带上参数 -L 会显示与指定软件包关联的文件，同时会列出 TBB 软件包所在的目录，一般会存放在 /usr/include/tbb/目录下。这时需要拷贝上述目录以及 /usr/lib/目录下的 TBB 二进制库文件到部署目录，这样在 OpenCV 编译过程中就可以使用。拷贝命令如下：

```
$ cp -r /usr/include/tbb~/src/galileo_deploy/include/
$ cp /usr/lib/pkgconfig/tbb.pc~/src/galileo_deploy/lib/pkgconfig/
$ cp /usr/lib/libtbbmalloc_proxy.so~/src/galileo_deploy/lib/
```

```
$ cp /usr/lib/libtbbmalloc.so~/src/galileo_deploy/lib/
$ cp /usr/lib/libtbb.so~/src/galileo_deploy/lib/
```

4. 修改伽利略开发板的本地应用 SDK 的环境变量设置脚本

在前面例子中使用本地 SDK 进行交叉编译时，采用 SDK 缺省的环境变量设置脚本 enviroment-setup-core2-32-poky-linux。该脚本用来设置伽利略开发板使用的 GCC 交叉编译器的环境变量以便后续的交叉编译工作。在本章中对 OpenCV 进行交叉编译时，通过修改该脚本也能使其顺利编译。

首先，进入 SDK 的安装目录 /opt/poky-galileo/1.6，将环境变量配置脚本复制创建到一个新的脚本中，命令如下：

```
$ cd /opt/poky-galileo/1.6
$ sudo cp enviroment-setup-core2-32-poky-linux \
        enviroment-setup-core2-32-poky-linux.opencv
```

在进行 OpenCV 的编译中将使用脚本 enviroment-setup-core2-32-poky-linux.opencv。

接下来，对这个脚本进行部分修改，使其能够用来对 OpenCV 进行交叉编译。修改的内容如下：

(1) 第 10 行修改为：export CC="i586-poky-linux-gcc"。

(2) 第 11 行修改为：export CXX="i586-poky-linux-g++"。

(3) 第 25 行修改为：export CFLAGS=" -m32 -march=core2 -mtune=core2 -msse3 \ -mfpmath=sse -mstackrealign -fno -omit -frame -pointer –sysroot=$SDKTARGETSYSROOT -O2 -pipe -g-feliminate -unused -debug -types"。

(4) 第 26 行修改为：export CXXFLAGS=" -m32 -march=core2 -mtune=core2 -msse3 \ -mfpmath=sse -mstackrealign -fno -omit -frame -pointer \-sysroot=$SDKTARGETSYSROOT -O2 -pipe -g -feliminate -unused -debug \-types"。

最后，在完成对配置脚本的修改后，使用 source 命令运行脚本，设置好 SDK 的环境变量，命令如下：

```
$ source enviroment-setup-core2-32-poky-linux.opencv
```

5. 获取 OpenCV 库

编译前的最后一步准备工作是下载 OpenCV 的源代码。可以利用 wget 命令来获取 OpenCV 的源代码，但首先要进入 /home/csk/src/OpenCV/目录再开始下载，命令如下：

```
$ cd /home/csk/src/OpenCV
$ wget https://github.com/Itseez/opencv/archive/3.0.0.0.zip
```

下载完成后，用命令 unzip 3.0.0.zip 解压 zip 文件，可以得到 OpenCV 的代码目录结构，具体如下：

```
/usr/local/bin - 可执行文件
/usr/local/lib - 库 (.so)
/usr/local/cmake/opencv4 - cmake 包
/usr/local/include/opencv4 - 头文件
/usr/local/share/opencv4 - 其他文件
```

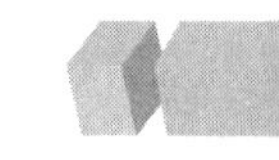

6. 编译 OpenCV 库

进入上述的 OpenCV 目录，建立一个 build 目录用来保存 OpenCV 编译过程中产生的中间文件以及最终的编译结果，命令如下：

```
$ cd /home/csk/src/OpenCV
$ mkdir build
$ cd build
$ cmake -D WITH_IPP=OFF -D WITH_TBB=ON -D WITH_CUDA=OFF
        -D WITH_OPENCL=OFF -D BUILD_TESTS=OFF
        -D BUILD_ZLIB=ON -D BUILD_JPEG=ON
        -D CMAKE_INSTALL_PREFIX=~/src/galileo_deploy
        -D TBB_INCLUDE_DIRS=~/src/galileo_deploy/include
        -D TBB_LIB_DIRS=~/src/galileo_deploy/lib .
```

上述命令的主要作用就是告知 Cmake 工具 OpenCV 编译的策略，以及在准备工作中设立交叉编译需要依赖的头文件和库文件的存放目录。

一旦 Cmake 成功完成编译，就会在 build 目录下产生对应的配置文件以及用于编译的 Makefile 的脚本，接下来直接采用 make 文件进行编译即可，命令如下：

```
$ make -j8
```

命令参数 -j8 表示将采用 8 个编译进程来完成编译。为了方便后续程序开发的使用，进一步将编译好的结果拷贝到前面建立的部署目录 galileo_deploy 下，命令如下：

```
$ make install
```

检查 galileo_deploy 目录，这时应该已经包含所需库文件。

8.3.2　将编译好的 OpenCV 库部署到伽利略系统

通过上述步骤的编译可以得到伽利略开发板上运行的 OpenCV 动态链接库，接下来就需要在利略系统中进行部署和使用。

首先，在开发主机上使用 PuTTy 工具登录伽利略开发板的操作系统，创建一个库文件配置目录 /home/root/deployed/lib，命令如下：

```
root@clanton:~# mkdir /home/root/deployed/lib
```

然后，将主机上编译好的 OpenCV 动态链接库上传到该目录中，命令如下：

```
$ scp~/src/galileo_deploy/lib/*.so* root@192.168.2.15: /home/root/deployed/lib
```

当然也可以使用其他的 FTP 和 SFTP 工具进行操作。库文件目录在开发板中部署好了以后，就可进一步使用这些库开发应用程序了。

8.4　视觉应用开发举例

下面举例说明在嵌入式开发系统中利用 OpenCV 完成图像边界检测功能的方法。首先，通过摄像头获取一帧图像，对图像边缘检测处理，并分别保存获取的和处理后的图像。这里需要编写一个 C++ 应用程序 opencv_edgedetect.cpp，代码流程图如图 8-9 所示。

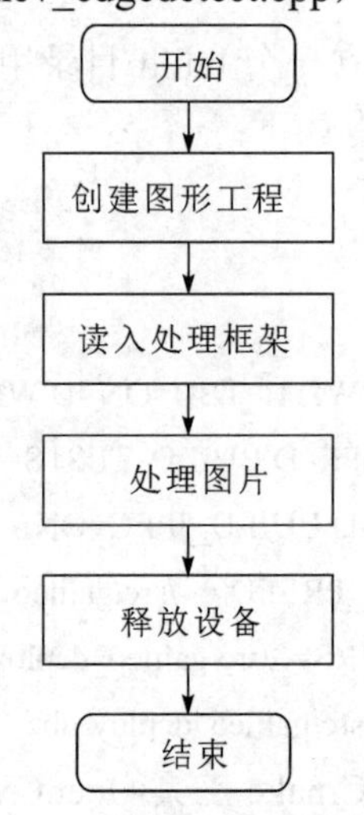

图 8-9　图像边缘探测流程图

在本例中不对 OpenCV 的整体结构进行系统介绍，读者可以参考其他专门介绍 OpenCV 的书籍资料。这里只针对本例中用到的函数进行说明，并重点解释 OpenCV 在伽利略系统中的相关应用方式。opencv_edgedetect.cpp 源代码如下：

```
#include <opencv2/opencv.hpp>
using namespace cv;
using namespace std;
int main()
{
    VideoCapture cap(-1);
    //检查设备文件是否正确打开
    if(!cap.isOpened()){
        cout <<"Webcam could not be opened succesfully"<< endl;
        exit(-1);
    }else{
        cout <<"Webcam is OK! I found it!\n"<< endl;
    }
    int w = 960;
    int h = 544;
    cap.set(CV_CAP_PROP_FRAME_WIDTH, w);
    cap.set(CV_CAP_PROP_FRAME_HEIGHT, h);
    Mat frame;
    cap >>frame;

    //将图像转换为灰度图片
    Mat frame_in_gray;
```

```
        cvtColor(frame, frame_in_gray, CV_BGR2GRAY);

        //执行 Canny 算法
        cout <<"processing image with Canny..."<< endl;
        int threshold1 = 0;
        int threshold2 = 28;
        Canny(frame_in_gray, frame_in_gray, threshold1, threshold1);

        //保存图像到文件
        cout <<"Saving the images..."<< endl;
        imwrite("captured.jpg", frame);
        imwrite("captured_with_edges.jpg", frame_in_gray);

        //释放摄像头
        cap.release();
        return 0;
    }
```

8.4.1　OpenCV 中 VideoCapture 类的使用

基于 OpenCV 的图像边缘检测程序采用 C++ 的编程风格。本例中使用了 OpenCV 的两个常用类对象，即 VideoCapture 和 Mat。VideoCapture 类创建打开和配置视频设备的视频捕获对象，用来捕获图像和视频，并在设备不再使用时释放它们；Mat 类的主要功能就是接收读取到的帧并进行一些图像处理算法的工作，如过滤器、颜色处理以及根据数学和统计算法变换图像等。

对 OpenCV 中读写视频或图像类的说明可以在 OpenCV 网站上获得。下面就本例中用到的 Open CV 视频处理函数进行说明。

1. VideoCapture:: VideoCapture

构造器函数 VideoCapture()创建一个视频捕获对象，并在文件系统中打开一个或者多个视频设备。当设备采用网络摄像头时，构造器参数一般使用 -1，代码如下：

```
VideoCapture cap(-1);
```

参数 -1 表示打开系统中枚举的当前设备。如将摄像头文件枚举为 /dev/video0 或 /dev/video1，-1 会使摄像头总被打开。如果想要明确打开哪个设备，就必须向构造函数传递枚举设备的索引，如将数字 0 传递给构造函数就表示要打开设备/dev/video0。在伽利略开发板上只使用一个摄像头时，建议使用 -1 作为参数来避免摄像头枚举索引与构造函数中使用的硬编码数字之间的冲突问题。

2. VideoCapture::isOpened()

通过调用 isOpened()方法检查摄像头是否已打开并成功启动。如果摄像头被打开，那么它将返回一个布尔值 true，如果没有打开，则返回 false。

3. VideoCapture::set(const int prop, int value)

set()方法为一个属性(prop)设置一个指定值(value)。可设置的属性包括图像的宽度、高度、帧速率和其他属性。本例中用 set()方法设置视频的宽和高为 960 × 544，代码如下：

```
int w = 960;
int h = 544;
cap.set(CV_CAP_PROP_FRAME_WIDTH, w);
cap.set(CV_CAP_PROP_FRAME_HEIGHT, h);
```

可以在参考网站 https://docs.opencv.org/2.4/modules/highgui/doc/reading_and_writing_images_and_video.html#videocapture-set 中查看 set()方法的其他属性。

4. VideoCapture::read(Mat & image)

read()方法从设备读取图像。它是在一次单一调用中获取图像，并把图像放入返回的 Mat 对象中。操作符>>的功能与 read()方法相同，完成一个图像帧读取的代码如下：

```
Mat frame;
cap >>frame;
```

5. VideoCapture::release( )

一旦捕获了视频，如果没有调用对象的析构函数，则必须通过调用 release()方法来释放摄像头设备，代码如下：

```
cap.release();
```

8.4.2 OpenCV 中 Mat 类的使用

下面介绍 Mat 类的几个相关函数应用。

1. cv::Mat::Mat()构造器函数

Mat 类用于矩阵操作，是 OpenCV 应用程序中最常用的类。Mat 类将图像组织为矩阵格式，保存图像尺寸、每个像素细节的颜色强度和位置等信息。Mat 类包含两部分，第一部分为图像标题和关于图像的通用信息，第二部分为表示图像的字节序列。

本例代码的最开始定义了名称空间 cv，所以在代码中就仅用 Mat 来表达而不必每次使用 cv::Mat。构造一个 Mat 类的对象 frame，可以直接用如下代码调用构造器进行创建：

```
Mat frame;
```

对 Mat 类的构造器使用的进一步说明可以参考 OpenCV 网站。

2. cv::imwrite(const string& filename, InputArray img, const vector<int>& params =vector<int>())

imwrite()方法用于将图像保存到文件中。在本例中，保存的文件为 opencv.jpg，输入数组实际上就是在之前创建的 Mat 类对象，params 参数的可选向量被省略。代码如下：

```
Mat frame;
cap >>frame;
```

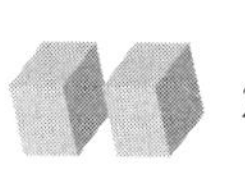

```
imwrite("opencv.jpg", frame);
```

省略了 params 参数的向量后，捕获图像时使用的编码方式由文件扩展名 .jpg 来确定。除了 JPEG 格式，imwrite()方法还能够支持 PNG、PPM、PGM 和 PBM 图片格式。在 OpenCV 中读取、修改和写入图片，可以在网站 https://docs.opencv.org/2.4/doc/tutorials/introduction/load_save_image/load_save_image.html 中查看更详细的说明。

8.4.3 OpenCV 中的图像处理

前面的类和类方法介绍了如何从网络摄像头中捕获图像并将其保存到文件系统中。本小节则进一步介绍图像处理的 OpenCV 方法。使用 OpenCV 进行图像处理几乎没有功能限制，在每一个 OpenCV 函数内部往往提供一个非常复杂的算法。为了简化描述，这里仅介绍这些算法的应用，对算法本身不做解释，有兴趣的读者可以根据网站链接自行查阅。

1. cvtColor()方法

cvtColor()方法用来转换图像空间的颜色，具体定义如下：

```
void cv::cvtColor(InputArray src, OutputArray dst, int code, int dstCn=0)
```

该函数将输入图像从一个颜色空间转换为另一个颜色空间。在 RGB 颜色空间转换的情况下，通道的顺序应该明确指定(RGB 或 BGR)。通常 OpenCV 中的默认颜色格式被称为 RGB，但实际上是 BGR(字节颠倒了)。因此，标准(24 位)彩色图像中的第一个字节将是一个 8 位的蓝色组件，第二个字节将是绿色的，第三个字节将是红色的。第四个、第五个和第六个字节将是第二个像素(蓝色、绿色、红色)，以此类推。在本例中，将输入图像从彩色 BGR 格式转换为灰度图像，代码如下：

```
Mat frame_in_gray;
cvtColor(frame, frame_in_gray, CV_BGR2GRAY);
```

输入的图像是由网络摄像头捕获并存储在 Mat 对象 frame 中；frame_in_gray 对象被创建来接收转换后的灰度图像；参数 CV_BGR2GRAY 表示将输入图像的 BGR 格式转换为灰度空间颜色的图像。cutColor()方法的相关链接为 https://docs.opencv.org/2.4/modules/imgproc/doc/miscellaneous_transformations.html#cvtcolor。

2. void cv::Canny

Canny()方法将图像输入数组作为源图像，将边缘转换为锐边。Candy()方法的定义为：

```
void cv::Canny(InputArray image, OutputArray edges, \
               double threshold1, double threshold2, \
               int apertureSize=3, bool L2gradient=false)
```

在程序中使用 Canny()方法时，其调用代码如下：

```
int threshold1 = 0;
int threshold2 = 28;
Canny(frame_in_gray, frame_in_gray, threshold1, threshold1);
```

Canny()方法能够检测图像中的边缘，并将检测到的边缘信息保存到输出数组中。示例中的输入和输出图像是同一个对象 frame_in_gray，为了达到最佳效果，使用了灰度图像。apertureSize 参数是算法中使用的 Sobel 操作符的大小，代码保持默认值 3。L2gradient 参数是一个布尔值，当该值为true时使用图像梯度大小，该值为false时则只考虑标准方程，在本例中使用了缺省值false。两个滞后阈值分别用参数threshold1和threshold2表示，其值分别为0和28。这些值是基于实践经验得来的，通过改变这些值，直到得到认为好的结果。实际应用中则可以更改这些值并检查得到的效果。

介绍Canny()方法的相关链接为https://docs.opencv.org/2.4/modules/imgproc/doc/feature_detection.html?highlight=canny#canny。

8.4.4 在主机上对源码交叉编译与部署

要在开发主机上对应用程序进行交叉编译，首先需要设置工具链并能够运行合适的命令行程序。本节介绍在Linux主机上使用伽利略开发板的交叉编译工具链进行OpenCV源代码编译的方法。

1. 设置工具链环境变量

采用以下命令行进入工具链目录：

```
$ cd <你的基本工具链路径>
$ source environment-setup-*
```

source命令会设置主机系统环境变量到当前工具链目录。

2. 检查工具链设置

为了检测当前环境的设置是否正确，可采用下面的命令：

```
$ ${CXX} -version
```

${CC}命令表示当前 GCC 编译器是否被正确设置。一旦结果显示为“i586-poky-linux-g++ (GCC) 4.7.2”，则说明该环境变量已被正确设置，可以用该编译器进行相关程序的构建。

3. 编译链接应用程序

编译链接的命令如下：

```
$ ${CXX} -O2 'pkg-config --cflags --libs opencv' \ opencv_edgedetect.cpp -o opencv_edgedetect
```

在命令${CXX}中调用了交叉编译工具链中的C++编译器G++，pkg-config参数则调用了OpenCV库。

4. 传输可执行程序到开发板

应用程序成功地编译链接后，就可以传输到伽利略开发板上进行运行调试了。

首先设置好伽利略开发板的网络IP地址，命令如下：

```
root@clanton:~# ifconfig eth0 192.168.2.15 netmask 255.255.255.0 up
```

然后在主机上利用scp命令将编译好的程序传输到开发板，命令如下：

```
$ scp opencv_edgedetect root@192.168.2.15:/home/root/deployed
```

随后登录伽利略系统开发板，为部署的程序增加可执行权限，命令如下：

```
$ cd /home/root/deployed
$ chmod +x opencv_edgedetect
```

经过上述步骤后，就可以在伽利略开发板上运行程序了。

8.4.5　应用程序的运行

应用程序运行后，首先会从摄像头取出一帧图像，然后对图像进行处理，并将获得边缘查找算法处理后的新图像保存在文件中。图 8-10(a)为从摄像头获取的原始图像，图 8-10(b)为利用 Candy()方法进行边缘检测后的输出图像。

(b) 原始图像

(b) 处理后的图像

图 8-10　运行程序结果对比

8.5　实验设计

8.5.1　伽利略开发板 Yocto Linux 内核编译操作实验

一、实验目的

熟悉嵌入式 Linux 系统内核编译方法，掌握利用 Yocto 项目开发伽利略开发板上运行的嵌入式 Linux 操作系统环境的流程。

二、实验内容

在 Linux 主机上利用 Yocto 项目的集成工具链开发适用于伽利略开发板的嵌入式 Linux 系统。

三、实验设备及工具

Ubuntu 12.04 LTS 以上开发主机 1 台，4 GB 以上内存，50 GB 以上空闲存储空间(或者安装有 Ubuntu 12.04 LTS 虚拟机平台的 Windows 主机，Ubuntu 虚拟机需要有 50 GB 以上空闲存储空间)；伽利略开发板 1 套，4 GB 以上 SD 卡，可连接到互联网的路由器 1 台和网线若干。

四、实验步骤

1. 在开发主机中配置 Yocto Project 开发环境

要运行 Yocto 进行 Linux 系统的编译，需要在一台运行 Linux 操作系统的主机上进行。

推荐使用 Ubuntu 12.04 LTS 以上发行版的 Linux 系统。没有真实 Linux 主机时也可以在 Windows 主机上安装 Ubuntu 虚拟机来进行编译。

由于在系统编译过程中会产生大量的临时文件，因此需要开发主机(或虚拟机)中至少有 50 GB 的空闲存储空间。

(1) 安装必要的开发工具和软件包。

在 Ubuntu 系统下，可以使用 apt-get 命令来获取和配置这些软件包。使用快捷键 Ctrl + Alt + T 打开模拟终端，输入以下命令：

```
$ sudo apt-get update
$ sudo apt-get install build-essential git diffstat gawk chrpath texinfo libtool gcc-multilib screen
  libsdl1.2-dev patchutils
```

(2) 下载伽利略开发板的 Yocto 项目初始包。

该初始包中包括核心 Yocto 引擎以及描述伽利略系统代码的配置文件。用户可以使用 Git 工具从 GitHub 代码仓库下载该初始包(假设下载在用户主目录下，用“~”表示)，命令如下：

```
$ cd~
$ git clone https://github.com/01org/Galileo-Runtime.git
```

(3) 执行 Yocto 项目的配置脚本，命令如下：

```
$ cd~/Galileo-Runtime/meta-clanton/
bash setup.sh
```

进入伽利略-Runtime/meta-clanton 目录，执行 setup.sh 脚本，将自动下载编译所需的各种软件包和配置文件，下载配置过程如图 8-11 所示。

```
ubuntu@ubuntu-D30602: ~/Galileo-Runtime/meta-clanton
ubuntu@ubuntu-D30602:~$ git clone https://github.com/01org/Galileo-Runtime.git
Cloning into 'Galileo-Runtime'...
remote: Enumerating objects: 1235, done.
remote: Total 1235 (delta 0), reused 0 (delta 0), pack-reused 1235
Receiving objects: 100% (1235/1235), 8.07 MiB | 179 KiB/s, done.
Resolving deltas: 100% (386/386), done.
ubuntu@ubuntu-D30602:~$ cd Galileo-Runtime/
ubuntu@ubuntu-D30602:~/Galileo-Runtime$ ls
meta-clanton  Quark_EDKII  README.txt  spi-flash-tools  sysimage
ubuntu@ubuntu-D30602:~/Galileo-Runtime$ gedit README.txt
ubuntu@ubuntu-D30602:~/Galileo-Runtime$ cd meta-clanton/
ubuntu@ubuntu-D30602:~/Galileo-Runtime/meta-clanton$ ls
LICENSE  meta-clanton-bsp  meta-clanton-distro  README  setup  setup.sh
ubuntu@ubuntu-D30602:~/Galileo-Runtime/meta-clanton$ bash ./setup.sh && heirloom
-mailx -vs "Galileo set up done"                    <<< 'Look at the Subject.'
Running: git clone git://git.yoctoproject.org/poky poky
Cloning into 'poky'...
remote: Counting objects: 419990, done.
remote: Compressing objects: 100% (99322/99322), done.
Receiving objects:  45% (189737/419990), 61.51 MiB | 39 KiB/s
```

图 8-11　配置脚本运行显示

2. 编译产生伽利略完整系统映像

本实验中完全采用伽利略 Yocto 项目环境的默认设置进行编译，此时将产生和预编译镜像几乎完全一样的系统映像。

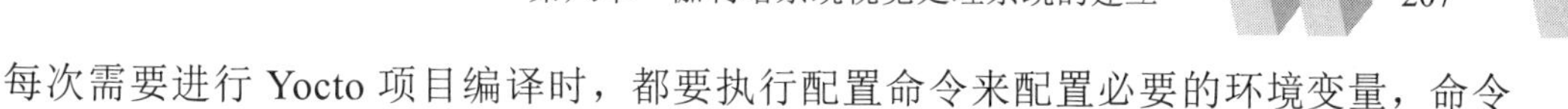

每次需要进行 Yocto 项目编译时，都要执行配置命令来配置必要的环境变量，命令如下：

$ cd~/Galileo-Runtime/meta-clanton/

$ source poky/oe-init-build-env yocto_build

通过 source 命令利用 oe-int-build-env 脚本完成环境变量配置之后，就可以开始对整个 Linux 系统进行编译了，命令如下：

$ bitbake image-full-galileo

bitbake 命令用于产生指定的软件包配置，这里指定为 image-full-galileo，表示 BitBake 需要构建出完整的伽利略系统的映像。执行上述命令后，Yocto 会首先列出主机环境及配置信息，然后分析所需要构建的软件包中的构成和依赖关系，产生具体的工作任务，并开始编译，编译过程如图 8-12 所示。

```
ubuntu@ubuntu-D30602: ~/Galileo-Runtime/meta-clanton/yocto_build
ubuntu@ubuntu-D30602:~/Galileo-Runtime/meta-clanton/yocto_build$ bitbake image-f
ull-galileo
Pseudo is not present but is required, building this first before the main build
WARNING: Unable to get checksum for core-image-minimal-initramfs SRC_URI entry m
odules.conf: file could not be found
Parsing recipes: 100% |#########################################| Time: 00:01:36
Parsing of 1256 .bb files complete (0 cached, 1256 parsed). 1623 targets, 118 sk
ipped, 0 masked, 0 errors.

Build Configuration:
BB_VERSION        = "1.18.0"
BUILD_SYS         = "x86_64-linux"
NATIVELSBSTRING   = "Ubuntu-12.04"
TARGET_SYS        = "i586-poky-linux-uclibc"
MACHINE           = "clanton"
DISTRO            = "clanton-tiny"
DISTRO_VERSION    = "1.4.4"
TUNE_FEATURES     = "m32 i586"
TARGET_FPU        = ""
meta
meta-yocto
meta-yocto-bsp    = "clanton:a92ee6a03f73275160636f174babb0c84bda2ccb"
meta-intel        = "clanton:048def7bae8e3e1a11c91f5071f99bdcf8e6dd16"
meta-oe           = "clanton:4e3362f9c2b5540231011930b91d2cf56e487ff7"
```

图 8-12　BitBake 编译过程

在整个编译过程中，需要从网络下载大量的数据和代码文件，同时会生成大量的临时文件和数据，需要读者耐心等待。编译的时间取决于开发主机的配置以及网络环境，如果网络环境良好，则整个过程大约需要 5 h。

3. 在伽利略开发板上启动编译的系统映像

编译完成后，进入 ~/Galileo-Runtime/meta-clanton/ yocto_build/tmp/deploy/images 目录，该目录的文件显示如图 8-13 所示。图 8-13(a)为编译完成后生成的文件。拷贝出制作 SD 启动卡所必需的文件，步骤如下：

(1) 将 image-full-galileo-clanton<>.ext3 复制到 SD 卡根目录并重命名为 image-full-galileo-clanton.ext3。

(2) 将 core-image-minimal-initramfs-clanton<>.cpio.gz 复制到 SD 卡根目录并重命名为 core-image-minimal-initramfs-clanton.cpio.gz。

(3) 将 bzImage<>复制到 SD 卡根目录并重命名为 bzImage。

(4) 将 grub.efi 复制到 SD 卡根目录。

(5) 将 boot 文件夹复制到 SD 卡根目录。

最终获得启动 SD 卡中的文件目录，如图 8-13(b)所示。将 SD 卡插入伽利略开发板的 SD 卡槽，给伽利略开发板加电，通过串口可查看 Linux 系统的启动过程，启动过程如图 8-14 所示。

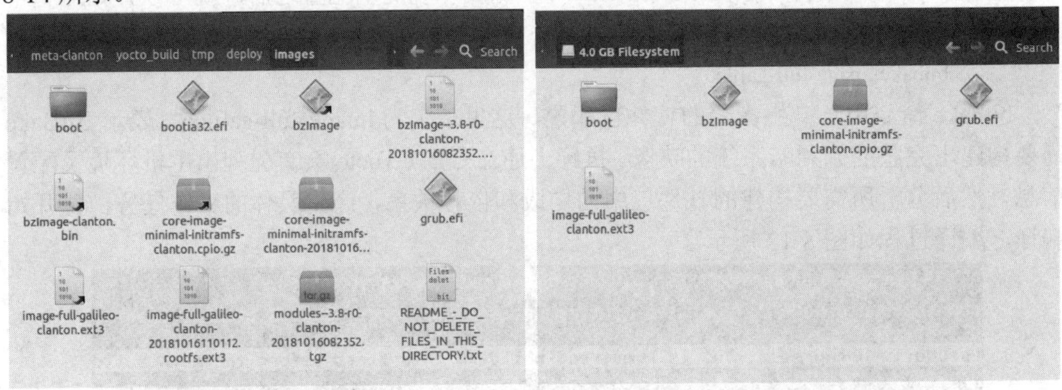

(a) 编译完成后的映像文件目录　　(b) SD 卡启动盘文件目录

图 8-13　编译完成后的映像文件目录

```
/dev/ttyUSB0 - PuTTY
[    0.808443] pci 0000:00:17.1: PCI bridge to [bus 02]
[    0.815593]  pci0000:00: ACPI _OSC support notification failed, disabling PCIe ASPM
[    0.820045]  pci0000:00: Unable to request _OSC control (_OSC support mask: 0x08)
[    0.867034] ACPI: PCI Interrupt Link [LNKA] (IRQs 3 4 5 7 9 10 11 12) *0, disabled.
[    0.876415] ACPI: PCI Interrupt Link [LNKB] (IRQs 3 4 5 7 9 10 11 12) *0, disabled.
[    0.886225] ACPI: PCI Interrupt Link [LNKC] (IRQs 3 4 5 7 9 10 11 12) *0, disabled.
[    0.901126] ACPI: PCI Interrupt Link [LNKD] (IRQs 3 4 5 7 9 10 11 12) *0, disabled.
[    0.912414] ACPI: PCI Interrupt Link [LNKE] (IRQs 3 4 5 7 9 10 11 12) *0, disabled.
[    0.922904] ACPI: PCI Interrupt Link [LNKF] (IRQs 3 4 5 7 9 10 11 12) *0, disabled.
[    0.934948] ACPI: PCI Interrupt Link [LNKG] (IRQs 3 4 5 7 9 10 11 12) *0, disabled.
[    0.946234] ACPI: PCI Interrupt Link [LNKH] (IRQs 3 4 5 7 9 10 11 12) *0, disabled.
[    0.960743] SCSI subsystem initialized
[    0.970348] Intel Quark Board Galileo Firmware Version 0x01010000
[    0.97984
```

图 8-14　伽利略开发板启动过程

8.5.2　USB 摄像头支持实验

一、实验目的

了解 Linux 系统内核定制流程，掌握 Linux 内核中 UVC 摄像头驱动的添加方法；熟悉在伽利略开发板上配置并重新编译 Linux 系统以支持摄像头外设捕获图像。

二、实验内容

修改嵌入式 Linux 内核配置，添加 USB 显示卡和 USB 摄像头的驱动支持。

三、实验设备及工具

开发主机，Ubuntu 12.04 LTS，4 GB 以上内存，50 GB 以上空闲存储空间（或者安装有

Ubuntu 12.04 LTS 虚拟机平台的 Windows 主机，Ubuntu 虚拟机需要有 50 GB 以上空闲存储空间)；伽利略开发板，4 GB 以上 SD 卡；USB Hub；HDMI 接口的显示器，HDMI 线；支持 UVC 协议的 USB 摄像头；USB-HDMI 转换器(本实验使用 Wavlink WL-UG17D1 USB2.0 显卡)。

四、实验步骤

1. 修改 Linux 内核配置

在 8.5.1 节实验的基础上，打开主机的终端窗口，进入 Yocto Project 环境，如图 8-15 所示。

```
ubuntu@ubuntu-D30602: ~/Galileo-Runtime/meta-clanton/yocto_build
ubuntu@ubuntu-D30602:~$ cd ~/Galileo-Runtime/meta-clanton/
ubuntu@ubuntu-D30602:~/Galileo-Runtime/meta-clanton$ source  poky/oe-init-build-
env yocto_build

### Shell environment set up for builds. ###

You can now run 'bitbake <target>'

Common targets are:
    core-image-minimal
    core-image-sato
    meta-toolchain
    meta-toolchain-sdk
    adt-installer
    meta-ide-support

You can also run generated qemu images with a command like 'runqemu qemux86'
ubuntu@ubuntu-D30602:~/Galileo-Runtime/meta-clanton/yocto_build$
```

图 8-15　设置 Yocto 编译工作环境

使用 bitbake virtual/kernel -c menuconfig 命令打开 Linux 内核配置窗口，如图 8-16 所示。

```
ubuntu@ubuntu-D30602: ~/Galileo-Runtime/meta-clanton/yocto_build

ubuntu@ubuntu-D30602:~/Galileo-Runtime/meta-clanton/yocto_build$ bitbake virtual
/kernel -c menuconfig
Loading cache: 100% |###########################################| ETA:  00:00:00
Loaded 1624 entries from dependency cache.

Build Configuration:
BB_VERSION        = "1.18.0"
BUILD_SYS         = "x86_64-linux"
NATIVELSBSTRING   = "Ubuntu-12.04"
TARGET_SYS        = "i586-poky-linux-uclibc"
MACHINE           = "clanton"
DISTRO            = "clanton-tiny"
DISTRO_VERSION    = "1.4.4"
TUNE_FEATURES     = "m32 i586"
TARGET_FPU        = ""
meta
meta-yocto
meta-yocto-bsp    = "clanton:a92ee6a03f73275160636f174babb0c84bda2ccb"
meta-intel        = "clanton:048def7bae8e3e1a11c91f5071f99bdcf8e6dd16"
meta-oe           = "clanton:4e3362f9c2b5540231011930b91d2cf56e487ff7"
meta-clanton-distro
meta-clanton-bsp  = "master:abcb725d018570d5418f564c15292cde76341235"

NOTE: Resolving any missing task queue dependencies
NOTE: Preparing runqueue
NOTE: Executing SetScene Tasks
NOTE: Executing RunQueue Tasks
Currently 1 running tasks (219 of 219):
0: linux-yocto-clanton-3.8-r0 do_menuconfig (pid 2915)
```

图 8-16　Linux 内核配置窗口

该命令表示开始对 virtual/kernel 项目进行构建，参数 -c 表示对该项目进行的操作。BitBake 工具会将 menuconfig 传递到 Linux 内核的 Make 系统中，最终使得 make menuconfig

得以调用执行。menuconfig 将会打开内核配置窗口，以图形交互方式进行内核参数的配置，如图 8-17 所示。

```
linux-yocto-clanton Configuration
.config - Linux/x86 3.8.7 Kernel Configuration
                Linux/x86 3.8.7 Kernel Configuration
Arrow keys navigate the menu.  <Enter> selects submenus --->.
Highlighted letters are hotkeys.  Pressing <Y> includes, <N> excludes,
<M> modularizes features.  Press <Esc><Esc> to exit, <?> for Help, </>
for Search.  Legend: [*] built-in  [ ] excluded  <M> module  < >

    [ ] 64-bit kernel
        General setup  --->
    [*] Enable loadable module support  --->
    [*] Enable the block layer  --->
        Processor type and features  --->
        Power management and ACPI options  --->
        Bus options (PCI etc.)  --->
        Executable file formats / Emulations  --->
    [*] Networking support  --->
        Device Drivers  --->
    v(+)

            <Select>    < Exit >    < Help >
```

图 8-17　Yocto Linux 内核配置界面

首先，向下滚动光标进入 Device Drivers 菜单，选中 Multimedia support，进入后选中 Media USB Adapters，继续选中 USB Video Class(UVC)和 UVC input events device support 两个条目，如图 8-18 所示。

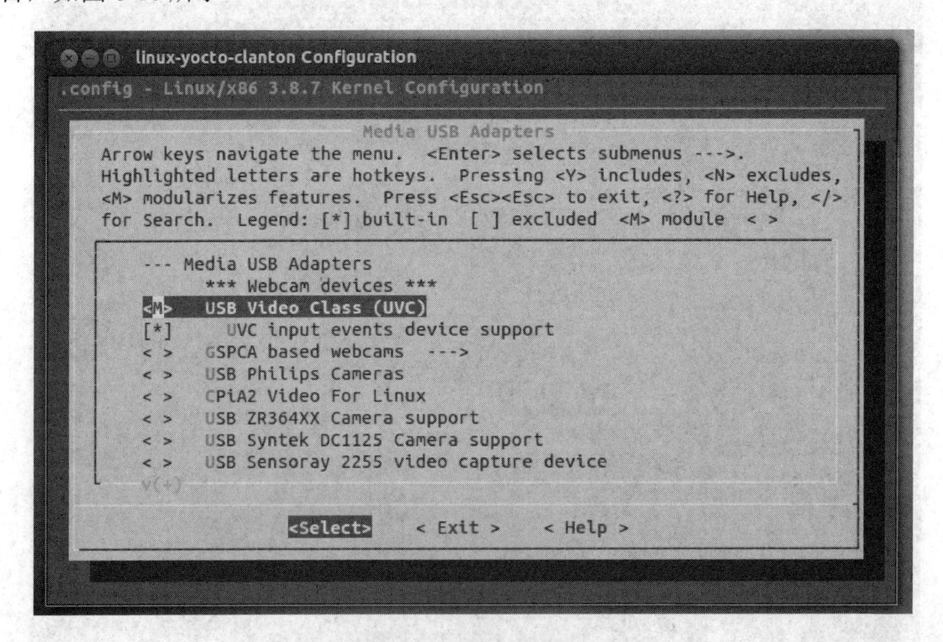

图 8-18　UVC 摄像头驱动配置

其次，从 Device Drivers→Graphics support 菜单项选中进入 Support for frame buffer devices，选中 Displaylink USB Framebuffer support 条目，保存并退出，如图 8-19 所示。

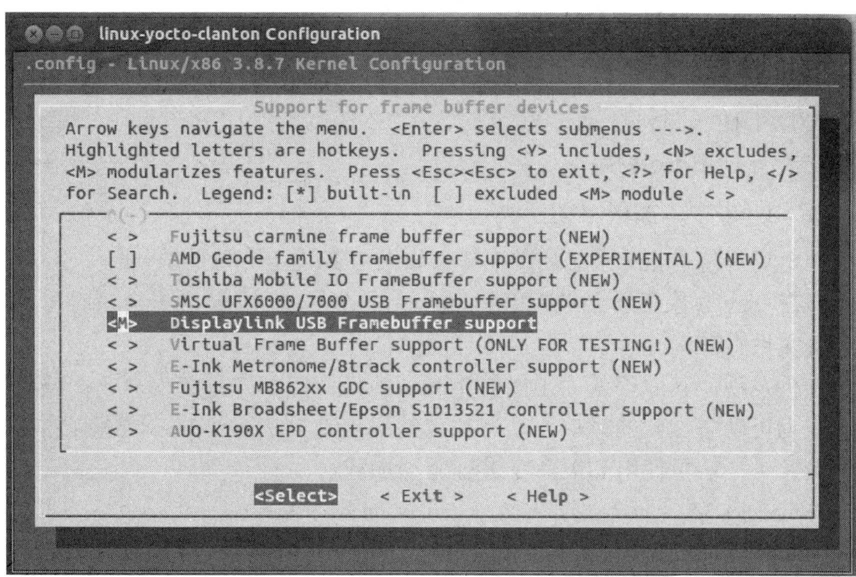

图 8-19 显示缓存支持的设置

2. 重新编译并部署 Linux 内核

输入 bitbake image-full-galileo 命令，BitBake 会自动分析被修改的部分配置，并重新编译需要修改的部分。编译界面如图 8-20 所示。

```
ubuntu@ubuntu-D30602: ~/Galileo-Runtime/meta-clanton/yocto_build
meta-clanton-bsp   = "master:abcb725d018570d5418f564c15292cde76341235"

NOTE: Resolving any missing task queue dependencies
NOTE: Preparing runqueue
NOTE: Executing SetScene Tasks
NOTE: Executing RunQueue Tasks
NOTE: Tasks Summary: Attempted 219 tasks of which 218 didn't need to be rerun an
d all succeeded.
ubuntu@ubuntu-D30602:~/Galileo-Runtime/meta-clanton/yocto_build$ bitbake image-f
ull-galileo
Loading cache: 100% |############################################| ETA:  00:00:00
Loaded 1624 entries from dependency cache.

Build Configuration:
BB_VERSION         = "1.18.0"
BUILD_SYS          = "x86_64-linux"
NATIVELSBSTRING    = "Ubuntu-12.04"
TARGET_SYS         = "i586-poky-linux-uclibc"
MACHINE            = "clanton"
DISTRO             = "clanton-tiny"
DISTRO_VERSION     = "1.4.4"
TUNE_FEATURES      = "m32 i586"
TARGET_FPU         = ""
meta
meta-yocto
meta-yocto-bsp     = "clanton:a92ee6a03f73275160636f174babb0c84bda2ccb"
meta-intel         = "clanton:048def7bae8e3e1a11c91f5071f99bdcf8e6dd16"
meta-oe            = "clanton:4e3362f9c2b5540231011930b91d2cf56e487ff7"
meta-clanton-distro
meta-clanton-bsp   = "master:abcb725d018570d5418f564c15292cde76341235"
```

图 8-20 BitBake 编译界面

编译完成后，进入 ~/Galileo-Runtime/meta-clanton/yocto_build/tmp/deploy/images 目录，将 bzIamge 链接所指向的文件拷贝到装载 Linux 系统的 MicroSD 卡，并重命名为 bzImage，

替换掉原来的同名文件，其他文件不变化。

3. 连接硬件外设

将 MicroSD 卡插入伽利略开发板，同时使用 USB Hub 将 USB 摄像头和 USB 显卡连接到伽利略开发板的 USB Host 接口。

4. 加电启动开发板，加载驱动模块

开发板加电后等待 Linux 系统启动完毕。如果 USB 显卡和 USB 摄像头驱动正常加载，那么应该能够在 /dev 目录下看到 fb0 和 video0 两个设备，但检查 /dev 目录时可能并没有发现这两个设备文件存在。

进一步分析发现，其原因是为了能够更高效地使用嵌入式系统内存，在编译内核时将其驱动编译成为可动态加载的模块。动态加载的优点是只在需要的时候进行加载即可。为了能够使用摄像头，这里使用如下命令进行驱动加载：

```
cd /lib/modules/3.8.7-yocto-standard/kernel/drivers/media/usb/uvc/
modprobe uvcvideo.ko
```

再使用以下命令加载 Framebuffer 驱动：

```
cd /lib/modules/3.8.7-yocto-standard/kernel/drivers/video/
modprobe udlfb.ko
```

加载 UVC 驱动和 udlfb 驱动的同时，系统发现了 USB 摄像头设备和 Displaylink USB to DVI-17 设备，如图 8-21 所示。

```
[ 3246.969277] uvcvideo: Found UVC 1.00 device USB 2.0 PC Camera (058f:3861)
[ 3246.990864] input: USB 2.0 PC Camera as /devices/pci0000:00/0000:00:14.3/usb2/2-1/2-1.4/2-1.4:1.0/input/input2
[ 3247.020834] usbcore: registered new interface driver uvcvideo
[ 3247.026626] USB Video Class driver (1.1.1)
root@clanton:/lib/modules/3.8.7-yocto-standard/kernel/drivers/media/usb/uvc# 
```

(a) 加载 UVC 设备时正确识别的显示

```
lfb.ko anton:/lib/modules/3.8.7-yocto-standard/kernel/drivers/video# modprobe ud
[ 3600.615924] udlfb: DisplayLink USB to DVI-17 - serial #126033
[ 3600.621828] udlfb: vid_17e9&pid_0360&rev_0111 driver's dlfb_data struct at ce5a7000
[ 3600.629527] udlfb: console enable=1
[ 3600.633102] udlfb: fb_defio enable=1
[ 3600.636711] udlfb: shadow enable=1
[ 3600.641152] udlfb: vendor descriptor length:1b data:1b 5f 01 0019 05 00 01 03 00 04
[ 3600.648893] udlfb: DL chip limited to 2080000 pixel modes
[ 3600.658836] udlfb: allocated 4 65024 byte urbs
[ 3600.665816] usbcore: registered new interface driver udlfb
```

(b) 加载 udlfb 设备时正确识别的显示

图 8-21 设备加载过程显示界面

再次查看 /dev 目录，可以看到 fb0 和 video0 两个设备，如图 8-22 所示。

```
root@clanton:~# ls /dev | grep fb
fb0
root@clanton:~# ls /dev | grep video
video0
root@clanton:~# 
```

图 8-22 检查设备正常加载

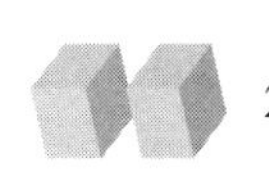

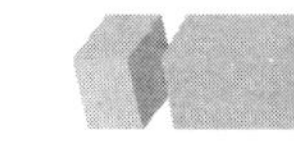

为了能够开机自动加载驱动，可以在启动脚本中加入相应的命令，让其随系统启动而自动加载。自动加载的方法是修改 /etc/init.d/rc 脚本文件，在 rc 文件的最后添加如下指令：

```
cd /lib/modules/3.8.7-yocto-standard/kernel/drivers/media/usb/uvc/
modprobe uvcvideo.ko
cd /lib/modules/3.8.7-yocto-standard/kernel/drivers/video/
modprobe udlfb.ko
```

再次开机时，两个驱动文件即可自动加载。

8.5.3 伽利略开发板上基于 OpenCV 库的应用

一、实验目的

学习在嵌入式开发系统中进行应用程序开发时对 OpenCV 库函数的使用。

二、实验内容

(1) 利用 8.5.2 节实验中得到的 SD 卡 Linux 环境，在伽利略开发板上接入一个 UVC 摄像头。

(2) 编写 C++ 程序，通过调用 OpenCV 库函数来获取摄像头图像，利用图像处理函数进行边缘检测，并保存处理的图像。

(3) 使用交叉编译环境在开发主机上进行图像边缘检测应用的编辑和编译。

(4) 将编译好的程序下载到伽利略开发板上运行，并查看处理前后的图片效果。

三、实验设备及工具

开发主机，Ubuntu 12.04 LTS，4 GB 以上内存，50 GB 以上空闲存储空间(或者安装有 Ubuntu 12.04 LTS 虚拟机平台的 Windows 主机，Ubuntu 虚拟机需要有 50 GB 以上空闲存储空间)；伽利略开发板 Gen1 或者 Gen2；4 GB 以上 SD 卡以及 8.5.2 节安装实验 8.5.2 中编译好的带有摄像头驱动的 Linux 系统；支持 UVC 协议的 USB 摄像头，这里选用的型号是罗技 c270；有 HDMI 接口的显示器，HDMI 线，UBS-HDMI 转换器(本实验使用 Wavlink WL-UG17D1 USB2.0 显卡)。

四、实验步骤

1. 编辑 OpenCV 应用程序

在开发机中打开源代码编辑器，编写 8.4 节中的 opencv_edgedetect.cpp 源代码。

2. 交叉编译应用程序

对编写好的代码进行交叉编译，命令如下：

```
$ ${CXX} -O2 opencv_edgedetect.cpp -o opencv_edgedetect \
        -I ../galileo_deploy/include \
        -L ../galileo_deploy/lib/pkgconfig
```

其中，参数 -L 表示 G++ 要到该目录中寻找对应的动态链接库。

可以用 ldd 命令检查编译好的 opencv_edgedetect 程序的库依赖情况。

3. 部署应用程序

参考 8.4.2 节的方法，用 scp 命令发布程序到伽利略开发板上，然后登录到伽利略开发板，添加程序的可执行权限。

4. 运行程序，查看处理后的图片结果

首先将摄像头接入伽利略开发板的 USB Host 接口，然后运行应用程序。

程序运行后，即在文件目录下保存有两张图片，如图 8-10 所示。

参 考 文 献

[1] Intel Galileo. Intel Quark SoC X1000 Series[EB/OL]. https://www.intel.cn/content/ www/cn/zh/support/articles/000054946/processors/intel-quark-soc.html.

[2] STREIF R J. 嵌入式 Linux 系统开发：基于 Yocto Project[M]. 北京：机械工业出版社，2018.

[3] Zephyr. Zephyr 项目文档[EB/OL]. https://zephyr-doc.readthedocs.io/zh_CN/latest/index. html.

[4] Intel Quark. Intel Quark SoC X1000 Core Hardware Reference Manual[EB/OL]. https://www.intel.com/content/dam/support/us/en/documents/processors/quark/sb/329678_intelquarkcore_hwrefman_002.pdf.

[5] Intel Quark. Intel Quark SoC X1000 Core Developer's Manual[EB/OL]. https://www.intel.com/content/dam/support/us/en/documents/processors/quark/sb/intelquarkcore_devman_001.pdf.

[6] Intel Quark. Intel Quark SoC X1000 Software Developer's Manual for Linux[EB/OL]. https://www.intel.com/content/dam/support/us/en/documents/processors/quark/sb/quark_swdevmanlx_330235_002.pdf.

[7] Intel Galileo. Intel Galileo Board User Guide[EB/OL]. https://www.intel.com/content/dam/support/us/en/documents/processors/embedded-processors/galileo_boarduserguide_330237_002.pdf.

[8] Intel Quark.Intel Quark SoC X1000 Board Support Package (BSP) Build and Software User Guide. [EB/OL]. https://www.intel.com/content/dam/support/us/en/documents/ processors/quark/sb/quark_bsp_buildandswuserguide_329687_006.pdf.

[9] Intel Quark. Intel Quark SoC X1000 Software Developer's Manual for Linux[EB/OL]. https://www.intel.com/content/dam/support/us/en/documents/processors/quark/sb/quark_swdevmanlx_330235_002.pdf.

[10] Intel Galileo. Galileo Feature Sheet[EB/OL]. https://dlnmh9ip6v2uc.cloudfront.net/datasheets/Dev/Arduino/Boards/Galileo_Datasheet_329681_003.pdf.

[11] Intel Galileo. Galileo_schematic[EB/OL]. https://www.intel.com/content/dam/www/public/us/en/documents/datasheets/galileo-g1-datasheet.pdf.

[12] Intel Galileo. Intel Galileo: Setting up WiFi[EB/OL]. https://www.hackshed.co.uk/how-to-use-wifi-with-the-intel-galileo/.

[13] 陈吕洲. Arduino 程序设计基础[M]. 2 版. 北京：北京航空航天大学出版社，2015.

[14] Intel. Intel Quark SoC X1000 Software Developer's Manual for Linux[EB/OL]. https://www.intel.com/content/dam/support/us/en/documents/processors/quark/sb/quark_swdevm

anlx_330235_002.pdf.

[15] Intel. Galileo Board Getting Started Guide[EB/OL]. https://learn.sparkfun.com/tutorials/galileo-getting-started-guide/all#:~:text=Galileo%20Getting%20Started%20Guide%201%20Introduction%20The%20Galileo, 4%20Driver%20Installation%20...%205%20Updating%20Firmware%20.

[16] MARCO S. Intel Galileo Networking Cookbook[M]. Packt Publishing, 2015.

[17] 陈士凯，程晨，臧海波. Intel Edison 智能硬件开发指南：基于 Yocto Project[M]. 北京：人民邮电出版社，2015.

[18] OTAVIO S, DAIANE A. Embedded Linux Development with Yocto Project[M]. Birmingham: Packt Publishing, 2014.

[19] Intel. Building OpenCV 3.0 based embedded application using Intel System Studio 2015 [EB/OL]. https://www.intel.com/content/dam/develop/external/us/en/documents/intel-system-studio-2015-opencv-3.pdf.

[20] RICHARD M S. Debugging with GDB[M]. Boston: Free Software Foundation, 1995.

[21] 大卫・米兰・埃斯克里瓦. OpenCV 4 计算机视觉项目实战[M]. 2 版. 北京：机械工业出版社，2019.

[22] MANOEL C R. Intel Galileo and Intel Galileo Gen2 API Features and Arduino Projects for Linux Programmers[M]. Springer Nature: Apress Media, 2014.